Das praktische Jahr
in der Maschinen- und Elektromaschinenfabrik

Ein Leitfaden
für den Beginn der Ausbildung zum Ingenieur

von

Dipl.-Ing. F. zur Nedden

Zweite, vermehrte Auflage

Überarbeitet und neu herausgegeben auf Veranlassung
und unter Mitwirkung des

Deutschen Ausschusses für Technisches Schulwesen

Mit 6 Textabbildungen

Berlin

Verlag von Julius Springer

1921

ISBN-13:978-3-642-90606-0   e-ISBN-13:978-3-642-92464-4
DOI: 10.1007/978-3-642-92464-4

Vorwort zur zweiten Auflage.

Die erste Auflage dieses Buches, das sich eines steigenden Absatzes erfreuen konnte, war bald nach Beginn des Weltkrieges vergriffen. Der rasche Absatz, den der daraufhin als Notauflage hergestellte erste, und dann auch der zweite anastatische Neudruck fanden, zeigte, daß das Buch einem wirklichen Bedürfnis entsprach. Allerdings waren Teile des Buches inzwischen veraltet. Aus diesen Gründen hat der „Deutsche Ausschuß für Technisches Schulwesen" die Neuherausgabe dieses Buches in teilweise geänderter und erweiterter Fassung veranlaßt. Der Verfasser hat diese Aufgabe nur übernehmen können, weil ihm in dankenswerter Weise außer der Beratung durch den Ausschuß selbst die liebenswürdige Unterstützung einer Anzahl von hervorragenden Praktikern zuteil wurde.

Einleitung und erster Abschnitt wurden durch die Herren Dipl.-Ing. Dyckhoff und Dipl.-Ing. Herbert Müller von der Geschäftsstelle des Deutschen Ausschusses für Technisches Schulwesen überarbeitet. Diese Teile berücksichtigen in der vorliegenden Form die Ergebnisse der organisatorischen Tätigkeit des Ausschusses auf dem Gebiet der Regelung der Praktikantentätigkeit. Abschnitt 2 („Rechte und Pflichten des Praktikanten") konnte durch Teile eines Aufsatzes: „Werkstatt-Praktikanten", aus der Feder des Herrn Dr.-Ing. Riebensahm bereichert werden, der in der Daimler-Werkzeitung von 1920 erschienen war.

Abschnitt 4 („Vom Maschinenbau zur Maschinenfabrikation") hat Professor E. Toussaint, derzeit Leiter der Fabrikationsabteilung der Werkzeugfabrik Fritz Werner A.-G., durchgesehen.

In Anerkennung der Notwendigkeit, dem neuzeitlichen Ingenieur von vornherein die grundlegende Bedeutung sparsamer Wärme- und Kraftwirtschaft im Fabrikbetriebe vor Augen zu führen, hat der Ausschuß bei seinen Beratungen über den Ausbildungsgang der Praktikanten beschlossen, eine kurze praktische Ausbildung im Kesselhausbetrieb zu empfehlen. Aus den gleichen Gründen hat der Verfasser in die vorliegende Neuauflage den Abschnitt 6 neu eingefügt.

Die großen Umwälzungen der letzten Jahre auf sozialem Gebiet nötigten den Verfasser ferner zu gänzlicher Umarbeitung des siebenten Abschnittes unter Berücksichtigung des Betriebsrätegesetzes.

I*

Auch beim Abschnitt 8 („Die Fabrikorganisation mit Rücksicht auf arbeitsparende Betriebsführung") glaubte der Verfasser die Entwicklungen der letzten Zeit zu wirtschaftlicherer Betriebsführung durch gänzliche Umgestaltung berücksichtigen zu sollen. Es ist unbedingt erforderlich, den werdenden Ingenieur von vornherein darauf hinzuweisen, daß Konstruktionslehre und Betriebswissenschaft zumindest gleichberechtigte Zweige der Ingenieurtätigkeit sind. Der Direktor des Vereins deutscher Ingenieure, Herr W. Hellmich, gestattete freundlichst ausgiebige Verwendung seiner Schrift: „Was will Taylor?" in diesem Abschnitt.

Der dritte Teil (Abschnitt 10: „Von den maschinentechnischen Baustoffen") erfuhr durch Herrn Professor O. Bauer von der Materialprüfanstalt in Berlin-Lichterfelde eine durchgreifende Überarbeitung, die vor allem die Ergebnisse der Metallographie berücksichtigt.

Für die Ergänzung der Abschnitte über Schmiede und Schlosserei lieferte Herr Baurat Neuhaus, Generaldirektor der Maschinenfabrik von A. Borsig, Tegel, wichtige Beiträge.

Schließlich erfuhr das Buch eine besondere Erweiterung mit Rücksicht auf seinen Gebrauch seitens Studierender der Elektrotechnik, indem Herr F. Blanc, Oberingenieur des Wernerwerks der Siemens-Schuckertwerke, den fünften Teil: „Elektromaschinenbau" hinzufügte.

Allen diesen Herren sei hier wärmster Dank für ihre wertvolle Mitarbeit ausgesprochen, ohne die, wie gesagt, der Verfasser dem vielseitigen Wunsche nach einer zeitgemäßen Neuherausgabe dieses Buches gar nicht hätte entsprechen können.

Der Anhang der bisherigen Ausgaben, der Auszüge aus den staatlichen und privaten Bestimmungen über die Praktikantentätigkeit enthielt, konnte mit Rücksicht auf die vom Deutschen Ausschuß für Technisches Schulwesen getroffene Regelung des Nachweises und den von ihm herausgegebenen Ratgeber über „die Ausbildung für den Technischen Beruf in der mechanischen Industrie" fortfallen. Hierdurch, wie durch einige Kürzungen des sonstigen Textes gelang es, trotz der notwendigen Erweiterungen und Hinzufügung eines kleinen Nachweises von zweckmäßigem Lesestoff den Umfang des Büchleins unverändert beizubehalten.

Schließlich ist noch zur Erklärung anzufügen, daß nach Beratung mit dem Ausschuß durchweg das Wort „Volontär" beseitigt und durch die jetzt allgemein in Aufnahme kommende Bezeichnung „Praktikant" ersetzt wurde. Aus diesem Grunde und mit Rücksicht auf die Hinzufügung des elektrotechnischen Teiles ist auch der Buchtitel etwas verändert worden.

Möchte das Buch auch in seiner überarbeiteten Fassung für

unseren technischen Nachwuchs von Nutzen sein und daran mithelfen. daß unser Volk erlangt, was es zu seinem Wiederaufstieg nicht entbehren kann: Ingenieure, Männer, Führer!

Berlin, Anfang 1921.

zur Nedden.

Aus dem Vorwort zur ersten Auflage.

Die segensreiche, unentbehrliche Einrichtung des „praktischen Jahrs" vor dem Studium krankt an einem schweren Fehler, der ihre Wirkung durchschnittlich erheblich beeinträchtigt, bisweilen nahezu gleich Null setzt: das ist der Mangel an Erläuterung neben der Anschauung.

Ein vollbelasteter wirtschaftlicher Betrieb, wie es die Maschinenfabrik durchschnittlich ist, kann nicht Pädagogik üben. Sehr willkommen und sehr lobenswert, wenn seine Betriebsleiter trotzdem das nobile officium der Volontärausbildung sorgfältig und gern ausführen. Vielleicht könnte man es sogar sehr unklug nennen, dafür keine Zeit zu haben: denn der Mangel an Werkstattsausbildung ihrer jung eintretenden Ingenieure racht sich am ehesten an den Fabriken selbst. Tatsache ist, daß die Unterweisung der Volontäre über das Aneignen von handwerksmäßigen Fertigkeiten hinaus sehr im argen liegt, — und mit dieser Tatsache ist ohne Nörgelei zu rechnen.

Die Erläuterung muß von außen kommen, geschieht sie nicht innen. Verlegung des „praktischen Jahrs" hinter ein erstes Studienjahr oder einen vorbereitenden Hochschulkursus wäre wünschenswert und von guter Wirkung, — ist aber ohne abermalige Umwälzung des kaum gefestigten neueren Studienplans nicht möglich. Erläuterung durch Abendkurse käme nur für besondere Fälle in Betracht. Vorläufig kann nur durch geeignete Lektüre Abhilfe geschaffen werden. Aber sie fehlt fast gänzlich.

So kam der Verfasser dazu, dieses Buch zu schreiben. Der Weg, den es einschlägt, ergibt sich aus dem Zweck von selbst. Den Fachgenossen gegenüber soll nur betont werden, daß dieses Buch nicht den Anspruch darauf erhebt, ein wissenschaftliches zu sein. Eben das soll vermieden werden. Die Tabellen beispielsweise wollen nur Relationen und Größenordnungen veranschaulichen. Die „Beobachtungswinke" am Schluß der letzten Kapitel sind in keiner Hinsicht planmäßig oder auch nur annähernd erschöpfend. Nur möchte das Buch mehr sein, als eine allgemeine „populäre" Plauderei. Sein Ziel ist ernstliche Förderung, Anregung zum Nachdenken, sein Streben strenge Sachlichkeit. Wenn es dem Verfasser nur gelungen wäre, den Lesern etwa die ständige Unterhaltung mit einem am Ende seiner Studien stehenden älteren Kameraden zu ersetzen, so wäre die Absicht schon völlig erreicht.

Es ist mir eine angenehme Pflicht, an dieser Stelle meinen beiden verehrten Lehrern: den Professoren an der Kgl. technischen Hochschule zu Charlottenburg Kammerer und Dr.-Ing. Schlesinger, Dank zu sagen für die freundliche und wertvolle Unterstützung ihres Rates. Vor allem aber fühle ich mich meinem lieben Kameraden und Amtsgenossen, Herrn Dipl.-Ing. Mitter, tief verpflichtet für die unermüdliche Anregung und Mitarbeit in vielfachen Besprechungen, die mir während der Entstehung dieses Werkchens ständig von ihm zuteil wurde.

Ich habe in diesem Buche immer wieder betont, daß die Volontäre bei höflichem Benehmen stets das erdenklichste Entgegenkommen der Betriebsleiter und Direktionen finden würden. An diese alle richte ich daher die Bitte, diese Anschauung zu bestätigen, und wenn nicht mitwirkend, so doch Spielraum gewährend die Selbstbelehrung des Volontärs nach Möglichkeit zu fördern.

Aachen, September 1907.

Dipl.-Ing. zur Nedden.

Inhalt.

Vierter Teil.

Fünfter Teil.

Anhang:

Einleitung.

Viele, die dieses Buch in die Hand bekommen, werden sich Vom Berufe des Ingenieurs. „Aussichten“. über die Statistik des Ingenieurberufs vielleicht klarer sein, als der Verfasser selbst. Sie werden vermutlich gefunden haben, daß, wie in allen anderen Berufen, so auch bei diesem in Deutschland Überfüllung herrscht. Und in der Tat hat Überangebot Gehälter geschaffen, deren Niedrigkeit dem gebildeten Ingenieur die Schamröte in die Wangen treibt, beides: für die Empfänger, wie für die Geber, die ihresgleichen bisweilen geringer besolden, als den Arbeiter. So ist ein großes Ingenieurproletariat entstanden. Auch wandern viele unserer hoffnungsvollsten jungen Kräfte deshalb aus. Anderseits wird man gewiß von allen Seiten dem jungen Mann, der Ingenieur werden will, liebenswürdig versichern, er habe „da noch die größten Chancen“. Weder möge ihn die erste Erkenntnis einschüchtern, noch die zweite Redensart allzu hochgemut stimmen. Es ist eben bei uns wie überall: der Tüchtige kommt vorwärts, vielleicht, wenn er Glück hat, recht schnell, — und der Stümper bleibt unten.

Die Ausbildung zum Ingenieur ist eine der schwersten, die es Berufsfreude. überhaupt gibt. Aber sie ist, besonders nach Überwindung der ersten Jahre, auch sehr anregend und wendet sich an den ganzen Menschen. Die Fundamente unseres Berufes sehen recht reizlos aus: Die nüchtern zu erwägende Zweckmäßigkeit, die krasse Wirtschaftlichkeit als allein maßgebendes Moment stoßen häufig die Jünger unserer Kunst ab, wenn sie mit allzu ästhetischen, wohl gar poetischen Hoffnungen an die Sache herangehen. Ja gewiß, der Ingenieur als solcher freut sich in seinen freien Augenblicken an den schönen Maschinen, an dem Bewußtsein der Herrschaft über Kräfte und Massen, — aber solange er arbeitet und schafft, ist er nur darauf bedacht, möglichst billige Maschinen zu bauen. · Sein Maßstab soll nicht „Schönheit“ und „technische Vollkommenheit“ sein, sondern sich lediglich in Mark und Pfennig ausdrücken. Er muß sich stets bewußt bleiben, daß bei zwei dem gleichen Zweck dienenden Maschinen nicht die technisch vollkommenere, sondern die bei gleicher Leistung billigere gekauft wird, und das ist allein maßgebend. Völlig in den Hintergrund tritt das Streben nach theoretisch größter Vollkommenheit, das in den reinen Wissenschaften mit Recht obwaltet und ihren Haüptreiz bildet.

Aber in all der scheinbaren Nüchternheit steckt doch ein Reiz, und all dem Materialismus entspringt dennoch ein unerwartet ideales Ergebnis. Denn es ist ein uraltes Grundgesetz, daß die höchste Zweckmäßigkeit stets auch schön ist, — ganz ungewollt. Und so ist es gekommen, daß die neuzeitlichen Fabrikgebäude, bei deren Erbauung man sich zunächst bewußt von allem Streben nach architektonischer Verzierung abwandte, und die nur aus Zweckfolgerungen sozusagen auskristallisierten, plötzlich einen neuen Baustil, ein auch ästhetisch befriedigendes Gesamtbild zeigen. So schuf das Bedürfnis nach billigster Krafterzeugung jene herrlichen Maschinen, um deren beinah rätselhaftes Ebenmaß uns mancher Kunstgewerbler beneidet. Aber es ist mit diesem ästhetischen Erfolg wie mit Rübezahl im Märchen: er erscheint nur freiwillig. Wer nur schön konstruieren will, geht sicher falsch. Wer richtig und zweckmäßig konstruiert, schafft meist auch Schönes.

Dazu kommt, daß auch die zum Grundsatz erhobene Wirtschaftlichkeit etwas Befriedigendes in sich birgt. Es ist wie ein Wettlauf um den Preis der vollkommensten Verbindung von höchster Leistung und größter Preiswürdigkeit. Das Erreichen des Ziels befriedigt an sich.

Soviel von der rein konstruktiven Seite des Ingenieurberufs. Es ist zu beachten, daß solche Ingenieure, die eine rein konstruktive Tätigkeit haben, keineswegs die Mehrheit sind. Organisatorische, volkswirtschaftliche, kaufmännische, administrative Fähigkeiten können sie und müssen sie häufig entfalten, mitunter vorwiegend. In dieser Vielseitigkeit des Berufs, in der Möglichkeit, die entgegengesetztesten Fähigkeiten zu verwerten, liegt recht eigentlich die „Chance" des gebildeten Ingenieurs. Darum sollen sich die jungen Leute bei der Berufswahl nicht von der Wahl des technischen Berufs dadurch abschrecken lassen, daß sie die eine oder die andere Fähigkeit nicht besitzen, die gemeinhin als Vorbedingung dafür gilt: etwa ausgeprägte Veranlagung für Mathematik, zeichnerische Begabung oder der verschwommene Begriff des „praktischen Blicks". Alles das ist schulbar; nur eins muß Anlage sein: der offene Sinn für die Zweckmäßigkeit, und das Anerkenntnis, daß sie allein oberstes Gesetz des technischen Schaffens ist. Daneben ist ein gewisser Unternehmungsgeist, eine natürliche Keckheit neuen Aufgaben gegenüber, und schließlich noch die Fähigkeit wichtig, sich räumlich Dinge vorzustellen: die Raumvorstellungsgabe, das unerläßliche „dreidimensionale Denken".

Eine der wichtigsten und jedenfalls für seine Berufsausbildung Konstruieren.
und -Betätigung unentbehrlichen Aufgaben des Ingenieurs ist das
Konstruieren, ein Wort, unter dem sich der Laie gar nichts oder
meist etwas ganz Verkehrtes vorstellt. Konstruieren bedeutet in
den allerseltensten Fällen: etwas ganz neu, aus dem Nichts heraus
schaffen. Stets arbeitet der Konstrukteur in Anlehnung an bereits
Vorhandenes, das er nur entweder einem neuen Zwecke anpaßt oder
für den bisherigen Zweck tauglicher macht. Dies ist aber nicht dahin zu verstehen, das wir etwa nach Vorbildern abzeichnen, oder
nachahmen. Dies wäre ebenso stumpfsinnig wie unklug. Denn die
Zwecke, die erreicht werden sollen, wechseln ständig, und die Werkzeugmaschinen, die die Stücke herstellen, ihre Arbeitsweise und ihre
Genauigkeit sind in steter Entwicklung begriffen. Außerdem haben
wir auch vielfach dazu Sünden der Väter gutzumachen. Der Vorgang beim Schaffen des modernen Ingenieurs ist — um ein Bild zu
gebrauchen — nicht unähnlich dem künstlerischen Schaffen der
Größten unter den modernen Kunstgewerblern: Gegeben ist das
Problem des Stuhles, oder Löffels, oder Beleuchtungskörpers. Dieses
Problem ist bisher schon unzählige Male gelöst. Aber der eine löste
es ohne Rücksicht auf den bildnerischen Stoff, der andere ohne
Rücksicht auf die Herstellung, der dritte ohne Rücksicht auf den
Gebrauchszweck, ein vierter endlich wollte nur „stilgerecht" schaffen:
nichts davon ist ganz falsch, jedes allein aber unzweckmäßig, unwirtschaftlich, unkünstlerisch. Der moderne Meister des Kunstgewerbes
schafft daher, ohne nach rechts oder links zu blicken, rein aus den drei
Grundrücksichten: Zweck, Herstellung, Material — heraus ein neues
Möbel oder Gerät, das mehr oder weniger von den bisherigen ab-
weicht, aber sie alle in gleichzeitiger Erfüllung dieser drei Grundforderungen übertrifft. Ziehen wir von diesem Schaffen die rein
künstlerische Seite ab, die der Künstler schon triebhaft mitberück-
sichtigt: die Rücksicht auf den ästhetischen Eindruck, so erhalten
wir eine ziemlich genaue Parallele zum Schaffen des wirklich hoch-
stehenden Ingenieurs, und es ist klar, daß in solchem Schaffen stets
dieselbe, geradezu künstlerische Befriedigung liegen kann, die der
Meister des Kunstgewerbes empfindet.

Natürlich sind die Grenzen für solche sozusagen reformatorische
Tätigkeit beim Ingenieur sehr viel enger gezogen als beim Kunstgewerbler. Im allgemeinen stellt der größte Teil unserer guten Ma-
schinenfabrikate eine Summe von Erfahrungen und Rücksichten auf
die Grundforderungen dar, die durch stets neues Ur-Entwickeln der
Formen seitens eines Einzelnen niemals übertroffen werden kann.
Außerdem würde eben ein steter Wechsel in der Formgebung gerade
dem Grundsatz billigster Herstellung widersprechen. Denn jede neue

Form wird kostspielig durch die Notwendigkeit für die Werkstatt, sich umzugewöhnen, neue Vorrichtungen und Arbeitsmethoden zu ersinnen und auszuprobieren usw. Nur ganz selten wird es daher einem wahrhaft genialen Ingenieur vergönnt sein, zusammen mit einem Stabe mitschaffender Konstrukteure solche neuen Typen aufzustellen und zu vervollkommnen. Aber selbst in den engen Grenzen, die der hastende Betrieb unserer Großbetriebe somit zieht, wird sich der wahre Ingenieur vom Techniker schlechtweg darin unterscheiden, daß er ständig die vorhandenen Teile neu durchdenkt, so daß sie die Grundforderungen noch vollkommener erfüllen als bisher. Und hierin liegt der stete Reiz unserer Arbeit.

Projektieren. Vom Konstruieren zu unterscheiden ist das Projektieren, ebenfalls eine Haupttätigkeit des Ingenieurs. Es besteht im Zusammenstellen vorhandener Maschinenarten für einen bestimmten Zweck, bisweilen auch im genauen Aufstellen der Forderungen, die eine neue, eigens für ihre Erfüllung zu bauende Maschine oder Anlage verwirklichen muß. Hier steht im Vordergrund das scharfe Abwägen zwischen der Kostspieligkeit verschiedener Lösungen derselben technischen Aufgabe, z. B. Kanalisation einer Stadt, Bau einer elektrischen Bahn oder Hafenanlage usw. In der immer wechselnden Form der Anforderungen und ihrer jeweils besten Befriedigung, sowie in der freieren Verfügung liegt hier der besondere Reiz. Aber ebensowenig können alle Ingenieure diese Tätigkeit ausüben, wie alle kunstgewerblich Schaffenden Innenausstattungen ganzer Räume und Gebäude ausführen können.

Forschen. Ebensowenig kann in der Regel mit der Tätigkeit des praktischen Ingenieurs die technische Forschertätigkeit verbunden werden. Dank unserer gründlichen Vorbildung geht vor allem in Deutschland beides häufig Hand in Hand: Forschen und Bauen. Unzweifelhaft ist das die bei weitem fruchtbarste Form der Ingenieurtätigkeit. Nur wenigen ist ihre Ausübung vergönnt. Die vorgeschrittene Form unserer technischen Errungenschaften macht heute einen wirklichen Fortschritt nur noch möglich, wenn ein Teil der Ingenieure sich ausschließlich der wissenschaftlichen Forschung widmet. Dem Physiker, Chemiker und Mathematiker bringt einen derartigen Ingenieur seine Tätigkeit nahe. Umfassendste Kenntnisse wissenschaftlicher Natur sind Grundlage. Hier ist mathematische Begabung, Forscherblick, Beherrschung der wissenschaftlichen Methodik unerläßlich. Vom reinen Physiker, Chemiker und Mathematiker unterscheidet den forschenden Ingenieur jedoch stets ein Etwas: er arbeitet in stetem Hinblick, in ununterbrochener Berührung mit der Praxis; sein Auge ist stets auf die wirtschaftliche Ausnutzung der von ihm gewonnenen Erkenntnis gerichtet. Und darum braucht er, der durch die Stille seiner Studierstube, durch die Abgeschiedenheit seines Laboratoriums so leicht verführt werden könnte, die Werkstattsbedingungen zu vernachlässigen, erst recht die eigene Werkstattspraxis. Und je weniger Aussicht vorhanden ist, daß der beginnende Ingenieur später in der Werkstätte seine Heimat sehen wird, desto lebhafter präge er sich alle Erkenntnisse des kurzen praktischen Jahres ein. Was für die Praktiker eine Vorschule bedeutet, ist für den Theoretiker eine nie wiederkehrende, und darum doppelt und dreifach eifrig zu benutzende Gelegenheit, Wissen zu erwerben. Und ein Ingenieur ohne Kenntnis der Werkstattsvorgänge — ist kein Ingenieur.

Ebenso bleibt ein Erfinder, der nicht in strengster Anlehnung an wirtschaftliche und werkstattstechnische Ausführbarkeit erfindet, stets ein Ikaride. Die heutigen großen technischen Erfindungen sind nicht geniale Eingebungen, sondern das Ergebnis mühevoller Arbeit auf wissenschaftlichem, konstruktivem und vor allem wirtschaftlichem Gebiet. *Erfinden.*

Welchen Weg daher der angehende Ingenieur späterhin auch einschlagen mag, immer steht vor ihm unabweisbar das Erfordernis der gründlichen Durchbildung als Konstrukteur. Zu dieser gehört oft recht wenig eigentliche Mathematik, sicherlich meist keine höhere, als etwa die Sekunda eines Gymnasiums treibt; und die Entfaltung zeichenkünstlerischer Begabung wird ganz und gar nicht Erfordernis. Denn fast alle Formen müssen sich aus Kreisen und geraden Linien bilden, da die Maschinen, die das Werkstück nachher schaffen, nur kreisende oder hin- und hergehende geradlinige Bewegungen zu vollziehen vermögen.

Aber andres ist unbedingt nötig: Die genaueste, eingehendste Kenntnis aller Kräfte, die beim normalen Arbeiten und bei der Herstellung und Montage des zu entwerfenden Teils auf ihn wirken. Ferner die vertrauteste Bekanntschaft mit der Fähigkeit des Materials, diese Kräfte aufzunehmen und zweckdienlich weiterzuleiten. Diese Wissenschaft lehrt die Hochschule. Dazu kommt aber als größte Hauptsache ein Drittes.

Das Schwergewicht der Kosten eines Maschinenteils liegt meist nicht in dem Preise des in ihm steckenden Baustoffs, sondern in den Kosten seiner Bearbeitung, d. h. der Summe von Arbeiten, denen der Rohstoff unterworfen werden muß, bis er verwendungsfertig ist. Bearbeitung sparen heißt Geld sparen. Der Konstrukteur wird aber nur dann hierzu imstande sein, wenn er genau über alle Zwischenzustände und Bearbeitungen unterrichtet ist, die dazu gehören, aus dem rohen Metallklotz die gewollte Form zu schaffen. Er wird um so billiger und zweckmäßiger konstruieren, je genauer *Notwendigkeit praktischer Werkstattserfahrung.*

er mit allen Kniffen und Pfiffen der Werkstatt, mit den Kunstgriffen der Handwerker, mit dem Arbeitsverfahren der Bearbeitungsmaschinen vertraut ist. Auch im negativen Sinne ist häufig praktische Erfahrung unerläßlich: um nämlich ermessen zu können, wie weit man mit der Vereinfachung gehen kann, ohne die Güte der Ausführung zu gefährden.

Diese Erfahrung zu geben, kann nicht Sache der Hochschule sein. Es ist ohne weiteres klar, daß nur der Betrieb in der Werkstatt selbst hierzu imstande ist. Denn mit dem bloßen Wissen, wie's gemacht wird, ist's häufig nicht einmal getan. Der Ingenieur muß es im Gefühl haben, was werkstättentechnisch möglich und zweckmäßig ist, und was nicht.

Betriebswissenschaft. Dies ist immer notwendiger heute, wo schärfster Wettbewerb zu sorgsamster Arbeitsteilung und Vervollkommnung der Herstellungsverfahren, zur Reihen- und Massenherstellung, zur Normung und Typisierung geführt hat, wo die zunehmende Kostspieligkeit der Menschenkraft ausgeklügelte, zur Wissenschaft gewordene Betriebsführung erzwingt. Nicht mehr die Güte der Konstruktion allein: in erster Linie die Vollkommenheit der Betriebsführung· ist der maßgebende Faktor für die Lebensfähigkeit der Betriebe geworden. Somit tritt die Vertrautheit mit den Einzelheiten der wissenschaftlichen Betriebsführung: der Kunst, Arbeit zu sparen, als gleich wichtiges, ja wichtigeres Gebiet des technischen Könnens an die Seite der konstruktiven Ausbildung.

Diese Gründe zeigen die Notwendigkeit praktischer Belehrung vor dem Studium. Daß diese praktische Tätigkeit eine so ausgedehnte ist, liegt einesteils an der außerordentlichen Größe und Neuheit des zu überschauenden Stoffs, anderenteils aber auch daran, daß nicht nur dies eine Ziel, sondern noch eine Anzahl anderer Zwecke durch das praktische Jahr erreicht werden müssen.

Aufgabe und Inhalt des praktischen Jahrs. Fast jeder Ingenieur kommt mehr oder minder häufig in die Lage, bei der Montage einer Maschine, d. h. bei ihrer endgültigen Aufstellung an Ort und Stelle, nach vorhergehender probeweiser Zusammenstellung der einzelnen Teile in der Fabrik, selbständig und leitend mitwirken zu müssen. Es ist ganz unerläßlich, daß er hierbei mit dem Schlosserhandwerk durchaus vertraut ist, schon um die nötigen Anordnungen in sachlich richtiger Weise treffen und ihre Ausführung nachprüfen zu können. Häufig jedoch ist man durch die Umstände gezwungen, sogar selbst mit Hand anzulegen. Und in diesen Fällen gilt es, abgesehen davon, daß man einen Monteur geradezu ersetzen muß, auch vor den Untergebenen sich keine Blöße zu geben, besonders, da gerade hierauf die Leute sehr sehen und danach den Grad der dem Ingenieur entgegengebrachten Achtung zu

bemessen pflegen. Für viele Arbeiten erschließt eigenhändige Ausführung überhaupt erst das Verständnis. Aus diesen Gründen ist
ein gewisses Maß rein handwerksmäßiger Fertigkeit, wenigstens in allen Schlosserarbeiten, ein unentbehrlicher Bestandteil der
Ingenieurausbildung. Ganz besonders gilt dies für spätere Betriebsleiter; für diese genügt ein Jahr Werkstattpraxis überhaupt nicht.

Abgesehen aber von den zu sammelnden reinen Kenntnissen und
Fertigkeiten ist auch eine Vertiefung in die ganzen Grundlagen, auf
denen sich unsere Maschinenindustrie aufbaut, ganz unerläßlich. Sie
sind verschiedene: technische, wirtschaftliche und nicht zuletzt soziale.

Aus eigener Anschauung muß der Anfänger den Unterschied
zwischen Maschinenarbeit und Menschenarbeit kennen lernen, so daß
er in den Stand gesetzt wird, in jedem einzelnen Fall Vor- und Nachteile der einen oder andern abzuwägen. Er muß sich über das Wesen
der Arbeitsteilung und über ihre Wirkungen und Grenzen unterrichten.
Er muß es am eignen Leibe erfahren, welche Arbeit schwer, welche
leicht ist, wieviel Geschicklichkeit oder Körperkraft oder Kopfarbeit
jede Hantierung erfordert, wieweit Arbeiten durch geschickte Anordnung und Vorbereitung der damit verbundenen Nebenarbeiten vereinfacht, beschleunigt und verbilligt werden können, ohne zu vermehrter
Anspannung des Arbeitenden zu führen. Der Einfluß der Arbeitsbedingungen auf den Menschen und auf die Qualität der Arbeit, die durch
das Zusammenarbeiten Vieler eintretenden Wirkungen können nur durch
Anschauung und Selbstempfinden klar werden. Was dem Einzelnen
zugemutet werden kann und muß, wie Nachtarbeit, wie Überstunden,
Beschaffenheit und Menge der Arbeit beeinflussen, welchen Maßstab man an die Arbeit jedes einzelnen legen muß, das sind Emp-
findungssachen, die unmöglich durch reines Lehren vermittelt werden
können. Daneben ist unerläßlich eine, wenn auch nur ungefähre
Übersicht über die Kosten der einzelnen Materialien und der Verfahren zu ihrer Verarbeitung, über die Rücksichten auf Wärme- und
Energiewirtschaft in der Fabrik, ein Einblick in Lohnkosten und
Maschinenspesen, in die Arten der Entlohnung und die Möglichkeit
der Vorkalkulation. Es ist ferner wünschenswert, daß der Eleve
bereits in der Fabrik ein Auge für die spezifisch technische Formgebung, so, wie sie aus den konstruktiven Grundsätzen entspringt,
sowie für ihre zeichnerische Darstellung gewinnt. Und schließlich ist
von allerhöchster Wichtigkeit das Einleben in die Anschauungswelt
der Arbeiter, in ihre soziale Schichtung und Lage. Denn es ist von
höchstem Einfluß auf das Gedeihen eines jeden industriellen Unternehmens, ob sich Arbeitgeber und Arbeitnehmer, Beamte und Arbeiter
auch über das Gebiet des rein Technischen hinaus sozial verstehen
und achten.

So sind die Aufgaben, die des Praktikanten in der Fabrik zunächst harren, mannigfaltig und keineswegs leicht. Sie fordern Verständnis, offenen Blick, eigenes Denken, Geschicklichkeit und nicht zum wenigsten Taktgefühl. Aber wie sie den ganzen Menschen in Anspruch nehmen, so bilden sie auch den ganzen Menschen, und für die meisten Ingenieure bedeutet ihre Praktikantentätigkeit eine große Veränderung in Wesen und Weltanschauung. Das praktische Jahr ist ein hartes, aber auch besonders interessantes, und demjenigen wird es am meisten bieten und am leichtesten fallen, der mit Lust und Liebe dabei ist.

Erster Teil.

Die Vorbereitungen zum „Praktisch-Arbeiten"[1].

Über die Frage, welche industriellen Unternehmungen Kleinbetriebe? am besten geeignet sind, dem Ingenieur die praktische Vorbildung zu gewähren, gehen die Ansichten auch der Fachleute noch auseinander. Je nachdem der Betreffende das Schwergewicht der Ausbildung mehr in die handwerksmäßige Erlernung des Maschinenbaues oder in das Vertiefen in die Bedingungen des modernen Großbetriebs und der Massenfabrikation legt, wird er die „Lehre" in einer kleinen Maschinenbau-Werkstatt oder das praktische Jahr im Großbetrieb befürworten. Es ist aber ganz unzweifelhaft, daß ein Mann, der nicht imstande ist, sein Gesellenstück im Tischlern, Formen oder Schlossern zu liefern, dennoch ein hervorragender Ingenieur werden kann. Sicherlich wären von allen großen Ingenieuren der Jetztzeit wohl kaum ein Zehntel ohne weiteres brauchbare Schlosser. Es bedeutet ein völliges Verkennen der Bedeutung der Arbeitsteilung und ein nutzloses Überbürden des schon schwer mit Lernstoff belasteten Maschinenbaubeflissenen, wenn man ihm zumutet, alle beim Maschinenbau notwendigen Hantierungen selbst zu erlernen. Das ist überhaupt an sich nicht möglich. Und, das zugegeben, ist es im übrigen nur noch Willkür, wo da die Grenze zu ziehen ist. Außerdem ist das erforderliche Maß handwerksmäßiger Kenntnisse für die verschiedenen Arten der Ingenieure verschieden. Der Betriebs-Ingenieur braucht als unmittelbarer Werkstattleiter ein erheblich größeres Maß rein handwerksmäßiger Kenntnisse, ja Fertigkeiten, als der Konstruktions-Ingenieur, der sicherlich über allzu kleinlichen

---

[1] Zu diesem Kapitel finden der junge Mann, wie seine Eltern, Erzieher und Ratgeber ausgiebige Information in dem vom „Deutschen Ausschuß für Technisches Schulwesen", Berlin NW 7, Sommerstraße 4a, herausgegebenen Ratgeber über „die Ausbildung für den technischen Beruf in der mechanischen Industrie".

handwerksmäßigen Rücksichten die weiteren Zwecke seines Schaffens vernachlässigen würde. Da es aber in den seltensten Fällen möglich und niemals zweckmäßig ist, von vornherein eine bestimmte Sonderlaufbahn ins Auge zu fassen, so folgt daraus die Notwendigkeit, dem angehenden Ingenieur eine möglichst vielseitige, aber nicht einseitig handwerksmäßige Bildung zu geben. Diese kann im Bedarfsfall später immer noch erfolgen.

Riesenbetriebe? Anderseits ist nicht zu verkennen, daß die Aussichten für Eintreten des zu fordernden Erfolgs im praktischen Jahr zweifellos in einem ganz großen Betriebe nicht so gute sind, wie in mittelgroßen. Denn im Riesenbetrieb verliert der Praktikant die Fühlung mit den Werkleitern, die ihn belehren könnten, leichter, als in mittelgroßen Werken, sofern die Riesenbetriebe nicht für ihre Lehrlinge und Praktikanten besondere Lehrgänge unter Aufsicht von Ingenieuren eingerichtet haben. In solchen Betrieben wird wohl die beste Ausbildung gewährleistet. Fehlt jedoch diese Einrichtung, so geht der Einzelne in dem Riesenbetriebe leicht unter.

Die Zahl dieser Riesenbetriebe mit Werkschule und Lehrgängen ist jedoch zur Zeit leider noch verhältnismäßig gering, wenn auch immer mehr Betriebe die Nützlichkeit derartiger Einrichtungen einsehen lernen.

Mittelgroße Betriebe. Erfreulicherweise haben wir nun gerade in Deutschland eine große Anzahl Mittelbetriebe, die doch auch den allergrößten an Vollendung der Arbeitsmethoden und Organisation nichts nachgeben und dabei meist den Vorteil großer Vielseitigkeit der Fabrikate und leichterer Übersichtlichkeit gewähren. Bisweilen finden sich auch bei großen Berg-, Hütten-, ja chemischen Werken Reparaturabteilungen vom Umfange einer mittelgroßen Maschinenfabrik; auch diese sind für Erledigung wenigstens eines Teiles des praktischen Jahres in mancher Hinsicht durchaus geeignet.

Einfluß der Art des Fabrikats. Die mittelgroßen Betriebe — mit einigen hundert bis zu tausend Arbeitern — dürften für die Erledigung des praktischen Jahres im allgemeinen in Frage kommen, wobei es bis zu einem gewissen Grade sogar ziemlich gleichgültig ist, ob die Firma sich mit dem sogenannten allgemeinen Maschinenbau (Dampf- und Gasmaschinen, Arbeitsmaschinen, d. h. Pumpen, Gebläse usw.) oder mit Spezialitäten befaßt, wie Zerkleinerungs-, Druck-, Textilmaschinen usw. Selbst solche Unternehmungen, die nur Maschinenteile (Zahnräder, Kupplungen, Transmissionen usw.) als Sondererzeugnisse herstellen, sind, wenn einigermaßen in neuzeitlichem Sinne geleitet, durchaus geeignet. Denn der Praktikant soll ja nicht Maschinen bauen lernen — das lehrt ihn die Hochschule —, sondern er soll sich einen Überblick über die herrschenden Arbeitsmethoden und -organisationen verschaffen, und dabei spielt das schließliche Fertigfabrikat eine untergeordnete Rolle.

Diese Tatsache dürfte den jungen Leuten, die als Ingenieurlehrlinge Aufnahme suchen, wissenswert und willkommen sein. Denn einerseits ist aus örtlichen und sonstigen Rücksichten die Auswahl der sich bietenden Möglichkeiten an sich meist klein, anderseits ist es leider, besonders für den, der industriellen Kreisen ferner steht, immer noch recht schwierig, überhaupt in einer Maschinenfabrik von Ruf als Praktikant zugelassen zu werden. Naturgemäß kann auch das größte Werk nur eine verhältnismäßig sehr beschränkte Anzahl von Praktikanten aufnehmen, da diese selbst bei der leider üblichen geringen Rücksichtnahme auf sie immerhin noch manche Störung verursachen und — wahrscheinlich sehr mit Unrecht — stets als unproduktive „obligation de noblesse" betrachtet werden. Diese geringe Anzahl „offener Stellen" aber wird in unseren großen Firmen häufig für solche jungen Leute vorbehalten, zu deren Eltern oder Gönnern das Werk nahe geschäftliche Beziehungen oder Verpflichtungen hat.

Für solche, denen derartige Fürsprache fehlt, vermittelt der „Deutsche Ausschuß für Technisches Schulwesen", Berlin NW 7, Sommerstraße 4a, Stellen in geeigneten Werken, soweit ihm ein Ausgleich zwischen der meist sehr regen Nachfrage nach solchen und dem noch immer spärlichen Angebot seitens der Industrie möglich ist. Es empfiehlt sich daher frühzeitige Bewerbung. Hierzu ist lediglich ein Bewerbungsschreiben an die „Abteilung Praktikantenvermittlung" dieses Ausschusses zu richten, die dem Bewerber sodann einen Fragebogen übersendet.

Außerdem hat neuerdings an jeder technischen Hochschule ein Professor das Amt eines Vertrauensmannes für Praktikanten-Ausbildung übernommen, der im Zusammenwirken mit entsprechenden Vertrauensmännern bei benachbarten Bezirksvereinen des Vereins Deutscher Ingenieure solche Vermittlungen ausführt. Man wende sich auch für diese Vermittlung an den Deutschen Ausschuß für Technisches Schulwesen, oder unmittelbar an die Maschinenbauabteilung der für das Studium in Aussicht genommenen technischen Hochschule, oder schließlich an den nächstgelegenen Bezirksverein des Vereins Deutscher Ingenieure.

Es empfiehlt sich jedoch stets, wenn anders eine so frühe Entschließung vorliegt, die Anfrage und eventuelle Anmeldung womöglich schon jahrelang vor beabsichtigtem Beginn der praktischen Tätigkeit an die Maschinenfabrik zu richten, da in diesem Falle auch die bedeutendsten und deshalb in dieser Hinsicht umworbensten Firmen häufig die Aufnahme bewilligen.

Entgelt. Für die Zulassung als Praktikant ist häufig ein Entgelt zu entrichten, ob zu Recht oder zu Unrecht, soll an dieser Stelle nicht besprochen werden. Diese „Entschädigung" soll sich nach Vereinbarungen des „Deutschen Ausschusses für Technisches Schulwesen" mit maßgebenden Kreisen der Industrie durchschnittlich in den Grenzen von 300 bis 500 M. bewegen. Nicht selten aber wird dieser Satz überschritten. Dem Verfasser sind Entschädigungen von 600 bis 3000 M. pro Jahr bekannt. Es sei gleich hinzugefügt, daß bei Auswahl zwischen zwei sich bereit erklärenden Maschinenfabriken, wenn irgend möglich, der Punkt, welche „billiger" ist, nicht ausschlaggebend sein sollte. Denn einerseits bietet die höhere Summe nicht immer etwa Gewähr für bessere Ausbildung; die Festsetzung ist vielmehr häufig eine ganz willkürliche und sogar innerhalb desselben Jahrganges schwankende. Anderseits bietet mitunter die „teurere" Fabrik eine so ungleich vorzüglichere Gelegenheit zur Ausbildung, daß die dort gesparten Hunderte von Mark sehr leicht sich dadurch rächen können, daß nach Besuch der „billigeren" Fabrik das Hochschulstudium um so langwieriger und um Tausende teurer wird. Dies trifft vor allen Dingen bei denjenigen größeren Betrieben zu, die sich eine besondere Werkschule oder besondere Lehringenieure halten, die große Unkosten verursachen.

Staats-
werkstätten. Neben den privaten Werken kommen staatliche in Betracht, und zwar die Reichsbetriebe (frühere kaiserliche Werften und Heereswerkstätten) und die Werkstätten der Deutschen Reichseisenbahnen. Auch über die Aufnahmebedingungen usw. in diesen Werkstätten und die Verknüpfung einer späteren Laufbahn als staatlicher Ingenieur mit der praktischen Arbeit in staatlichen Werkstätten gibt der „Deutsche Ausschuß für Technisches Schulwesen" auf Anfrage genauere Auskunft.

Eisenbahn-
werkstätten. Allgemein ist zu der Frage der praktischen Arbeit in den staatlichen Werkstätten folgendes zu bemerken: Die Eisenbahnwerkstätten sind vornehmlich Reparaturwerkstätten. Viele sind nicht mit Gießerei und Modelltischlerei versehen; wo sie vorhanden sind, sind es solche in kleinstem Umfang. Vor allem aber fehlt durchweg „die auf Erwerb gerichtete Tätigkeit", der rote Faden, der sich durch alle Privatunternehmungen zieht und den Namen „Dividende" führt. Diese ertraglosen Werkstätten sind für den Erwerb der wirtschaftlichen Kenntnisse wenig geeignet. Es sei jedoch bemerkt, daß die technische Ausbildung in den Reichs-Eisenbahnwerkstätten häufig ganz ausgezeichnet ist.

Wenn die Absicht für den späteren Eintritt in den Staatsdienst besteht, und die Bestimmungen des betreffenden Landes die Erledigung der praktischen Tätigkeit in den Eisenbahnwerkstätten erfordern, wird natürlich dieser Weg unumgänglich. Sehr erfreulicher Weise hat Preußen und Bayern diese Bestimmung fallen lassen. Die Berührung mit der Behörde beginnt hier überhaupt erst nach der Diplomprüfung. Bis dahin ist die Ausbildung nur an die Vorschriften der technischen Hochschulen gebunden, die durchweg die Erledigung der praktischen Arbeitszeit in beliebigen Privatwerken gestatten. Die Bestimmungen der anderen Länder geben fast ausnahmslos gleich weites Spiel für die erste praktische Ausbildung. Dafür ist diese an sich von den Hochschulen als Vorbedingung zur Aufnahme der Studierenden erklärt worden.

Anders liegen die Verhältnisse bei den anderen Reichsbetrieben. Hier handelt es sich um vollgültige, erstklassige Unternehmen, die sich von Privatunternehmungen (abgesehen davon, daß das Reich Inhaber ist) nur wenig unterscheiden. Sie arbeiten sehr wohl unter dem Gesichtspunkte größter Wirtschaftlichkeit und sind heute zum Teil mit allen Feinheiten ausgestattete Musterunternehmen. Naturgemäß kommen die Werften in erster Linie für Schiffsmaschinenbauer in Betracht; aber auch für den allgemeinen Maschinenbau steht die praktische Tätigkeit auf einer großen Werft in keiner Beziehung zurück.

Der „Deutsche Ausschuß für Technisches Schulwesen“ hat angeregt, daß den Praktikanten ein „Arbeits-“ oder „Tagebuch“ nach bestimmtem Schema ausgehändigt wird, in dem er über die von ihm ausgeführten Arbeiten Rechenschaft ablegt, und das der Betriebsleitung im Verein mit den Aussagen der Ingenieure und Meister über den Praktikanten ein gewisses Urteil ermöglicht. Ferner wird vom Ausschuß befürwortet, den Praktikanten einer kleinen Abschlußprüfung am Ende seiner praktischen Arbeit zu unterwerfen. Beide Maßnahmen sind nicht nur zum Nutzen der Tüchtigen und Fleißigen unter den Praktikanten gedacht, sondern sie sollen vor allem auch bewirken, daß die Werksleitung sich möglichst angelegentlich um die Ausbildung der Praktikanten kümmert. —

Die Ausrüstung der Ingenieurlehrlinge zu ihrer praktischen Tätigkeit verursacht keine übermäßigen Kosten:

Sie besteht aus zwei „Monteuranzügen“ aus blauer Leinwand, einer Kappe und eventuell für die Zeit in der Schmiede noch Holz-„Pantinen“ oder dicken Lederstiefeln. Eventuell genügt sogar ein bloßes blaues Überhemd nebst „alten“ Hosen als Arbeitsbekleidung. Sehr zu empfehlen ist — besonders im Sommer — das Mitnehmen eines blechernen Kännchens mit Kaffee oder Tee; man ist über das vielleicht peinliche Gefühl, es auf der Straße zu tragen, sehr bald erhaben, wenn man den Nutzen erfahren hat. Die Ausrüstung wird vervollständigt durch Metermaß oder Bandmaß, einen Bleistift und Notizblock, endlich durch Kleiderbürste, Seife und Handtuch. Von Seifen sind besonders solche mit frottierender Wirkung (Pflanzenfaser- oder Bimssteinseife, womöglich in Pastenform) sehr empfehlenswert und oft allein imstande, das Öl und den Sand oder Lehm von Händen und Gesicht auch nur einigermaßen zu entfernen. Schließlich ist noch vor dem Tragen von Fingerringen zu warnen.

Werkstätten-Reihenfolge. Auf einen sehr wichtigen Punkt sei hier hingewiesen: In vielen, und darunter den allervorzüglichsten Fabriken ist bezüglich der Reihenfolge, in der die einzelnen Werkstätten während der Ausbildungszeit durchlaufen werden, gar keine Bestimmung getroffen. Die jungen Leute werden meist aufs Geratewohl in die Werkstätten verteilt, in denen „Platz" ist. Trotzdem ist es unzweifelhaft ganz unentbehrlich und durch vieltausendfache Erfahrung bestätigt, daß für den Neuling alle Anschauung in den Werkstätten nur den halben Nutzen hat, wenn er nicht zuvörderst die fertigen Fabrikate und ihre endgültige Zusammenstellung in der Montagehalle kennen gelernt hat. Erst dann hat er überhaupt die Möglichkeit, einigermaßen einen Überblick zu gewinnen. Der erfahrene Ingenieur vergißt dies gar zu leicht.

Nun mag es schwierig sein, beim Beginn eines neuen Praktikantenjahrgangs zunächst sämtliche (oft 12 und mehr) Eleven in die Montagehalle zu stellen, selbst wenn man darauf verzichtet, sie mit Hand anlegen zu lassen. Schon durch das bloße Herumstehen stören sie. Dennoch sollte in Anbetracht der grundlegenden Wichtigkeit eines solchen (wenn auch nur eine einzige Woche andauernden) Aufenthalts in Montage oder Schlosserei, dieser möglich gemacht werden, und er kann es auch in der Tat bei gutem Willen der Werkleiter und der nötigen Bescheidenheit der Ingenieurlehrlinge. Jedenfalls sollte jeder Vater oder Praktikant selbst unbedingt schon bei der ersten Besprechung mit dem Direktor des Werks darauf dringen, daß dem Eintretenden diese Möglichkeit gegeben werde. Die weitere Reihenfolge der Tätigkeiten ist dann verhältnismäßig weniger von Belang. Wichtig ist noch, daß die Gießerei und vor allem die Kernmacherei teilweise oder ganz vor der Modellschreinerei durchlaufen wird, sowie daß die praktische Tätigkeit in Werken, die keine eigene Gießerei haben, durch Tätigkeit möglichst in der Gießerei, die für das betreffende Werk liefert, ergänzt wird. Im allgemeinen dürfte ein dem Fabrikationsgange entgegengesetztes Durchlaufen der Werkstätten das Vorteilhafteste sein.

Dauer. Zum Schlusse ist noch über eine Frage zu sprechen, die nicht nur den Ingenieurlehrlingen und ihren Eltern, sondern auch den

Fachleuten viel Kopfzerbrechen verursacht: Die Dauer der praktischen Arbeitszeit.

Die Meinungen weichen stark voneinander ab. Von solchen, die unter 2 Jahren sich überhaupt keinen Vorteil versprechen, bis zu denen, die einen kurzen vorbereitenden „Kursus" für ausreichend halten, finden sich Vertreter aller Übergangsansichten. Der Verfasser hält es in diesem Rahmen für müßig, überhaupt darauf einzugehen, nachdem übereinstimmend vom „Deutschen Ausschuß für Technisches Schulwesen", den Hochschulen und den Baubehörden ein Jahr als Allgemeinmaß aufgestellt wurde.

Doch mögen die sich keineswegs Sorgen machen, die als Osterabiturienten (unsre Hochschul-Jahreskurse beginnen im Oktober) von der Duldungsbestimmung Gebrauch machen, nur 6 Monate zu erledigen, bevor sie immatrikuliert werden, — unter der Verpflichtung, die weiteren 3×2 oder 2×3 Monate zwischendurch, z. B. innerhalb der großen Ferien, abzumachen. In 6 Monaten kann jemand, der die Augen offen hält, sich immerhin so weit einleben in den Geist der Maschinenfabrikation, daß er dem Hochschulunterricht in den ersten Jahren mit vollem Nutzen folgen kann. Und die späteren kleinen Arbeitszeiten sind desto fruchtbarer.

Sie sind so unverhältnismäßig viel fruchtbarer, und für· gewisse Erkenntnisse so unentbehrlich, daß auch diejenigen, die ein ganzes Jahr vor dem Studium arbeiten, nicht versäumen dürfen, später, d. h. zwischen den Abschnitten oder am Ende des Studiums, nochmals längere Zeit in die Fabrik als Praktikant zu gehen.

Für diese kleinen Zeiträume werden allerdings von den Werken sehr ungern Praktikanten zugelassen. Es empfiehlt sich daher dringend, beizeiten, womöglich schon als Klausel bei Beginn des ersten Abschnitts, Vorsorge zu treffen, daß man da keine Schwierigkeiten findet. Besser ist es allerdings noch, wenn man in einem zweiten Werk die bei der ersten Arbeitsgelegenheit erworbenen Kenntnisse vielseitiger ausgestalten kann.

Abschnitt 2.

Rechte und Pflichten des Praktikanten.

Es scheint vielleicht überflüssig, einem wohlerzogenen jungen Zwei Grenzen. Mann von seinen Rechten und Pflichten in einer zivilisierten Umgebung erzählen zu wollen. Immerhin erschien es notwendig, einige Worte darüber zu sagen, da es sich leider oft genug zeigt, daß in den Köpfen mancher junger Leute eine ganz eigenartige Auffassung über ihre Stellung in der Fabrik herrscht. So berief sich z. B. ein früherer Kamerad des Verfassers einmal auf sein „akademisches Bürgerrecht: er brauche sich von einem Betriebsingenieur nichts gefallen zu lassen". Der Herr fiel der verdienten Lächerlichkeit anheim: er verkannte eben völlig seine Stellung. Einem anderen Praktikanten verabreichte ein Schlosser eine schallende Ohrfeige, und leider keineswegs, ohne daß ihm das bisherige Benehmen des Herrschens ein Recht dazu gegeben und ihn zu einer solchen Handlungsweise ermutigt hätte. So sehr verkannte dieser Praktikant seine Stellung nach der anderen Seite hin.

Arbeitsordnung. Belehrung. — Zunächst unterwirft sich der Praktikant dem Direktor gegenüber mündlich, und am ersten Tage seines Aufenthalts in der Fabrik auch (durch Unterschrift im Aufnahmebuch) schriftlich der Arbeitsordnung der Fabrik. Hieraus folgt, daß sich seine Stellung äußerlich in nichts von der eines gewöhnlichen Arbeiters unterscheidet: er ist an die Arbeitszeit streng gebunden, zahlt Strafe in die Wohlfahrtskasse, wenn er zu spät kommt, hat sich bei seinem Meister zu melden, wenn er die Fabrik außer der Zeit verlassen will, und wird nur auf dessen „Passierschein" hin herausgelassen. Er ist den Anordnnngen der Meister und Betriebsingenieure unbedingt zu folgen verpflichtet.

Dabei geben ihm die Rücksicht auf seine bessere Bildung und auf seine spätere Lebensstellung tatsächlich eine besondere Stellung, ohne daß dies besonders ausgesprochen wäre. Diese Sonderstellung kommt aber nicht sowohl zum Ausdruck in der Möglichkeit, gegebenen Anordnungen nicht Folge zu leisten, als in dem Recht auf Belehrung zu jeder Zeit, es sei denn, daß seine Frage gerade besonders störte. Hier ist eine durch den persönlichen Takt herauszufühlende Grenze.

Bewegungsfreiheit. — Häufig jedoch — und das ist aufs äußerste zu beklagen — wird seitens der Vorgesetzten dieses Recht nicht genügend berücksichtigt. Abgesehen davon, daß Meister und Betriebsingenieure in manchen Fabriken für Praktikanten kaum zu sprechen sind, oder auf ihre Fragen in einer Art antworten, daß diese das nächste Mal vorziehen, lieber nicht zu fragen, bestehen auch große Meinungsverschiedenheiten bezüglich des Rechtes des Praktikanten, eventuell auch einmal den ihm zugewiesenen Arbeitsplatz, Schraubstock oder Hobelbank usw. vorübergehend, ja auf Stunden zu verlassen, wenn an irgendeiner Stelle der Fabrik eine lehrreiche, nicht häufig wiederkehrende Arbeit ausgeführt wird. So erinnere ich mich, daß ich während meiner Praktikantenzeit in einer namhaften Lokomotivfabrik einmal gern dabei sein wollte, wie mein Nachbar, ein Dreher, seine

Stähle ausglühte, schmiedete, härtete und neu schliff. Mein Meister traf mich in der Werkzeugschmiede an, wie ich zusah, wies mich „sehr deutlich" auf meinen Platz zurück, und, wie das häufig so geht, es hat der Zufall gewollt, daß ich nie wieder Gelegenheit fand, eine derartige Arbeit mit anzusehen oder gar selbst auszuführen. Dies ein mir zufällig bewußtes Beispiel. Wie viele unbewußte Ausfälle mögen den Praktikanten durch solches Vorgehen der Werkmeister entstehen! Selbstversändlich ist es nicht angängig, daß die Praktikanten beliebig fortwährend in der Fabrik spazieren gehen, denn — abgesehen von disziplinarischen Gründen — der Meister ist für sie bis zu gewissem Grade verantwortlich, und er muß imstande sein, bei Anfragen stets anzugeben, wo der Praktikant steckt. Auch ist es dem Praktikanten selbst anzuempfehlen, daß er mit Festigkeit sich selber zwingt, wochenlang auf seinem Platze zu arbeiten, ohne nach links oder rechts zu sehen, um ganz vollkommen sich in das Gefühl der Arbeiter hineinversetzen zu können. Solche Erfahrungen sind später dem Betriebsleiter oder Fabrikorganisator von großem Vorteil: denn er kennt dann die Grenzen der Durchführbarkeit von Disziplinmaßregeln. Aber von diesen Einschränkungen abgesehen, muß dem Praktikanten das Recht zustehen, sich jederzeit im Werk umzusehen. Seine Pflicht ist es natürlich, dem Werkmeister hiervon in jedem einzelnen Falle Mitteilung zu machen. Es ist anzunehmen, daß er meist, bei richtiger, auch dem Unterbeamten gegenüber bescheidener Form der Bitte, Entgegenkommen finden wird. Sollte dies jedoch nicht der Fall sein, ist der Praktikant zweifellos berechtigt, solche Einschränkung seines teuer genug erkauften Rechts dem Betriebsingenieur oder schlimmstenfalls der Direktion mitzuteilen und um Änderung zu bitten.

Hier seien einige ausgezeichnete Worte zitiert[1]), die aus dem Werkstattsbetrieb einer Großmaschinenfabrik stammend, für Arbeiter wie für Praktikanten gleich beherzigenswert sind:

„Der Arbeiter sieht ein, daß er den Ingenieur als Führer braucht. Aber er verlangt von einem Führer, daß er ihn achten und daß er ihm Vertrauen schenken kann. Achtung und Vertrauen genießt nur der, der in seinem Fache tüchtig und außerdem ein Mann von Charakter ist.

Dem jungen Ingenieur verleiht Tüchtigkeit das, was ihm an Kenntnissen die Schule und an Erfahrungen dann die Praxis geben. Zum Charakter, zur Persönlichkeit kann den Menschen aber das Studium auf den Schulen allein nicht erziehen. Dazu muß ihn das Leben, muß er sich selbst erziehen.

Der Praktikant und der Arbeiter.

---

[1]) Aus „Werkstatts-Praktikanten" von Dr.-Ing. Riebensahm, Daimler Werkzeitung, 1920, Nr. 10.

Darum wird der Praktikant so früh als möglich hineingestellt in das Leben der Arbeit. Darum also liegt noch vor dem Studium das praktische Jahr in der Fabrik. Viel größer als der Wert der Handfertigkeit, die der Praktikant in diesem Jahr erreichen kann, ist die menschliche Bedeutung des Verhältnisses, in das er hier eintritt.

Mitten in den Betrieb unter die Arbeiter gestellt, soll er hier erkennen lernen, daß es in der Fabrik außer den technischen Aufgaben noch ganz andere Dinge gibt, die unter Umständen viel wichtiger sind; daß die Fabrik ein Staat im kleinen ist mit eigenen Gesetzen, die alle Vorgänge und alle Handlungen der Menschen, die in ihr arbeiten, regeln. Das kann er nur, wenn er selbst die Stelle eines Arbeiters einnimmt, die Arbeitsordnung kennen lernt, sich allen ihren Forderungen und Beschränkungen fügen, pünktlich kommen, bis zur letzten Minute arbeiten muß.

Das alles könnte, wenn man nur an der Hochschule davon gehört hat und später darüber verfügen soll, gering erscheinen. Es bekommt aber ein anderes Gesicht, wenn man es selbst erfüllen muß und dabei erfährt, wie solche Pflichterfüllung tut.

Unter diesen Verhältnissen arbeitend, soll er ferner alles das einmal selbst ausführen, was er später anzuordnen haben wird. Er wird eine Anschauung davon bekommen, wie weit oft der Weg vom Befehl bis zur Durchführung, von dem Plan bis zum Gelingen ist, wieviel Nebenumstände in anscheinend einfache Vorgänge hineinspielen, welche Schwierigkeiten häufig die persönlichen Verhältnisse von Arbeitern und Beamten der Ausführung eines einfachen technischen Gedankens entgegenstellen.

Dabei wird er auch erkennen, wie Gehorchen tut, und an sich selbst lernen, wie ein Befehl „unten" wirkt und empfunden wird. Wer einmal befehlen soll, muß gehorchen gelernt haben. Und nur wer gelernt hat, zu fühlen, wie ein Befehl sein sollte, damit er durchgeführt werden kann, und wie sehr oft die Durchführung eines Befehls nur daran scheitert, daß er nicht falsch, aber ungeschickt und unfreundlich gegeben wurde, der wird später selbst und mit mehr Glück befehlen können.

Es soll nun hiermit nicht gesagt sein, daß der Praktikant all diese Erkenntnisse wirklich schon bewußt aufnimmt. Das würde doch wohl über die Reife des Verstandes, die man ihm in diesem Alter zutrauen darf, hinausgehen. Auch wird er vieles, was er jetzt sieht, sehr bald vergessen. Aber auch unbewußt empfangene Eindrücke und dem Bewußtsein wieder verloren gegangene Beobachtungen werden in ihm weiterleben. So mancher Handgriff, manche Belehrung, manches Gespräch mit einem Meister und Arbeiter werden erst später wieder aus dem Hintergrund seines Gedächtnisses, aus dem Unterbewußtsein, auftauchen, nun für ihn ihren vollen Sinn erlangt haben und ihn vielleicht bei einem Entschluß entscheidend beeinflussen.

Unvermeidlich hat der Praktikant bei den Erfahrungen, die er neben dem Arbeiter stehend als Arbeiter macht, das Ziel vor Augen, einst als Vorgesetzter über dem Arbeiter zu stehen. Er sollte aber darum nicht in den Fehler der Anmaßung oder Gleichgültigkeit gegen die Person des Arbeiters verfallen.

Vielleicht sammelt er all diese Erfahrungen mit kühlem Verstande. Der Verstand wird aber den Charakter, den wir vom Vorgesetzten verlangten, nicht bilden. Der junge Mensch wird sich zur Persönlichkeit nur entwickeln, wenn er alle diese Studien in der Werkstätte auch mit dem Herzen macht. Er soll während seiner Arbeit mit den Arbeitern deren Kamerad werden. Er soll ihre persönlichen Interessen und Wünsche kennen lernen. Nicht so, daß er sich bei ihnen einschmeichelt, sondern so etwa, wie der Alte Fritz es als seinen Grundsatz aufstellte: „Der Herrscher muß sich an die Stelle eines Landmanns oder eines Fabrikarbeiters setzen und sich fragen: wenn ich in diesem Berufszweige stände, was würde ich wohl vom Herrscher verlangen?“ So soll er versuchen, in ihre Gedankenwelt sich einzufühlen, indem er ihnen ein fleißiger, freundlicher und hilfreicher Arbeitsgenosse ist.

Manchem wird das vielleicht schwer werden. Denn es ist bequemer, im Kreis gleichgestellter Freunde in Gesellschaft und an der Hochschule in gleichen Umgangsformen und Bildungsschichten zu verkehren und mit ihnen auszukommen. Und wenn auch alle jungen Männer im Kriege den schwersten Zwang ohne Murren auf sich genommen haben, so bedeutet doch die freiwillige Übung des Praktikantenjahres, aus empfindlicheren und bequemeren Lebensgewohnheiten kommend in Staub und Schmutz unter Getöse seine menschliche Art zu bewahren, ein gut Stück Persönlichkeitsbildung und Persönlichkeitsbeweis.

Damit hat der Studierende für sich und für sein zukünftiges Ziel aus der Werkstatt und aus dem Arbeiter geholt, was er brauchen kann. Aber die Welt der Arbeit fordert ihrerseits auch eine Gegenleistung von ihm.

In dem Praktikanten können sich die beiden Schichten der Arbeiter und Arbeitsleiter am unmittelbarsten und unbefangensten berühren. Wie sich Arbeiter und Praktikant zueinander stellen, wirkt in weitere soziale Zusammenhänge hinein.

Erhält die Arbeiterschaft von den Praktikanten den Eindruck, daß es eine Schar von gleichgültigen oder überheblichen Anwärtern auf einen ihnen durch Geburt zugesprochenen Führerposten ist, dann kann der Spalt der Klassengegensätze an dieser Stelle zu klaffen beginnen. Schon das Verhalten einer geringen Minderheit kann auf diese Weise eine die Allgemeinheit schädigende Folge haben. Und selbst wenn der einzelne Praktikant aus dem Proletariat stammt, wird solches Verhalten von der Arbeiterschaft nicht entschuldigt. Denn als Praktikant ist er ohne weiteres in die höhere Schicht übergetreten.

Zeigen sich dagegen die Praktikanten als die ernsten, angehenden Ingenieure, die sich der ganzen Tragweite ihrer Stellung und der Größe ihrer späteren Aufgabe im sozialen Leben bewußt sind, so kann hier im praktischen Jahr der Grund für eine Gemeinsamkeit der Welten und der Anschauungen von Führerschicht und Arbeiterschaft gelegt werden. In dem Verkehr des praktischen Jahres können Arbeiter und Ingenieur jeder von dem anderen lernen, daß er derselbe Mensch mit denselben Sorgen und Hoffnungen ist und auf dieselbe Weise denkt und handelt.

Darum soll nun auch der junge Ingenieur, der in die Welt des Arbeiters einzudringen versucht hat, ihm die seinige öffnen. Er soll diese Gelegenheit nicht vorübergehen lassen, unbefangen dem Arbeiter zu zeigen, wie er über alle die Fragen der Arbeit und des täglichen Lebens, gerade auch im Hinblick auf seine spätere Stellung, denkt. Die größten Mißverständnisse kommen nicht daher, daß die Menschen die Dinge falsch sehen, sondern daß die Menschen nichts dafür getan haben, von den andern richtig gesehen und verstanden zu werden. Auch hier paßt ein Wort Friedrichs des Großen: „Was mich betrifft, der ich Gott sei Dank weder den Hochmut des Gebieters noch den unerträglichen Dünkel der Königswürde besitze, so trage ich keinerlei Bedenken, dem Volke, zu dessen Führer mich der Zufall der Geburt gemacht hat, Rechenschaft über mein Verhalten abzulegen. Mein Gewissen ist so rein, daß ich mich nicht scheue, meine Gedanken laut auszusprechen und die geheimsten Triebfedern meiner Seele offen darzulegen."

Auch das Gewissen des Praktikanten, des künftigen Führers der Arbeit, sollte diese Probe aushalten können, und zwar nicht nur in bezug auf seine Handlungen in der Arbeit, sondern auch in seinem Privatleben. Niemand wird zwar von einem jungen Menschen verlangen, daß er das Bild einer sicheren und gefestigten Persönlichkeit bieten soll. Er ist ja noch unreif, wird sich unvermeidlich so manchesmal töricht oder falsch benehmen, und soll sich ja erst durch Lebenserfahrungen zum Manne entwickeln. Aber seine ganze Lebensführung sollte so sein, daß sie vor dem Arbeiter bestehen kann. Nur dann wird das Verhältnis von Praktikant und Arbeiter ein reines und klares werden. Denn nur dann kann sich der Praktikant geben wie er ist, und dem Arbeiter wirklich als Mensch gegenübertreten. Dann erst wird es dahin kommen, daß der Arbeiter in dem Praktikanten den Kameraden empfindet, obwohl dieser einmal zu seinem Führer werden soll.

Darauf, daß das Studium eine erhöhte Anwartschaft auf die Führerstellen gewährt, kann nicht verzichtet werden. Um so wichtiger ist es, daß der Arbeiter den Studierenden als seinesgleichen anerkennen kann, als Arbeiter unter Arbeitern. Dann wird der Ingenieur nicht allein Rechte aus seinem Studium erwerben, sondern ihm wird dazu das freie Geschenk des Vertrauens der Arbeiterschaft dargebracht werden. Ohne dies Geschenk aber wird er seine Führerstellung nicht ausfüllen können.“

Zweiter Teil.

Abschnitt 3.

Entstehung und Bestandteile einer Maschine.

Es ist eigentlich merkwürdig und sicherlich eine Lücke in der „allgemeinen" Bildung, daß wir von verhältnismäßig ganz außerordentlich wenigen landläufigen Fertigfabrikaten ihre Entstehungsgeschichte kennen. Ganz besonders peinlich empfindet dies der junge Mann, der, vom humanistischen oder Realgymnasium kommend, zum erstenmal in eine Maschinenwerkstatt tritt. Er hat seinen Beruf im allgemeinen nach Gesichtspunkten gewählt, die ihm bei diesem Schritt plötzlich als ganz abstrakte bewußt werden. Es fehlt zunächst die gedankliche Verbindung zwischen dem scheinbar zusammenhanglosen Schaffen rings um ihn, und dem fertigen Ganzen, das er immer vor Augen hatte, wenn er an seine künftige Lebensaufgabe dachte.

Diese Verbindung herzustellen soll im folgenden versucht werden. Leider zwingt die Rücksicht auf die Verschiedenartigkeit der Fabrikate, welche die Gesamtheit der Leser dieses Buchs vor sich jeweils entstehen sieht, hier von Maschinen und Maschinenteilen ganz im allgemeinen zu sprechen. Sollten Unklarheiten im Einzelfalle bestehen so hat hoffentlich diese allgemeine Darstellung wenigstens den Erfolg, daß sie **richtige Fragestellung** an die Betriebsleiter ermöglicht.

Kraftmaschinen, Arbeitsmaschinen, Kraftübertragung.

Ganz allgemein ist eine Maschine eine Vereinigung beweglicher und festgehaltener Teile zur Umwandlung mechanischer Arbeit. Je nachdem in der Maschine die Naturkraft, von der wir stets die Arbeit entnehmen, in Gestalt von Wasser, Dampf, Gas usw. selbst wirkt, oder die Maschine zur Leistung ihrer Arbeit erst von einer anderen Maschine angetrieben werden muß, scheiden sich die Maschinen allgemein in **Kraft-** und in **Arbeitsmaschinen**. Die Verbindung, mittels derer letztere von den Kraftmaschinen ihren Antrieb erhalten, heißt **Transmission** oder (Kraft-) **Übertragung**.

Bei beiden Arten von Maschinen ist das Auge des Ingenieurs $\quad$ Wirkungsgrad
stets mit besonderem Interesse auf einen Punkt gerichtet: Die
Kraftmaschine, zu der auch der Krafterzeuger (z. B. Dampfkessel)
hinzugehört, erhält Naturkraft zugeführt und leistet nutzbare Antriebsarbeit, die Arbeitsmaschine erhält Antriebsarbeit zugeführt und
leistet damit die Nutzarbeit, für deren Verrichtung sie bestimmt ist.
Auf diesem Wege soll möglichst wenig von der kostbaren, in Mark
und Pfennig eingekauften Naturkraft (Wasserkraft, Elektrizität,
Kohle, Treiböl usw.) verloren gehen. Verluste an sich sind unvermeidlich: sie rühren her von unvollkommener Dichtigkeit, unerwünschter Kondensation, von der Reibung der Teile aneinander,
dem Luftwiderstand, Erschütterungen, Formänderungen usw. In
der möglichsten Verringerung dieser Verluste liegt eines der
Hauptziele des Maschinenbaus. Daher beobachtet sie der Ingenieur
ständig. Er mißt bei jeder Maschine die geleistete Nutzarbeit und
die hineingesteckte Arbeit und setzt beide dadurch in Beziehung,
daß er einen Bruch schreibt, dessen Zähler die Nutzarbeit, dessen
Nenner die eingeleitete Arbeit ist. Wären beide gleich groß, also
die Maschine ideal, so hätte dieser Bruch seinen Höchstwert 1.
So aber ist stets der Zähler kleiner als der Nenner, folglich der
Bruch kleiner als 1. Man bezeichnet den Bruch mit dem grie-
chischen Buchstaben η (eta) und nennt ihn „Wirkungsgrad" oder
auch Gütegrad, da er ja einen unmittelbaren Maßstab der Güte
der Maschine in bezug auf ihre arbeitumwandelnde Tätigkeit bildet.
η hat im ganz rohen Durchschnitt bei Dampfkesseln einen in der
Gegend von 0,6 bis 0,7, bei Kraftmaschinen einen bei 0,8 bis 0,85
liegenden Wert, steigt jedoch unter günstigen Umständen bis in die
Gegend von 0,9. Bei größeren elektrischen Maschinen liegt der
Wirkungsgrad meist über 0,9.

Bei Maschinen, die nicht voll belastet sind, verschlingen die
Widerstände, die immer vorhanden sind, natürlich einen größeren
Prozentsatz der in die Maschine gesandten Naturkraft; der Wir-
kungsgrad ist also geringer als bei Vollast. Bei Überlastung einer
Maschine wiederum vergrößern sich infolge der übermäßigen An-
strengung aller Teile die Widerstände unverhältnismäßig, so daß der
Wirkungsgrad dann ebenfalls geringer ist. Jede Maschine hat also
bei der Last, für die sie gebaut ist, den besten Wirkungsgrad.

Ebenso, wie man vom Wirkungsgrad einer Maschine spricht,
kann man auch vom Wirkungsgrad einer Vielheit von Maschinen,
dem „wirtschaftlichen Wirkungsgrad einer Anlage" sprechen. Guter
wirtschaftlicher Wirkungsgrad einer Anlage ist natürlich letzten Endes
wichtiger als der Wirkungsgrad der einzelnen Maschine. Die Er-
mittelung desselben ist schwierig und umständlich z. B. auf statisti-

schem Wege, oder bei elektrischem Betriebe mit Hilfe von Elektrizitätszählern zu erreichen. Er wird wesentlich beeinflußt durch die richtige Wahl der Antriebsmaschinen und deren Zusammenfassung zu voll ausgenutzten Betriebseinheiten. Die Sorge, diesen Wirkungsgrad möglichst hoch zu bringen, ist eine wesentliche Aufgabe des Betriebsingenieurs.

Schließlich kann man von Wirkungsgraden ganzer Werke, ja Industrien und Volkswirtschaften sprechen. Immer ist der Gesamtwirkungsgrad am höchsten, wenn — ein nie erreichbarer Idealfall! — alle Teilwirkungsgrade gleichzeitig ihren Höchstwert haben. Der Blick darf daher nie nur auf dem Einzelwirkungsgrad haften, sondern muß stets auf den Wirkungsgrad des Ganzen gerichtet bleiben, ohne deshalb den Einzelwirkungsgrad zu vernachlässigen, geradeso, wie der einzelne Mensch, so wichtig es ist, daß er tüchtig sei, doch letzten Endes erst in seiner Funktion als Mitglied der Gesamtheit gewertet wird.

Um eine Maschinerie zur Aufnahme des Rohstoffes „Naturkraft" und Wandlung desselben in das Fertigfabrikat „Nutzarbeit" zu schaffen, bedarf es dreier Tätigkeiten: 1. des Konstruierens, 2. des Fabrizierens und 3. des Aufstellens oder, bei beweglichen Maschinen, des Transports an den Lieferort.

Das Konstruieren ist Sache des Konstruktionsingenieurs. Er beginnt, falls es sich um die Neukonstruktion einer in dieser Gestalt von der betr. Fabrik bisher noch nicht fabrizierten Maschine handelt, mit der Zusammenstellung der zu der Anlage erforderlichen Teile in ihrer Grundgestalt. Auf diese „Disposition" folgt die Berechnung, welche übrigens von nun ab ständig, auch neben und in den weiteren Tätigkeiten, auftritt. Aus den zunächst rein geometrischen Grundlagen der Disposition werden mittels der sich aus ihr ergebenden Maße und der dem Ingenieur bekannten Eigenschaften der eingeführten Kraft die in dem ganzen System und in jedem einzelnen seiner Teile herrschenden Kräfte genau berechnet und untersucht. Hierauf erfolgt die Wahl der für Aufnahme und Fortleitung dieser Kräfte geeignetsten oder durch die Fabrikation und die Wichtigkeit des Maschinenteils bedingten Baustoffe.

Der Entwurf der Teile ist auf Grund dieser Daten ermöglicht. Er besteht in Festlegung vor allem der Querschnitte der Teile, nach Maßgabe der auf sie entfallenden Beanspruchung und des dem gewählten Material zuzumutenden Widerstands gegenüber diesen Beanspruchungen.

Die Arbeit des Konstruktionsingenieurs wird beendet durch das „Durchkonstruieren" der entworfenen Teile, eine Tätigkeit, die häufig das gesamte Leben eines industriellen Werkes darstellt. Worin sie besteht, ist schon an anderer Stelle besprochen worden: in der immer vollendeteren Anpassung der Abmessungen und der Form der Teile an ihren Zweck und ihre Herstellung. Die fertig konstruierten Teile verlassen die Hand des Konstrukteurs in Gestalt von genauen Zeichnungen, welche sämtliche zur Fabrikation des dargestellten Gegenstandes erforderlichen Maßzahlen enthalten und alle an dem Stück vorzunehmenden Prozesse, die „Bearbeitungen", genau ersichtlich machen müssen. Diese Zeichnungen sind an sich ein Fertigfabrikat und lösen sich als solches von Erzeuger und Erzeugungsstätte, dem Konstruktionsbureau, zu selbständigem Dasein ab.

Sie bilden die Grundlage der Fabrikation. Fabrikation.

Die Fabrikation ist die Angelegenheit der Betriebsingenieure. Sie stehen an der Spitze der Betriebe, die nötig sind, um die Teile aus den vorgeschriebenen verschiedenen Baustoffen herzustellen. Über diese ist zunächst zu bemerken:

Die im Maschinenbau verwendeten Materialien müssen sämtlich Baustoffe. die Eigenschaft besitzen, die Kräfte, deren Träger sie werden, ohne merkbare Änderung ihrer Form fortzuleiten. Aus diesem Grunde ist innerhalb der eigentlichen Maschinen kein Teil aus Holz. Es herrschen ausschließlich die starren Metalle: Eisen und Stahl, Kupfer, Bronze, Aluminium, Zink und deren Legierungen.

Die Auswahl der Metalle für jeden einzelnen Teil geschieht auf Grund folgender Rücksichten: 1. Festigkeit, 2. Herstellungsmöglichkeit, 3. Preis, 4. Bearbeitung und Montage, 5. bei manchen Maschinenteilen Abnutzung infolge ihres ständigen Aufeinanderreibens. Im Hinblick auf diese Forderungen verhalten sich alle Baustoffe verschieden. In den meisten Fällen erfüllt kein Baustoff die Summe der gerade vorliegenden Forderungen gleichzeitig. Je nach dem Zweck und dem Vorherrschen einer Forderung vor vielen, oft sich widerstreitenden Forderungen erscheint ein bestimmter Baustoff am geeignetsten. Dieser wird dann gewählt. Die Rücksicht auf das Aussehen der Teile spielt keine Rolle.

Für die Anfertigung verwickelt geformter Gegenstände wählt man zweckmäßig den Guß, wenn nicht zur Zusammensetzung aus einzelnen Teilen durchaus gegriffen werden muß. Denn diese ist, soll sie zuverlässig sein, meist teurer. Als Baustoff dient meistens Gußeisen, neuerdings kommt in wichtigen Fällen auch Stahlguß zur Anwendung. Beide Baustoffe sind auch für den Fachmann durchaus nicht auf den ersten Blick zu unterscheiden. Von geschmiedetem Material aber unterscheidet sie der Ingenieur äußerlich durch die für das geschulte Auge kenntliche besondere Formgebung. Außerdem unterscheiden sich Schmiede- und Gußeisen durch Glanz, Gefüge und Farbe der Oberfläche und des Bruchs. Kleine Gußwaren, vor allem die nicht Kraft leitenden Maschinenteile: „Armaturen", werden auch aus Kupferlegierungen: Bronze, Rotguß, Messing hergestellt, da sich für das Gießen kleiner Stücke das Gußeisen wegen seiner Zähflüssigkeit weniger eignet. Dieser Gelbguß aber verbietet sich für größere Stücke durch seine Kostspieligkeit. Seit dem Kriege haben sich eine ganze Reihe von Ersatzmetallen eingebürgert, von denen einige, vor allem wohl die Aluminiumlegierungen, dauernde Bedeutung behalten dürften.

Der Guß verlangt eine Form, zu deren Herstellung in der Regel ein Modell benutzt wird. Es besitzt die Form des zu gießenden Gegenstandes, wird aus Holz hergestellt und in bildsamen Sand eingesenkt. Nach Herausnahme des Modells behält die Formmasse den „Abdruck" bei, der dann mit flüssigem Metall ausgefüllt wird. Der erhebliche Preis des Modells verteuert den auszuführenden Gegenstand wesentlich. Dieser Kostenzuschlag wird nur durch mehrfache Verwendung desselben Modells auf genügende Kleinheit herunterdividiert. Benutzung vorhandener Modelle spielt deshalb in der Praxis eine große Rolle.

Gußeisen ist ein nicht ganz zuverlässiges Material; wichtige Teile fertigt man deshalb aus Schmiedeeisen und Stahl an. Schmiedestücke müssen in der Form einfach gehalten werden, damit sie möglichst schnell geschmiedet werden können. Andernfalls erkalten sie während des Schmiedens und müssen von neuem „Hitze bekommen", um weitergeschmiedet werden zu können. Jede „Hitze" erzeugt „Abbrand" (d. h. ein Teil des Eisens verbrennt, oxydiert im Feuer) und ihre häufige Wiederholung macht das Material weniger fest, verschlechtert es.

Die Schmiede und die Gießerei mit der ihr zur Seite stehenden Modelltischlerei sind somit die Erzeugungsstätten der rohen Maschinenteile. Die roh angefertigten Gegenstände bedürfen der weiteren Bearbeitung auf Werkzeugmaschinen oder durch Handarbeit. Diese soll möglichst eingeschränkt werden, weil sie teurer und ungenauer ist als die Maschinenarbeit. Größere Berührungsflächen der zu verbindenden Teile bearbeitet (glättet und ebnet) man nicht in der ganzen Erstreckung, sondern man beschränkt die Bearbeitung auf einzelne vorstehende Flächenteile, sogenannte „Arbeitsleisten". Der Leser braucht sich nur in der Werkstatt umzusehen, um solche in großer Menge zu finden. Natürlich vermeidet man womöglich dieses kostspielige Zusammensetzen der Maschinenteile ganz und verfertigt sie aus einem Stück. Rücksichten auf billige Herstellung und auf den Transport sprechen hier das entscheidende Wort.

Die Bearbeitung der Rohteile geht nun, wenn nur „von Hand" möglich, in der Schlosserei vor sich. Die Bearbeitung durch Ma-

schinen findet in den sogenannten „mechanischen Werkstätten"
statt, von deren Gesamtheit sich die Dreherei sondert, in der die
zylindrischen, konischen und kugeligen Flächen bearbeitet werden.
Außerdem gehören zur Fabrikation noch eine Anzahl kleinerer, meist
irgendeinem der vorerwähnten mit angegliederten Betriebe, wie
Kupferschmiede für Rohrverbindungen, Klempnerei für Lötungen und einige Gießprozesse (mit Zinnlegierungen), Härterei
für Veredelung besonders durch Kräfte in Anspruch genommener,
„beanspruchter" Oberflächen usf. Je nach der Art der fabrizierten
Maschinen finden sich ferner noch Spezialschmieden: Träger-Niet-
abteilung, Kesselschmiede u. a.

Alle diese Abteilungen oder Betriebe liefern die fertig herge- ^{Montage.}
richteten Teile in die zentrale Montage, in der nunmehr die Teile
zusammengepaßt und miteinander verbunden werden.

Zur Verbindung der einzelnen Maschinenteile untereinander bedient sich der Maschinenbau vor allem der Schrauben.
Diese sieht man deshalb in ihren verschiedenen Formen (Stiftschrauben, Schaftschrauben, Kopfschrauben u. ä.) und Größen überall
in der Montagehalle stapelweise liegen. Sie werden entweder in der
Dreherei oder den mechanischen Werkstätten der Fabrik massenweise hergestellt oder von auswärts bezogen. Ferner sind Verbindungsmittel von untergeordneter Bedeutung der einfache zylindrische
Bolzen, der vor dem Herausfallen durch einen quer durch sein Ende
gestecktes Stück Draht, einen sogenannten „Splint", geschützt wird,
— dann der Keil, den wohl auch jeder Laie als einen solchen erkennt, und die „Feder", d. i. ein rein prismatischer dünner Stab zur
Befestigung von Scheiben oder Rädern auf ihren Achsen. Von diesen
Verbindungen allen, den sogenannten lösbaren, unterscheidet sich als
unlösbare die Nietverbindung. Der Niet ist zunächst nichts weiter
als ein Nagel, der durch eine Reihe von durchlochten Blechen oder
Scheiben gesteckt wird, und dessen Herausfallen durch Breitschlagen
des spitzen Endes in sachgemäßer Form verhindert wird. Wird er
glühend heiß „eingezogen" und durch Breitschlagen des freien Endes
mit einem zweiten Kopf versehen, so preßt er durch sein Streben
nach Verkürzung beim Erkalten die zwischen beiden Köpfen liegenden
Teile mit außerordentlich großer Kraft zusammen. Solch ein Niet
kann natürlich aus seinem Loche nur gewaltsam, durch Abtrennen
eines Kopfes mit dem Meißel, entfernt werden. Infolgedessen ist
er für normale Verhältnisse unlösbar. Während übrigens alle lösbaren Verbindungen vom Monteur vorgenommen werden, müssen
naturgemäß die Nietungen, soweit es sich um ein Breitschlagen
ihres Schafts in glühendem Zustand handelt, in der Nietschmiede
(Kesselschmiede oder Abteilung für Eisenkonstruktionen) ausgeführt

werden. Abgesehen vom Nieten werden jedoch alle Maschinen an der einen zentralen Stelle, der Montagehalle, aus ihren Teilen zusammengesetzt.

Zusammen-
stellung.

Bewegliche Maschinen, wie Lokomotiven, Lokomobilen und Automobile, sowie kleinere Maschinen, die fertig montiert die für das verfügbare Transportmittel (Eisenbahn, Schiff, Lastwagen) zulässigen Gewichte und Abmessungen nicht überschreiten, und die ohne besondre Kunstgriffe aufgestellt werden können, werden vollkommen fix und fertig zusammengestellt und entweder als Ganzes, oder in wenige Hauptteile mit daranhängenden Nebenteilen zertrennt verfrachtet. Diese Art Maschinen wird im allgemeinen „ab Werk" geliefert, d. h. die Arbeit der Maschinenfabrik ist beendet mit dem Augenblick, wo das Fabrikat die Fabriktore verläßt.

Auswärts-Montage.

Anders bei größeren Maschinen, deren Transport völlige Zerlegung, deren Aufbau am Bestimmungsort sorgfältige Fundamentierung erfordert. Zwar werden auch diese in der Montagehalle in allen Metallteilen sorgfältigst zusammengepaßt, sie werden jedoch, nach sorgfältiger Numerierung aller Einzelteile, wieder ganz auseinandergenommen und von den Monteuren der Fabrik erst am Lieferungsorte betriebsfertig gemacht, der bisweilen tausende von Kilometern entfernt, ja jenseits von Ozeanen liegt. Die Fabrik läßt sich trotz aller derartiger Schwierigkeiten, deren Kosten ja auch der Abnehmer trägt, die Montage an Ort und Stelle gar nicht gern abnehmen, da von der sachgemäßen Einbettung in das (aus Beton und Eisen hergestellte) Fundament und der sachgemäßen Aufstellung und Zusammenfügung aller Teile, das tadellose Arbeiten der Maschine sehr wesentlich abhängt. Auch kann die „Inbetriebsetzung" großer maschineller Einheiten nur von besonders erfahrenen, eingearbeiteten Leuten vorgenommen werden.

Erst bei eintretendem tadellosen Betrieb werden solche Maschinen vom Besteller „abgenommen" und damit erst schließt der Werdegang der Maschine ab, der in Vorstehendem kurz und oberflächlich skizziert ist, um einen ersten Überblick zu geben.

Einzelheiten aus allen Abschnitten dieses Entstehungsprozesses zu beleuchten oder auf ihre Beobachtung hinzuweisen, wird die Aufgabe späterer Kapitel sein.

Abschnitt 4.

Vom Maschinenbau zur Maschinenfabrikation.

Von Anfang an trug die gewerbsmäßige Herstellung der Ma- Arbeitsteilung schinen Keim und Drang zur Arbeitsteilung in sich, d. h. zur Verteilung der einzelnen Arbeitsabschnitte unter gesonderte Gruppen von Menschen (Konstruktionsbureau, Rohstoff- und Bearbeitungswerkstätten und Montage) und innerhalb dieser wiederum unter Gruppen (Kolonnen) und schließlich einzelne Köpfe und Hände.

Mit der Erschaffung dieser Arbeitsgruppen und ihrer weiteren Unterteilung tat man den entscheidenden Schritt vom Handwerk zur Fabrik. Durch die sofort erforderlichen großen Maschinen wurden zahlreiche Arbeiter nötig und der Bau von Maschinen bildete sich gleich von Anfang an zu einem fabrikmäßigen aus.

Ein weiterer Antrieb zur fabrikationsweisen Herstellung von Maschinenteilen lag von Anfang an in der Arbeitsteilung auch der einzelnen Werke untereinander. Newcomen, einer der ersten Dampfmaschinen-Ingenieure, schuf und baute sich die Bohrmaschine zur Ausbohrung des Dampfzylinders noch selber, aber schon die nächsten Nachfolger hätten dies, wollten sie selbst, nicht gedurft, denn die Zylinderbohrmaschine wurde Newcomen patentiert. Er baute sie nun für die anderen. So schieden sich von Anfang an Dampfmaschinen- und Werkzeugmaschinenfabriken. Als später Fulton das erste Dampfschiff, Stephenson die erste Lokomotive erbaute, wurden aus der Herstellung von Lokomotiven und Schiffsmaschinen ebenfalls neue Sondergebiete; Fowler, der Erfinder des Dampfpfluges, betrieb dessen Herstellung als ausschließliche Spezialität; und so teilten sich die einzelnen Fabriken ganz von selbst in die Gesamtarbeit des Maschinenbaus.

Bald erkannte man die großen Vorteile, die solche anfangs zwangsweise Arbeitsteilung mit sich brachte: da nämlich erfahrungsgemäß jede Arbeit von dem am besten und schnellsten ausgeführt wird, der sie am häufigsten, ja womöglich ausschließlich und ununterbrochen ausführt, so lag darin der Antrieb, die von einer Fabrik übernommene Spezialität nun auch wiederum in eine Summe von Einzelspezialitäten aufzulösen, deren Herstellung einzelnen Arbeitsgruppen ausschließlich anheimfiel.

Mit der zunehmenden Gliederung der Betriebe wuchs die Not- Organisation. wendigkeit und Verantwortlichkeit ihrer einheitlichen Oberleitung, und immer mehr wurden die Konstruktions- und die Betriebsingenieure, anfangs die Organisatoren, Leiter und häufig auch Besitzer der Fabriken, aus dieser Stellung verdrängt und durch kaufmännisch und ausdrücklich organisatorisch geschulte Kräfte ersetzt, sofern sie nicht selbst aus ihrer rein technischen in diese administrative Rolle hineinwuchsen. Von diesem Augenblicke an kann man erst eigentlich von einer planmäßigen Fabrikation sprechen, und von dieser Zeit an haben sich bis heute bestimmte allgemeine Grundsätze und Verfahren der Maschinenfabrikation herausgebildet. Sie waren zuerst mehr das mühsam errungene Erfahrungsergebnis der „reinen Praktiker"; heute jedoch stellt die Kenntnis dieser Methoden schon durch ihre systematische Form und durch die teilweise vorzügliche Literatur der letzten Jahrzehnte eine Wissenschaft dar.

Billig und gut. Der Grundsatz, der sich am allerfrühesten als oberster Leitsatz der planmäßigen Fertigung herausgebildet hat, erwuchs aus dem Zwange des Wettbewerbs. Nur unmittelbar nach der Geburt einer Erfindung treten für ein paar Monate oder Jahre die Kosten der neuen Maschine hinter der Frage ihrer technischen Vervollkommnung zurück. Vor allem muß der junge Vogel erst flügge werden. Kaum aber ist das Stadium der ersten, kostspieligsten Kinderkrankheiten überwunden, so denkt erstens der Fabrikant selbst daran, nunmehr möglichst viel Geld aus der neuen Sache zu ziehen, zweitens aber hat sich auch „die Konkurrenz" bereits der Idee bemächtigt und setzt ihrerseits eine ähnliche, natürlich billigere Maschine in die Welt. Und „Patente sind nur dazu da, daß sie umgangen werden". Sehr selten sind sie tatsächlich der Schutz, der sie sein sollen. Dem ersten Fabrikanten hilft es auch nicht viel, daß wirklich vielleicht seine Maschinen technisch vollkommener sind, als die Nachahmungen, wenn sie nicht auch ebenso billig oder billiger sind.

Betriebskosten. Die Billigkeit einer Maschine bestimmt sich nun glücklicherweise in den weitaus meisten Fällen und in den Augen der meisten Abnehmer nicht allein durch ihren Anschaffungspreis, sondern auch durch ihre Betriebskosten. Kostet die von der einen Maschine nutzbar abgegebene Pferdestärke z. B. pro Stunde 1 Pf. weniger, als bei einer anderen, so wird sie, selbst bei höherem Anschaffungspreis, oft dieser vorgezogen werden. Denn bei 100 Pferdestärken und 300 Arbeitstagen zu je 8 Stunden braucht die „teurere" Maschine um $100 \cdot 300 \cdot 8 = 240\,000$ Pf. $= 2400$ M. jährlich weniger zur Erzeugung derselben Leistung, als die „billige", und daraus kann man abschätzen, um wieviel die „billige" billiger sein muß, um nicht dennoch teurer als die teurere Maschine zu werden. Da nun mehr oder weniger sparsames Erzeugen der gewünschten Leistung abhängt von dem Wirkungsgrad der Maschine und dieser wiederum ein Maß für ihre technische Vollkommenheit bildet, so kommt auf diesem Umweg auch aus wirtschaftlichen Gründen die Notwendigkeit zur Geltung, die Maschine nicht nur so billig, wie an sich möglich, sondern auch so vollkommen, wie bei diesem Preise eben möglich, zu erbauen.

Der oberste Grundsatz der Maschinenfabrikation, wie aller Fabrikation überhaupt, ist demnach das Streben nach dem Ideal: „Bau vollkommenster und doch billigster Maschinen“, oder, abstrakter ausgedrückt: **Erstrebung des maximalen Effekts mit minimalem Aufwand.** Grundsatz der Wirtschaftlichkeit.

Dieser Leitgedanke geht durch alle Anordnungen in unseren Fabriken hindurch; er ist der unsichtbare, aber überall fühlbare Beherrscher aller unserer höchst entwickelten Betriebe. Nur an ein paar willkürlich herausgegriffenen Beispielen sei sein Einfluß gezeigt.

Vor allem führte dieser Leitgedanke zur höchsten Vervollkommnung der anfangs bereits erwähnten Arbeitsteilung. Das rohe, unbearbeitete Stück, aus dem ein Maschinenteil hergestellt werden soll, koste der Fabrik eine bestimmte Summe. Die gesamten Kosten des fertigen Stücks, meist ein Vielfaches dieser Summe, kommen heraus, wenn man zu ihr die Kosten der Bearbeitung durch Maschinen oder Menschen addiert. Diesen beträchtlichsten Teil der „Selbstkosten“ oder „Produktionskosten“ des Stücks zu verringern ist nun der Hauptvorteil der Arbeitsteilung. Stellt beispielsweise ein mit 50 M. täglich entlohnter Arbeiter am Tage fünf Stück von dém in Frage stehenden Teil fertig, so betragen die Lohnkosten pro Stück 10 M. Ist er aber durch tägliche, ja jahrelange Wiederholung derselben Arbeit an demselben Stück dahin gelangt, ohne größere Anstrengung die tägliche Stückzahl auf 10 zu erhöhen, so kostet das Stück nur noch $10 \cdot \frac{5}{10} = 5$ M. Derartige Leistungssteigerungen werden nun durch die verfeinerte Arbeitsteilung tatsächlich erreicht, und ihr Nutzen wird daraus klar. Massenherstellung.

Auch die zweite Art der Arbeitsteilung trägt zur Annäherung an das Ideal des maximalen Effekts mit minimalen Kosten bei: die Spezialisierung der Fabrikation auf bestimmte Sorten von Maschinen, ja auf eine einzige Sorte, auf einen einzigen Typ derselben, schließlich sogar nur auf bestimmte Maschinenteile. Es ist von vornherein klar, daß, je geringer die Mannigfaltigkeit der erzeugten Stücke ist, desto weniger Konstrukteure die Fabrik braucht, sie zu entwerfen. Hierdurch verringern sich die Kosten des Konstruktionsbureaus wesentlich, ja sie fallen bisweilen, wie z. B. in Schrauben- und Mutternfabriken, ganz fort. Eine Fabrik, die ein Sondererzeugnis ausschließlich fabriziert und mit allen ihren Einrichtungen durch Jahre hindurch ohne Veränderung fortarbeitet, wird offenbar Fabrikate von derselben Güte bedeutend billiger herstellen, als eine vielleicht an sich viel besser eingerichtete und geleitete Fabrik, die zur Herstellung Spezialisierung.

dieses gleichen Gegenstandes erst alle Einrichtungen entsprechend abändern oder gar neu schaffen muß, um sie nach kurzer Zeit für andere Fabrikate wiederum umzuändern oder ganz zu verwerfen. Aber es sinkt nicht allein der Preis bei gleicher Güte, nein, es steigt sogar noch obendrein die Güte des Spezialfabrikates gegenüber dem gelegentlich verfertigten. Bei unausgesetztem Nachdenken über die günstigste Herstellung eines Teils, bei ständiger jahrelanger Erfahrung in seiner praktischen Brauchbarkeit steigt natürlich die Wahrscheinlichkeit, daß wirklich die höchste Zweckmäßigkeit und Dauerhaftigkeit erreicht wird.

Verringerung der Abschreibungen. Durch Arbeitsteilung wie durch Spezialisierung ergibt sich aber noch ein weiterer Vorteil zugunsten billiger Produktion: Maschinen, Gebäude, Fabrikgelände usw. bedürfen der ständigen Unterhaltung, das in ihnen steckende Kapital muß verzinst und getilgt werden, kurz, die Fabrik als Ganzes bedarf zu ihrer bloßen Erhaltung einer Reihe von Geldausgaben, die natürlich ebenfalls zu den Selbstkosten der Fabrikate zugeschlagen werden müssen, ehe man an ein Verdienen denken kann. Diese laufenden Unkosten stellen eine ziemlich gleichbleibende Größe dar, gleichgültig, ob die Fabrik steht oder arbeitet, ob sie weniger oder mehr erzeugt. Dividiert man nun die Unkosten durch die Anzahl der jährlich erzeugten Fabrikate, so erhält man den „Unkostenzuschlag" pro Stück. Dieser Zuschlag wird um so kleiner, je mehr Stücke pro Jahr hinausgehen, d. h. je schneller das einzelne fabriziert wird. Somit tragen Arbeitsteilung und Spezialisierung auch durch die aus ihnen folgende größere Schnelligkeit der Herstellung zur Verminderung der Selbstkosten bei.

Maschinenarbeit. Demselben Zweck dienen die Bearbeitungsmaschinen. Manche Arbeiten können ja nur durch Maschinen geleistet werden, da der Mensch zu ihrer Verrichtung zu schwach ist. Aber heute werden der Maschine auch täglich neue Arbeiten übertragen, die früher durch Handarbeit verrichtet wurden. Sie ersetzen zum Teil mehrere Arbeiter und erfordern zu ihrer Bedienung nur eine Person, laufen auch wohl ganz automatisch. Dadurch ersparen sie direkt Arbeitslohn. Aber selbst wenn sie die Arbeit nur eines Mannes, aber schneller verrichten, als dieser es auch bei bester Übung vermöchte, sind sie bisweilen schon daseinsberechtigt, da sie dadurch größeren Umsatz und geringeren Unkostenzuschlag pro Stück erzeugen. Außerdem hat die Maschinenarbeit den Vorteil größerer Gleichmäßigkeit und Zuverlässigkeit der Bearbeitung, wodurch sie neben der Verbilligung auch eine Verbesserung der Fabrikate bewirkt, also zur Erreichung des Ideals nach zwei Seiten hin beiträgt.

Herstellungsrücksichten. Die Maschinen haben nur einen Nachteil: sie sind größtenteils nur für schablonenhafte, ganz genau gleichartige Arbeiten und Stücke zu gebrauchen. Dieser Fehler zwingt den Fabrikanten, darauf zu halten, daß in seinem Betriebe möglichst viel gleichartige, ja gleiche Stücke hergestellt werden: er geht zur Massenfabrikation über. Dieser Zwang bedingt ganz eigenartige Konstruktionen. Die Rücksicht auf die bequeme massenweise Herstellung tritt stärker neben die Notwendigkeit technischer Zweckmäßigkeit. Wird die Herstellung um 1 M. pro Stück teurer, dauert sie 10 Minuten länger als unbedingt nötig, so fällt das bei Herstellung von einem oder 10 Stücken nicht so sehr ins Gewicht, aber bei 1000 Stücken macht es 1000 M. und 167 Stunden aus, und das zählt. Anderseits schafft hier jeder kleine Konstruktionskniff, jede ersparte Handreichung in der Werkstatt, mit 10 000, ja Millionen multipliziert, großen Gewinn und Vorsprung vor der Konkurrenz. Bei Massenerzeugung wird weitere Steigerung der Arbeitsteilung nötig und möglich. Jede Sekunde ersparter Bearbeitungszeit fällt hunderttausendfach ins Gewicht, und deshalb sind hier die Vorteile der geübten Hand vor der ungeübten am ehesten zu merken. War es bei der gewöhnlichen Erzeugung nicht möglich, jedem Arbeiter immer ein und dasselbe Stück zur Bearbeitung zu übergeben, einfach deshalb, weil gar nicht ausreichend viel gleiche Stücke vorhanden waren, um die Zeit eines Arbeiters ganz auszufüllen, so ist diese Möglichkeit nunmehr vollauf vorhanden und wird natürlich sofort ausgenutzt. Die Massenherstellung stellt also die Form der Fabrikation dar, in der das Ideal „höchster Effekt mit kleinster Aufwendung" am besten erreicht werden kann, denn sie erlaubt höchste Vervollkommnung der Arbeitsteilung, weitgehendste Einführung und höchste Ausnutzung der Maschinenarbeit und schnellste Herstellung, also größten Umsatz im Jahr.

Allerdings gilt für die Massenfertigung eine Vorbedingung, ohne die sie nicht durchgeführt werden kann: weitgehende Spezialisierung im Fabrikat. Wo diese möglich ist, bedeutet sie ja, wie wir sahen, an sich einen weiteren Vorteil. Vielfach jedoch ist sie durchaus nicht möglich. Aber es gibt auch für solche Maschinenfabriken, die scheinbar nur einzelne, einander oft ganz unähnliche Maschinen bauen, ein Mittel, sich die Vorteile der Massenerzeugung zunutze zu machen. Dieses Mittel wird neuerdings in immer wachsendem Maße von unseren führenden Firmen angewandt, zumal es auch noch andere, im weiteren Verlauf dieses Kapitels auszuführende Vorteile mit sich bringt.

Für große Gruppen von Maschinen gibt es je eine bedeutende Anzahl untergeordneter Teile, die an ihnen allen in ähnlicher Größe und Form und zur Erfüllung ähnlicher Zwecke angebracht werden müssen: Schrauben, Rohranschlüsse, Hähne, Ölzuführungen, Geländer,

Normalien.

Schilder, Deckel, Gefäße, Stangenköpfe usw. Für alle diese Teile liegt fortgesetzter Bedarf vor. Sind ein für allemal bestimmte normale Formen und Größenabstufungen für diese Teile ausprobiert und festgelegt worden, so können sie für sich, völlig unabhängig vom ganzen Betrieb, fortdauernd und massenweise hergestellt werden. Die durch diese sogenannten „Fabriknormalien" erreichte Verbilligung ist ganz beträchtlich und tut der Güte der Maschinen nicht den geringsten Eintrag. Durch die Arbeiten des Normen-Ausschusses der Deutschen Industrie beim Verein Deutscher Ingenieure sind in den letzten Jahren Normalien für ganze Industriegruppen, ja für die gesamte deutsche Industrie entstanden. Leider ist diese Verbilligung noch nicht überall eingeführt, da sie eine, wenn auch nur einmalige, Mehrbelastung des Konstruktionsbüros darstellt, vor der viele nach der Theorie „morgen, morgen, nur nicht heute" zurückschrecken. Wo Fabriknormalien noch nicht vorhanden sind, sollte der Praktikant sich wenigstens genau überlegen, welche Teile sich wohl zu einer Normalisierung eignen würden. Wo sie aber vorhanden sind, sollte der künftige Student eifrig bemüht sein, sie sich genau einzuprägen, da sie ja natürlich besonders gut „durchkonstruiert" und daher musterhaft und als Vorbilder oft sehr brauchbar sind.

Fabrikbau. Wir sehen also, wie die Rücksichten auf billigste und doch beste Herstellung im Fabrikbetrieb überall herrschen, ja, wie sie geradezu der Fabrikation ihre heutige Form gegeben haben. Ihr Einfluß geht jedoch noch viel weiter. Er erstreckt sich auch auf die Aufführung und Anordnung der Gebäude, auf die Wahl ihrer Lage und sogar auf scheinbar ganz andersartige Gebiete, wie z. B. die Arbeiter-Wohlfahrtseinrichtungen. Dieser Leitsatz ist eben das A und das O „wirtschaftlich rationellen" Betriebes.

Lage der Fabrik. Es ist natürlich nicht gleichgültig für den „Marktpreis", das heißt den Preis an der Verbrauchsstelle der Fabrikate, wo die Fabrik liegt. Erstens sind die Kosten von Grund und Boden ja äußerst verschieden und ihre Verzinsung und Tilgung, durch die Jahreserzeugung dividiert, stellt unmittelbar einen Preisaufschlag für jedes Stück dar. Zweitens aber verbilligt auch gute Verbindung des Werks mit den großen Verkehrsstraßen die Frachten der eingekauften Rohstoffe, wie auch des fertigen Fabrikats. Wir sehen deshalb alle unsre großen industriellen Werke an der Eisenbahn oder einer Wasserstraße liegen. Von besonderer Wichtigkeit ist in den letzten Jahren die Lage zur Kohle geworden.

Wärmewirtschaftliche Rücksichten. Hier liegt, solange die Kohle knapp ist, die Sache nicht nur so, daß Kohlenersparnis, wie Zeit- oder Rohstofferparnis, Gelderparnis bedeutet, sondern es ist vielfach auch für noch so viel Geld gar nicht möglich, überhaupt Kohle genug zu erhalten, und besonders wenn die Fabrik fern von den Kohlengruben liegt. Von der Gewandtheit im „Strecken" oder höchster Ausnutzung der Kohle hängt vielfach heute die Lebensfähigkeit einer Fabrik ab. Aber selbst wenn die Kohlenknappheit der Vergangenheit angehören wird, wird man aus den Erfahrungen der Kohlennot gelernt haben, wie wichtig und wie einträglich die sparsamste Verwendung der Brennstoffe ist. Der Praktikant benutze daher jede Gelegenheit, sich im Kesselhaus, im Maschinensaal, an den Dampfleitungen und bei den Öfen und Feuern der Schmiede und Gießerei über die Maßnahmen zu unterrichten, die der neuzeitliche Betrieb zu treffen vermag, um so wenig Brennstoffe zu verbrauchen, wie ohne Beeinträchtigung seiner Leistung nur möglich, — oder inwieweit er seine Betriebskraft statt in Form der schwer zu transportierenden Kohle in Gestalt der leicht transportierbaren Elektrizität bezieht.

Aber auch innerhalb des Werkes muß der Transport von einer Werkstatt zur andern, als notwendiges Übel, möglichst billig, das heißt vervollkommnet und auf kurzem Wege stattfinden. Daher wird an die Transportmittel (Krane, Wagen, Loren) nicht nur die Forderung größter Belastungsmöglichkeit, sondern auch verhältnismäßig großer Geschwindigkeit gestellt. Ferner aber wird die ganze Anordnung des Werks, die Lage der einzelnen Werkstätten, und in ihnen der einzelnen Maschinen und Arbeitsstände zueinander, durch dies eine verbilligende Prinzip: „kleinster Transport" festgelegt. Es ist für den Praktikanten lehrreich, sich klar zu machen, inwieweit diese Hauptforderung bei dem Werk, in dem er beschäftigt ist, erfüllt wird, und welche Gründe für Abweichungen maßgebend gewesen sind. Vielfach wird er aus Gründen des allmählichen Wachstums der Fabrik ein höchst unrationelles Durcheinander der Baulichkeiten vorfinden. Überlegt er sich dann genau, wie die Anordnung vollkommener wäre, und bespricht er diese Erwägungen mit dem Betriebsingenieur, so wird dies für ihn wahrscheinlich noch vorteilhafter sein, als der Anblick einer musterhaften Anlage.

Einen ebenso lehrreichen Beleg für wirtschaftlichen Fabrikbetrieb bildet die Verwertung der Abfallstoffe: die Schlacke der Gießöfen verwandelt sich bisweilen in Bausteine, aus der Asche der Feuerungen wird das Brennbare zur Wiederverwendung durch sinnreiche Vorrichtungen zurückgewonnen, die Schmiedeabfälle werden in besonderen „Flammöfen" zusammen geglüht und wieder zu Blöcken zusammengeschweißt, die Drehspäne aus den mechanischen Werkstätten werden eingeschmolzen oder verkauft usw. Auch über die Wege, auf denen diese Stoffe weiterwandern, ist ein Gespräch mit dem Betriebsingenieur von Nutzen.

So dienlich nun auch das stete Streben nach höchster Ersparnis im Betriebe ist, so schädlich wäre eine Übertreibung des „so billig wie möglich" zu ungunsten des „so gut wie möglich". Die Grenze der Ersparnis liegt aber nicht allein in der Güte und in der — Kundschaft werbenden und erhaltenden — Hochwertigkeit der Fabrikate, sondern selbst für Fabrikanten von Schleuderware (deren es erfreulicherweise in der deutschen Maschinenindustrie wenige gibt) in der Sicherheit für Leben und Gesundheit, sowohl bei der Herstellung als auch späterhin bei der Verwendung des Fabrikats.

Die Rücksicht auf die Sicherheit ist ein zweiter Hauptgesichtspunkt bei der Fabrikation von Maschinen, und Deutschland kann getrost behaupten, in Befolgung dieser Rücksicht an der Spitze aller Nationen zu stehen. Freilich ist dies weniger das Verdienst der Fabrikanten als der Gesetzgebung, wenigstens soweit die Forderungen der Sicherheit die der Solidität noch überschreiten. An sich erscheint jede Maßregel zugunsten der Sicherheit als etwas, was kein Geld einbringt, steht also im Widerspruch mit dem Prinzip der rationellsten Wirtschaftlichkeit und muß somit dem Fabrikanten ein Greuel sein. Nur schrittweise sind der Industrie die heute sehr weitgehenden Zugeständnisse an diesen zweiten Leitgedanken abgerungen worden.

Unfall-verhütung.
Die Maßnahmen zur Sicherheit der Mitglieder des Betriebes sind dem Praktikanten überall sichtbar; in jeder vorschriftsmäßig betriebenen Werkstätte sind alle Zahnräder, alle in Reichweite befindlichen Riemen, alle Vorsprünge an kreisenden Maschinenteilen sorgsam eingekapselt. Dies geschieht nicht etwa aus freien Stücken, sondern gemäß den Bestimmungen des Unfallversicherungsgesetzes und gemäß den Unfallverhütungsvorschriften der Berufsgenossenschaften. Die Maßnahmen und Vorrichtungen zur Verminderung der Feuersgefahr sind dem Umstande zu danken, daß die Feuerversicherungsprämie der Versicherungsgesellschaften um so niedriger ist, je bessere Gewähr gegen Brandschäden das Werk bietet. Die Vorrichtungen zum Absaugen des Hobel- und Schleifstaubes an Holzbearbeitungs-, Schleif- und Gußreinigungsmaschinen, die eine umfangreiche Rohrleitung, eigene Ventilatoren und sorgfältig durchdachte Mündungsstücke an den stauberzeugenden Rädern nötig machen, hat der Fabrikant ebenfalls nicht bloß aus Menschenfreundlichkeit, sondern deshalb anbringen müssen, weil in gut entstaubten Betrieben die Löhne der Arbeiter niedriger gestellt werden können als in gesundheitsschädlichen, die die Arbeitskraft rasch verbrauchen und die tägliche Leistung vermindern. Es ist durchaus nicht abträglich, auf diese rein materialistischen Triebfedern der Schutzmaßregeln aufmerksam zu machen. Auf den ersten Blick scheinen diese Tatsachen recht betrübend und zerstören oberflächlichen Idealismus.

Aber der Glaube an die Macht der moralischen Gesetze kann letzten Endes dadurch nur gestärkt werden. Wir sehen doch an solchen Beispielen am klarsten, daß auch der richtig verstandene Materialismus unwillkürlich wieder die Forderungen des Idealismus erfüllen muß, eben deshalb, weil deren Erfüllung ihm selbst ja nur zugute kommt und in Mark und Pfennig nützt; denn jede Fabrik arbeitet auf die Dauer billiger mit gesunden Arbeitern, bei dem menschenmöglich geringsten Maß von Verletzungen, als mit kranken Leuten und ständigen Unfällen. Und diese Rücksichten sind es auch im letzten Grunde, die zu unseren heutigen großartigen Arbeiter-Wohlfahrtseinrichtungen anregten, über die an anderer Stelle noch eingehend zu sprechen sein wird.

Wir müssen noch einen Augenblick bei denjenigen Sicherheitsrücksichten verweilen, denen das Fertigfabrikat gesetzlich und aus Gründen der dauernden „Marktfähigkeit" zu genügen hat. Wie schon bemerkt, ist zu unterscheiden zwischen den absolut notwendigen, weil die Güte des Fabrikats darstellenden Eigenschaften der Werkstücke, wie genügende Festigkeit und Dauerhaftigkeit aller Teile. und denjenigen Einrichtungen oder Gestaltungen der Maschinen, die durch weitergehende besondere Sicherheitsrücksichten erfordert werden. Diese Einrichtungen werden meist vom Fabrikanten als überflüssiger Luxus, vom Abnehmer als wünschenswert und von der Gesetzgebung schließlich als unerläßlich notwendig bezeichnet. Die Grenzen des Begriffs „genügender" Sicherheit schwanken also, und zwar nicht nur mit dem Beurteiler gemäß seinen Interessen, sondern auch mit der fortschreitenden Zeit, Zivilisation, Kultur und Gewohnheit der Menschen. Ein treffendes Beispiel ist hierfür das Automobil: anfänglich von keinerlei gesetzlichen Sicherheitsbestimmungen eingeengt, wurde es nur mit den notdürftigsten, uns heute fahrlässig erscheinenden Bremsen ausgestattet; dem Einfluß der Besteller der Wagen, der sich sogar hie und da geradezu in Vereinsvorschriften konzentrierte, ist es zuzuschreiben, daß die Bremsen besser und besser wurden. Die Gesetzgebung fordert heute zwei voneinander unabhängige Bremsen, die ständig betriebsbereit sein und zuverlässig arbeiten müssen. In einzelnen Ländern und Verwaltungsgebieten sind noch besondere Vorschriften für die Länge der Strecke gegeben, die der Wagen höchstens noch durchlaufen darf, nachdem in voller Fahrt seine Bremse angezogen wurde (Bremsweg). In England sehen wir schließlich die Erscheinung, daß man darüber im Parlament berät, ob· nicht einzelne Sicherheitsbestimmungen des bestehenden Automobilgesetzes allmählich wieder abgeschwächt werden sollten.

Selbstverständlich sind auch die Klagen der Fabrikanten oft nicht unbegründet, daß die allzu weitgehenden Sicherheitsvorschriften

Luxus sind, ja, die Einträglichkeit der Fabrikation sehr erheblich beeinträchtigen. So wird mit großem Recht von den deutschen Elektrizitätsfirmen ernstlich davor gewarnt, die Sicherheitsvorschriften für elektrische Anlagen noch weiter gesetzlich zu verschärfen. Der Grund dieser gesetzlichen Bestrebungen liegt in der völligen Unkenntnis des Publikums über die überaus günstige Unfallstatistik der elektrischen Anlagen. Leider wird ja stets, wenn der Grund eines ausgekommenen Feuers unklar ist, leichtfertig der herrliche Lückenbüßer „Kurzschluß" angeführt. In Wirklichkeit aber sind unsere Anlagen fast absolut feuersicher, und die jetzt schon bestehenden „Verbands-Sicherheitsvorschriften" verteuern bereits die elektrischen Apparate und Leitungen so erheblich, daß bei weiterer Steigerung der Sicherheit die Verwendung elektrischer Kraft immer seltener erschwinglich und die blühende Elektrizitätsindustrie auf das allerschwerste geschädigt werden würde.

Handelt es sich jedoch bei den bisher besprochenen Sicherheitsvorkehrungen im wesentlichen um Zutaten zu der an sich nur solide konstruierten Maschine, so gibt es andere Fälle, wo die Rücksicht auf Sicherheitsbestimmungen schon bei der Konstruktion und dem Entwurf der Maschinenteile mitsprechen, so z. B. bei den Dampfkesseln. Für sie sind schon früh umfangreiche Gesetze erlassen worden, die noch für den Konstrukteur durch die Normen der Dampfkesselüberwachungsvereine usw. ergänzt sind. Die Blechdicken der Kessel, die Wandstärken der Rohre, die Art ihrer Befestigung und Aufstellung, Zahl und Stärke der Nieten, kurzum fast jede kleinste Einzelheit muß in strengster Anlehnung an diese Vorschriften entworfen werden, und der Konstrukteur muß eine enge und oft schwierige Straße vorsichtig wandeln.

So können wir von der Rücksicht auf die Sicherheit als einem zweiten, alle Teile der Maschinenfabrikation durchdringenden großen Leitgedanken sprechen.

In den letzten Jahrzehnten begann nun noch ein dritter großer Leitgedanke immer bedeutendere Teile der gesamten Maschinenfabrikation zu beherrschen. War die Rücksicht auf Sicherheit in Deutschland auf die höchste Höhe gesteigert, während sie in den Vereinigten Staaten von Amerika mit bemerkenswerter Leichtfertigkeit gehandhabt wird, so wurde umgekehrt dieser dritte Grundsatz den Deutschen, die bisher sehr leichtfertig damit umsprangen, von den Amerikanern beigebracht. Man bezeichnet es kurz mit dem Namen des „Prinzips der Austauschbarkeit (interchangeability)" und hat damit folgendes im Auge.

Die einzelnen Teile einer Maschine unterliegen ungleicher Abnutzung und ungleicher Zerstörungsgefahr. Ist nun eine Maschine beispielsweise nach einem 1000 km entfernten Ort geliefert worden, und wird die Nachlieferung eines einzelnen Teiles nötig, so ist das Ideal, daß der Inhaber der Maschine einfach an die Fabrik schreibt: „Senden Sie mir diesen und diesen Teil zum Ersatz!" und daß dann der Teil angefertigt, hingesandt wird und — — — ohne weiteres genau so gut paßt, wie der frühere, unbrauchbar gewordene. Da es sich nun im Maschinenbau in bezug auf „Passen" oder „Nichtpassen" oft um kleine Bruchteile eines Millimeters handelt, so ist dieses Ideal höchstens durch reinen Zufall erfüllt. In der Tat beginnt meist ein langwieriges, oft durch den erzwungenen Stillstand der kranken Maschine ungeheuer kostspieliges Einpassen und Nacharbeiten, ja oft mehrfaches Hin- und Herwandern des unglückseligen Stücks zwischen der ärgerlichen Fabrik und dem noch ärgerlicheren Maschineninhaber.

Es ist klar, daß das Mittel zur Beseitigung dieses Mißstandes darin besteht, daß ein für alle Male die Arbeit in der Fabrik so peinlich genau auf Maß geschieht, daß die hierbei mit unterlaufende Ungenauigkeit jedenfalls kleiner wird als die Maßdifferenz zwischen „Passen" und „Nichtpassen". Dann wird sicher das nachgelieferte Stück gleich passen. Nun arbeitet die Maschinenfabrikation schon an und für sich sehr genau, und diese weitere Steigerung der Genauigkeit auf Hundertstel, ja Tausendstel eines Millimeters ist natürlich sehr kostspielig, denn einmal wird die Schnelligkeit der Arbeit geringer, dann aber wird auch die Anschaffung sehr empfindlicher und teurer Meßwerkzeuge, ja schließlich oft der Übergang zu ganz neuen Arbeitsmethoden und -maschinen notwendig.

Es ist daher mit der Erfüllung dieser Grundforderung genau Passungen. so bestellt, wie mit der Rücksicht auf Sicherheit. Die Grenze der erforderlichen und durchführbaren Genauigkeit schwankt mit den Erfordernissen des auszutauschenden Stücks. Aber die Grenze wird meist schon weit eher gezogen durch die rechnerische Überlegung, ob die hie und da einmal durch Ungenauigkeit entstehenden Unkosten die großen Mehrkosten ständiger allergenauester Maßarbeit wett machen.

Bei der Beurteilung dieser Frage spricht noch folgender Umstand mit, und dieser hat überhaupt erst ihre ernsthafte Erwägung notwendig gemacht. Nicht nur das nachträgliche Passen eines nachgelieferten Stücks ist wünschenswert, sondern auch das Zusammenpassen sämtlicher Einzelteile bei der neu zu montierenden Maschine. Passen die einzelnen Teile nicht ohne weiteres — und das war leider geradezu die Regel —, so wird in der Montagehalle ein kostspieliges Nacharbeiten nötig, oder der Teil geht sogar mitunter noch einmal in die Werkstatt zurück, die ihn allzu ungenau bemaß. Die Zeitersparnis durch ungenauere Herstellung in der Werkstatt geht also wieder verloren, ja sie wird mehr als aufgebraucht in der Montage.

 Diese Zeit- und somit Geldverluste werden um so empfindlicher,

1. je mehr Stücke miteinander passen müssen,
2. je genauer sie passen müssen,
3. je mehr Maschinen zusammengestellt werden müssen.

Bei der Fabrikation großer, einzeln bestellter und gelieferter Kraftmaschinen mit riesigen Abmessungen (durch die die Fehler relativ kleiner werden) wird sich daher die genaue Durchführung des Austauschbarkeitsgrundsatzes wahrscheinlich weniger bezahlt machen. Je größer die zu liefernden Posten gleicher Maschinen, je verwickelter, zarter und feinfühliger diese selbst, und je zahlreicher die Einzelteile, vor allem die gleichen Einzelteile werden, desto vorteilhafter wird seine Durchführung. Es ergibt sich vor allem, daß die strenge Durchführung der Massenerzeugung und des Normaliensystems die Forderung der Austauschbarkeit zu einer unabweislichen machen. Wir sind bei einigen Massenartikeln schon an die Austauschbarkeit als an etwas ganz Selbstverständliches gewöhnt: so paßt jede zöllige Mutter auf jede zöllige Schraube. Aber erst wenn auch jede Achse in jedes Lager von angeblich gleich großem Durchmesser paßt, und wenn jeder Hebel ohne weiteres zwischen zwei beliebige Bolzen mit dem angeblich seiner Länge gleichen Abstand paßt, ist die Grundlage geschaffen, auf der die Vorteile der massenweisen Erzeugung von Lagern, Achsen, Hebeln und Bolzen überhaupt voll ausgenutzt werden können [1]).

Diese Erkenntnis hat sich rasch Bahn gebrochen. In dem ganzen Zweige der Werkzeugmaschinen ist der Grundsatz der Austauschbarkeit heute so gut wie durchgeführt. Sache des Praktikanten ist es, auch unter diesem Gesichtspunkt die Einrichtungen seiner Fabrik zu betrachten und für sich oder mit dem Betriebsingenieur zusammen Betrachtungen über die vorhandenen Einrichtungen oder mögliche Abänderungen in dieser Hinsicht anzustellen.

---

[1]) Näheres über die Mittel zur Erreichung dieses Ziels siehe Abschnitt 13.

Abschnitt 5.

Wärme- und Kraftwirtschaft in der Maschinenfabrik.

Während von jeher der Maschinenfabrikant, wie alle Fabrikanten, die Kosten seiner Erzeugnisse durch sparsamste Verwendung von Arbeit und Werkstoff im Wettbewerb zu vermindern trachtete, ist er sich im allgemeinen der Vergeudung an Wärme und mechanischer Leistung (kürzer, aber unrichtiger: „Kraft") im normalen Betrieb einer Maschinenfabrik kaum bewußt geworden. Brennstoffe waren im Überfluß vorhanden. Sie waren billig. Sie waren gut. — Die Kohlennot hat hierin Wandel geschaffen. Für viele Betriebe wurde es, ganz abgesehen vom Preise der Brennstoffe, schlechthin eine Lebensfrage, ob die an Menge wie an Beschaffenheit gleich unzureichenden Brennstoffeingänge so ausgenutzt werden können, daß einigermaßen genügende Betriebskraft und -wärme zur Verfügung steht. Daß ein größeres Verständnis für die Ersparnismöglichkeiten auf brennstoff- und energiewirtschaftlichem Gebiet aus dieser Not geboren wurde, ist aber für die Zukunft unserer Industrie von großer Bedeutung. Denn hier handelt es sich um Möglichkeiten beträchtlicher Ersparnisse an den Erzeugungskosten in einem Augenblick, wo für Ersparnisse auf anderen Gebieten, insbesondere an Löhnen und Gehältern, die Möglichkeiten fast ganz geschwunden sind.

Dies gilt nicht nur für Betriebe, die sich Wärme und Kraft selbst erzeugen, sondern auch für solche, die sich ihre Betriebskraft teuer vom Elektrizitätswerk kaufen müssen (und von ihm zur Zeit der Kohlenkrise knapp rationiert werden), und sogar für Betriebe, denen eigene Wasserkraft zur Verfügung steht. Denn auch die letztgenannten können bei weiser Selbstbeschränkung und praktischer Einrichtung ihre Betriebskosten stark herabsetzen, indem sie ihren Überschuß an Erzeugung mechanischer Leistung in Form elektrischen Stromes verkaufen.

Im folgenden ist hauptsächlich an Fabriken mit eigener Dampfkraftanlage gedacht. Für diese handelt es sich darum, aus den in der Kohle steckenden Wärmeeinheiten[1]) möglichst viel verwendbare Wärme, d. h. Arbeit zu erzeugen. Das Verhältnis der verwendbaren Energie zu der im Brennstoff steckenden Wärmeenergie (Heizwert) nennt man den **Wärmewirkungsgrad**.

---

[1]) 1 Wärmeeinheit (WE) $= 1$ kg cal (Kilogramm-Kalorie), d. h. diejenige Wärmemenge, die nötig ist, um 1 kg Wasser um 1 ⁰ C zu erwärmen. 1 kg Steinkohle enthält etwa 7000 bis 8000 WE, 1 kg Braunkohlenbriketts etwa 5000 bis 6000 WE, 1 kg Rohbraunkohle etwa 2500 WE.

Auf ihrem langen Wege von der Kohle bis zum tatsächlichen Verbrauch — z. B. in Gestalt der Leistung, die aufgewendet wird, um einen Drehspan vom Werkstück abzuschälen —, macht die Wärmeenergie mehrere Umwandlungen durch. Jede dieser Umwandlungen hat einen Wirkungsgrad. Wirtschaftlich maßgebend ist das Produkt aller dieser Einzelwirkungsgrade, der wärmewirtschaftliche Gesamtwirkungsgrad. Wenn man sich einmal klarmacht, wie außerordentlich gering dieser in der Regel ist, so wird man erkennen, wie viel hier noch gespart werden kann.

Kessel-
wirkungsgrad.

Der übliche Dampfkessel nutzt, wenn gut gefeuert und gewartet, etwa 70 v. H. der in der Kohle enthaltenen Wärme aus; das heißt also: der Dampf, der vom Dampfkessel in die Dampfmaschine strömt, enthält 0,70 mal soviel Wärme wie die Kohle, durch deren Verbrennung er erzeugt wurde. Die anderen 30 v. H. gehen zum größten Teil in den Schornstein.

Dampfleitungs-
wirkungsgrad.

Die Rohre, in denen der Kesseldampf der Dampfmaschine zuströmt, führen durch vergleichsweise kühle Räume. Trotz aller Umkleidung der Leitung mit „Isoliermaterialien" (Asbest, Kieselgur usw.) verliert der Dampf in ihr doch, je nach ihrer Länge, einen größeren oder geringeren Teil seiner Wärme, was sich in Temperaturverminderung, eventuell in einem Spannungsverlust oder gar in der Bildung von Kondenswasser äußert. Veranschlagen wir diesen Verlust einmal — in einem günstigen Falle — auf 5 v. H., so besitzt der Dampf am Ende der Leitung nur noch 95 v. H. des Wärmeinhalts, den er am Anfang der Leitung hatte; der Wärmewirkungsgrad der Dampfleitung ist also 0,95 : 1 oder 95 v. H.

Maschinen-
wirkungsgrad.

Bisher hat es sich nur um Verwandlung von Kohlen- in Dampfwärme und um Wärmeverluste gehandelt. Die Energieform: Wärme, ist die gleiche geblieben. In der Dampfmaschine erfolgt die große Umwandlung von Wärme in mechanische Leistung. Hierbei entstehen die größten Verluste. Selbst die besten und größten Dampfmaschinen oder Dampfturbinen retten nicht mehr als höchstens 23 bis 24 v. H. der in sie hineingesteckten Dampfwärme in die Form abgegebener mechanischer Energie hinüber: Die normalen Dampfmaschinen mittlerer Größe haben einen Wärmewirkungsgrad von selten mehr als 15 v. H.

Also blieben übrig von jeder Wärmeeinheit in der Kohle:
hinter dem Kessel: 0,70 WE,
am Ende der Dampfleitung von diesen 0,70 WE noch 0,95, also:
$$0,70 \times 0,95 \text{ WE},$$
am Schwungrad der Dampfmaschine von diesen $0,70 \times 0,95$ WE noch 0,15, also:
$$0,70 \times 0,95 \times 0,15 = \text{rund } 10 \text{ v. H.}$$

Die Wirkungsgrade der Teilprozesse — dies ist sehr wichtig — müssen also miteinander **multipliziert** werden, um den Wirkungsgrad ihrer Summe zu erhalten.

Da der Hauptverlust bei der Umwandlung in mechanische Arbeit entsteht, so ist es besonders wichtig, die Dampfwärme auch als Wärme möglichst gut auszunutzen; in der Maschinenfabrik ist das hauptsächlich in der Form möglich, daß der Abdampf der Betriebsmaschine die Werkstätten, Modellspeicher, Verwaltungsräume heizt und zum Vortrocknen von Kernen usw. in der Gießerei benutzt wird. Leider bietet gerade die Maschinenfabrikation wenig Gelegenheit zur Abdampfverwertung. Die beiden genannten Verwendungszwecke nehmen in der Regel bei weitem nicht die in der Betriebszentrale entfallende Abwärme in Anspruch. (Nur selten ist es möglich, Abwärme an einen benachbarten Betrieb, z. B. eine Wäscherei o. ä., zu verkaufen.)

Aus diesem Grunde eignen sich auf den ersten Blick Verbrennungskraftmaschinen (Diesel-, Öl- oder Benzinmotoren) besser zur Krafterzeugung in Maschinenfabriken, da sie ja bekanntlich 30 bis 40 v. H. der im Betriebsstoff enthaltenen Wärme in Form von mechanischer Leistung wieder abliefern, und in gewissen Grenzen auch ihre Abwärme (Kühlwasser) zur Heizung von Räumen benutzbar ist. Dieser technisch richtige Schluß ist zur Zeit jedoch wirtschaftlich falsch, zumindest soweit die reinen Betriebskosten in Frage kommen: 1 kg Treiböl mit 10'000 WE kostet im November 1920 rund 2,50 M. Dagegen kosten 10000 WE in Form von Kohle[1]) 40 bis 50 Pf. Die Pferdekraftstunde (= 630 WE) kostet — und hierauf kommt es an — dementsprechend mit Öl erzeugt rund 45 Pf., dagegen mit Kohle erzeugt, 25 bis 30 Pf. an Brennstoff. Diesen Unterschied an Brennstoffkosten kann der Fortfall von Bunkern, Kessel, Dampfleitungen und der zu ihrem Betrieb erforderlichen Bedienung in der Regel nicht zugunsten der Verbrennungskraftmaschine wettmachen. Wo also zur Zeit Verbrennungskraftmaschinen als Krafterzeuger für Maschinenfabriken verwendet werden, beruht dies teils auf der Unmöglichkeit, heute Vorkriegsanlagen mit erträglichen Kosten umzubauen, teils auf besonders günstigen Beschaffungsmöglichkeiten für Treiböl gegenüber denen für Kohle. Vor dem Kriege stellte sich die vergleichende Wirtschaftlichkeitsberechnung Dampf- gegen Verbrennungskraftmaschine natürlich ganz anders. Auch die heutigen Verhältnisse können sich jedoch unter Umständen rasch wieder ändern.

---

[1]) Die Tonne Steinkohlen oder Braunkohlenbriketts kostet (November 1920) etwa 200 bis 250 M. ab Zeche, also 300 bis 400 M. in der Fabrik, Rohbraunkohlen 70 bis 80 bzw. 100 bis 150 M.

Technischer Wirkungsgrad nicht allein ausschlaggebend.

Diese kleine Betrachtung ist hier eingeschoben worden, um dem angehenden Ingenieur zu zeigen, daß es bei aller großen, ja überragenden Wichtigkeit der wärmetechnischen Gesichtspunkte falsch ist, über sie die wärmewirtschaftlichen Gesichtspunkte, d. h. also die Gesamtbetriebskostenfrage, und die allgemeinen Gesichtspunkte, wie Marktlage für Kohle und Öl, Verminderung des Betriebspersonals usw. usw. außer acht zu lassen! —

Wir kehren zu dem weiteren Lauf des Wärmeflusses durch das Werk zurück, der nun zu einem Energiefluß geworden ist.

Umsetzung in Elektrizität.

Beim Verlassen der Antriebsmaschine wird heute wohl in fast allen größeren Werken die Energie in die Form von Elektrizität überführt, um eine bequeme Kraftübertragung zu erhalten. Die Fälle, wo besondere kleine Dampfmaschinen unmittelbar die Transmissionsstränge von mechanischen Werkstätten oder die Gebläse der Gießereiöfen antreiben, sind wegen der unwirtschaftlichen Brennstoffausnutzung vieler kleiner Antriebsmaschinen gegenüber einer großen Zentrale und wegen der Verluste in den erforderlichen langen Dampfleitungen wohl heute sehr selten geworden. Jedenfalls stellen sie eine sündhafte Wärmeverschwendung dar und sollten schleunigst verschwinden — im eigensten Geldbeutelinteresse der Fabriken selbst[1]).

Die Umwandlung der mechanischen in elektrische Energie und umgekehrt geht ohne große Verluste vor sich.

Infolgedessen macht es dem Wirkungsgrad nach wenig oder keinen Unterschied, ob der Einzel- oder Gruppenantrieb der Werkzeug- oder Arbeits- (z. B. Gebläse-) Maschinen durch Transmissionen oder durch elektrische Kraftübertragung erfolgt. In beiden Fällen dürften zwischen den Antriebswellen der getriebenen und der treibenden Maschine (z. B. Drehbank und Dampfmaschine) etwa 10 v. H. der Leistung im Durchnitt verloren gehen: Übertragungswirkungsgrad 90 v. H.

Wirkungsgrad der angetriebenen Maschine.

Endlich ist also nunmehr die Energie an der Stelle angelangt, wo sie die Nutzarbeit leistet. Aber auch diese Leistung vollbringt sie nicht ohne starke Verluste. Ist die angetriebene Maschine eine Arbeitsmaschine, z. B. ein Gebläse für den Gießofen, so ist der Wir-

---

[1]) Es sei nochmals darauf hingewiesen, daß die Umbaukosten heute so hohe sind, daß es vielfach den Werken nicht ohne weiteres möglich ist, selbst als richtig erkannte Umbauten vorzunehmen. Der Praktikant kritisiere also mit großer Vorsicht und frage lieber nach dem Warum, statt vorschnell zu urteilen. Das gilt z. B. auch für die Frage der Dampfhämmer, die aus den soeben angegebenen Gründen gleichfalls ungeheure Wärmeverschwender sind, zumal sich in ihren häufigen und langen Betriebspausen viel Dampf in den Zuleitungsrohren und in ihren Zylindern kondensiert. Es macht jedoch die größten Schwierigkeiten, finanziell und technisch, sie zu ersetzen, wie eine Unterhaltung mit Schmiedemeister oder Betriebsingenieur ohne weiteres lehrt.

kungsgrad noch verhältnismäßig gut: etwa 50 bis 60 v. H. der in eine
solche Gebläsemaschine hineingesteckten Leistung erscheint in Form
von „Wind" im Gießofen wieder. In diesem Falle wäre also der
wärmewirtschaftliche Gesamtwirkungsgrad der Winderzeugung etwa:

$$0{,}70 \quad \times 0{,}95 \quad \times 0{,}15 \quad \times 0{,}90 \quad \times 0{,}55 = \text{rd. } 0{,}05$$

Kessel- wirkungs- grad	Leitungs- wirkungs- grad	Maschinen- wirkungs- grad	Übertragungs- wirkungs- grad	Gebläse- wirkungs- grad

d. h. etwa 5 v. H. der in der Kohle enthaltenen Wärmeenergie ist
im Gießofen schließlich nutzbar gemacht, oder, anders ausgedrückt:
um den Wind im Ofen zu erzeugen, muß man das Zwanzigfache
(100 v. H. : 5 v. H. = 20) an Wärmeenergie in den Kessel der Betriebszentrale stecken.

Noch viel trostloser ist das Bild bei den meisten Werkzeugmaschinen. Die meisten Werkzeugmaschinen verbrauchen fast die
ganze in sie hineingesteckte Leistung zum Hin- und Herbewegen
ihrer schweren, auf langen Führungen gleitenden Teile oder zur
Überwindung der Reibung im Räderkasten. Die zum Abschälen
des Werkstoffes verbrauchte Arbeit, also die tatsächliche Nutzleistung, stellt nur einen winzigen Bruchteil davon dar. Es ist
nicht nur ziemlich schwer, diese Nutzleistung zu messen, sondern —
das ist schlimmer —, es ist bis vor kurzem kaum jemandem ein-
gefallen, sie zu messen und, dem dabei entstehenden Schrecken entsprechend, zu versuchen, den Wirkungsgrad der Werkzeugmaschine
zu verbessern. Erst in allerneuester Zeit wendet sich diesem Punkte
die Aufmerksamkeit zu.

Man darf nun nicht etwa den groben Denkfehler begehen, daß
man sagt: „Ach, auf dem Wege bis zur Werkzeugmaschine ist schon
so viel Energie verloren gegangen, daß demgegenüber die in der
Werkzeugmaschine noch draufgehende Leistung keine so große Rolle
spielt". Das ist falsch. Denn das bißchen Energie, was schließlich
aus dem ganzen Umwandlungs- und Übertragungsprozeß in die angetriebene Maschine hineingerettet ist, ist ebendeshalb um so viel
kostbarer. Anders ausgedrückt: Spare ich von den 9 v. H. der
Kohlenenergie, die schließlich an der getriebenen Maschine ankommen,
ein Neuntel, so spare ich auch ein Neuntel = 11 v. H. der Kohle.
Rechnerisch kommt das in dem oben hervorgehobenen Satz zum
Ausdruck, daß der Gesamtwirkungsgrad durch Multiplikation der
Teilwirkungsgrade entsteht.

Hat also beispielsweise eine normale Querhobel-(„Shaping"-)
maschine einen Eigenwirkungsgrad von 6 v. H. (das entspricht in
der Tat den durchschnittlichen Verhältnissen!), so ist der wärmewirt-

schaftliche Gesamtwirkungsgrad des Querhobelns (siehe das Beispiel der Gebläsemaschine):

$$0,70 \times 0,95 \times 0,15 \times 0,90 \times 0,06 = \text{rd. } 0,005$$

Wirkungs-
grad der
Querhobel-
maschine.

oder nur $^1/_2$ v. H.

Gelingt es jedoch (und es ist gelungen), den Wirkungsgrad einer solchen Querhobelmaschine auf 20 v. H. zu verbessern, so tritt an Stelle des halben Hundertstels ein wärmewirtschaftlicher Gesamtwirkungsgrad des Querhobelns von 1,8 v. H. Das ist immer noch sehr wenig. Aber während im ersten Fall zum Querhobeln das Zweihundertfache (100 v. H.: 0,5 v. H. = 200) an Kohlenenergie verbraucht wird, ist im zweiten Fall nur noch das Fünfundfünfzigfache (100 v. H.: 1,8 v. H. = 55,5) erforderlich. Die Ersparnis die an irgendeiner Stelle der Energieumwandlungs- und Übertragungskette gemacht wird, setzt sich also nicht absolut, sondern prozentisch bis zur Kohle fort. **Ersparnis an allen Punkten des Energieflusses durch die Fabrik ist also gleich wichtig.**

Aus diesem Gesichtswinkel heraus betrachte nun der Praktikant, womöglich unter Leitung eines Ingenieurs, den ganzen Energiefluß, der vor seinen Augen durch die Fabrik strömt und werde sich klar über die Punkte, wo Ersparnisse möglich sind, und über die Gründe (meistens geldlicher oder betriebstechnischer Natur), die noch weitergehende Ersparnisse verbieten.

Hier seien einige besonders wichtige Ersparnispunkte nur kurz aufgezählt:

Kesselhaus: Gute Lagerung der Kohle (so daß sie möglichst wenig entgast und möglichst gegen Selbstentzündung gesichert ist).

Selbsttätige, d. h. billige, Zuführung zum Rost.

Richtige Rostbeschickung (so daß die richtige Dicke und Gleichmäßigkeit der Brennstoffschicht gewährleistet ist).

Dichtes, möglichst wenig wärmestrahlendes (daher meist weiß glasiertes) Mauerwerk der Feuerungsräume.

Richtiger Schornsteinzug (damit die Verbrennung weder mit zu viel — kalter! — noch mit zu wenig Luft — unvollkommen — erfolgt).

Evtl. Unterstützung des Schornsteinzuges durch ein Unterwindgebläse.

Vorwärmung der Verbrennungsluft.

Vorwärmung des Kesselspeisewassers (meist durch einen in den Lauf der Feuerungsabgase eingebauten sogenannten „Economiser").

Gute Instandhaltung des Kessels (Verhinderung der die Wärmeübertragung beeinträchtigenden Kesselsteinbildung und Flugaschenansammlung).

Sparsamer Wärmeverbrauch der Hilfsmaschinen (Unterwindantrieb, Kesselspeisepumpe usw.).

Dampfleitung: Dichtigkeit der Rohre.

Gute Isolierung der Rohre und Flanschen.

Auffangen jedweder Kondenswässer und ihre Rückleitung ohne Abkühlung in den Kessel.

Dampfmaschine: Höchstmögliche Trocknung und Überhitzung des Dampfes (durch Einbau des ersten, schlangenförmig gewundenen Rohrteils der Dampfleitung in den Rauchabzug).

Verwertung des Abdampfes zum Heizen, Kochen usw.

Kraftübertragung: Möglichst gute Ausnutzung der Leistungsfähigkeit (die elektrischen und Reibungsverluste bleiben an sich etwa die gleichen bei Vollast wie bei Halblast; sie stellen daher bei Halblast im Verhältnis zur übertragenen Leistung einen größeren Verlustbruchteil dar!).

Verbesserung der kraftverzehrenden Lager (etwa Ersatz durch Kugellager).

Verbesserung der kraftverzehrenden Riemen- oder Seiltriebe bei Transmissionen.

Kraftverwendung:

Über die hierbei in Frage kommenden Punkte wurde bereits oben hingewiesen.

Über alle diese Punkte informiert sich der gutgeleitete Betrieb durch Messungen. Es kommen hauptsächlich in Betracht:

Im Kesselhaus: Wägung der zugeführten Kohle, Messung des zugeführten Wassers, Messung der Zugstärke mittels barometerartiger Wassersäule, Kontrolle der Vollkommenheit der Verbrennung durch chemische Analyse der Verbrennungsgase mittels der sog. Orsat-, Ados- oder ähnlicher Apparate, Messung des Dampfdruckes und der Dampftemperatur mittels Manometers bzw. Thermometers, Kontrolle des Wasserstandes (nicht zu hoch, damit der Dampf nicht zu feucht wird, nicht zu tief aus Sicherheitsgründen). Bei Unterwindfeuerungen: Messung der Menge der Gebläseluft oder des Gebläsedampfes.

An der Dampfleitung: Messung der Temperatur und des Druckes bei Ein- und Austritt, gelegentliche Wägung des Kondenswassers, Messung der Dampfmenge, die in die Maschine strömt.

An der Dampfmaschine: Druck und Temperaturmessungen, regelmäßige Aufnahme von sogenannten Indikatordiagrammen, gelegentliche Prüfung der mechanischen Verluste durch Leerlaufprobe oder sog. Bremsversuche.

Im übrigen: Elektrische Messungen, — bei Transmissionen gelegentliche Prüfung des Reibungsverlustes durch Leerlaufproben und Bremsversuche.

Energiebuchführung. Diese Messungen und die dazu erforderlichen Meßgeräte kosten viel, sehr viel Geld. Aber sie sind notwendig. Der tagaus, tagein durch die Fabrik strömende Kraftfluß kostet noch viel mehr Geld. Über seinen Bargeldhaushalt führt der Fabrikant unter großen Kosten mit peinlicher Genauigkeit laufende Bücher, aus denen er seine Geldgewinne und -verluste und deren Quellen genau aufzeigt. Über die von ihm gekauften, verarbeiteten und verkauften Waren führt er nicht minder genau Buch. Lagerhalter und sorgsam in Ordnung gehaltene Magazine läßt er sich viel Geld kosten. Er weiß, daß ihn der so erzielte genaue Überblick vor viel größeren Verlusten bewahrt. Sollte er nicht die gleiche Politik mit Bezug auf die kostspielige Wärme und mechanische Energie verfolgen?

Registrierapparate. Vielfach sind daher in zeitgemäß eingerichteten Fabriken an Stelle der bloßen Meßapparate sogenannte selbstregistrierende Apparate gesetzt worden, die mittels eines Zeigerwerks auf Papierstreifen die Meßmengen fortlaufend aufzeichnen, um so der Bedienungsmannschaft, abgesehen von der Kontrolle, die Pflicht, Aufzeichnungen machen zu müssen, abzunehmen und ihnen Kopf und Hände für ihre eigentliche Arbeit freizuhalten.

Wärmebilanz. Es ist dann Aufgabe der Wärmekontrollstelle des Werkes, sei dies ein Meister, ein Ingenieur, oder gar, bei sehr großen Werken, ein Wärmebüro, diese Messungen zu sogenannten Wärme- oder Energiebilanzen zusammenzustellen. So gewinnt der Betrieb fortlaufende Übersicht über Energieerzeugung und -verbrauch und über Energieverluste. Er vermag ihrem Grunde nachzugehen und sie zu beseitigen. Wenn sich der Praktikant gelegentlich mit einem der mit diesen Obliegenheiten betrauten Herren unterhalten kann, so wird ihn das nicht dümmer machen. Immerhin ist das Folgende zu betonen:

Es ist selbstverständlich, daß der Praktikant in den hier besprochenen Dingen keinerlei eigenes Urteil haben kann. Es ist ebenso selbstverständlich, daß er es sich auch nicht etwa während des praktischen Jahres aneignen kann oder soll. Er soll nur von vornherein auf diese Punkte achten lernen, damit er auf der Hochschule, wenn er sich wissenschaftlich mit dem Stoff beschäftigt, seine Gedanken an verständnisvoll Gesehenes anknüpfen kann und von vornherein das Gefühl für die Wichtigkeit erhält, die diese auf den ersten Blick nur mittelbar mit dem eigentlichen Bau der Fabrikate zusammenhängenden Fragen für das entscheidende Gesamtergebnis des technischen Schaffens besitzen: die Herstellungskosten.

Nicht eindringlich genug kann davor gewarnt werden, daß der Praktikant sich durch solche Betrachtungen, die ihn als Jünger der Technik natürlich sehr interessieren, von dem eigentlichen Zweck seines Hierseins: dem Kennenlernen des Fabrikationsganges, ablenken läßt. Aber ebenso verkehrt wäre es, schenkte er diesen Punkten gar keine Aufmerksamkeit.

Am besten eignet sich für solche Betrachtungen ein kurzer, etwa 2 bis 3 Wochen dauernder Aufenthalt in der Betriebszentrale, und zwar möglichst im Kesselhaus. Es ist natürlich angenehmer, im sauberen Maschinenraum zu sitzen. Aber was der Praktikant dort lernen kann und soll, hat er in ein paar Tagen, bei guter Anleitung in ein paar Stunden gelernt. Zudem dringt er auf der Hochschule genug und übergenug in das Verständnis des dort vor sich Gehenden ein. Im Kesselhaus dagegen lernt er auf Schritt Dinge, die kein Hochschulunterricht ihm geben kann. Heizen ist und bleibt eine Kunst. Nur wer sie selbst praktisch geübt hat, kann sie beurteilen und besitzt die unentbehrliche Vorbildung für den wärmetechnischen Unterricht und die Konstruktionskurse im Dampfkesselbau auf der Hochschule. Nur wer selbst geheizt hat, vermag zu verstehen, was ein geschulter Heizer leistet und leisten kann.

Über das neben dem rein Handwerksmäßigen im Kesselhaus zu Beobachtende sind oben die nötigen Andeutungen gegeben. Gerade hier ist aber eine gewisse Unterweisung seitens eines Oberheizers oder Ingenieurs sehr wesentlich. Der Zusammenhang zwischen Höhe der Brennstoffschicht, Zugstärke und chemischer Zusammensetzung der Feuergase, — die Einflüsse der Frischluftzuführung beim Öffnen der Feuertür, der Schlackenbildung usw. — die Schwierigkeiten des Ascheziehens, der Kesselkontrolle, der Siede- und Rauchrohrreinigung, Hitze-, Rauch- und Rußplage, alles dies kann nur die Anschauung lehren.

Übrigens können diese Erfahrungen und Kenntnisse mit Nutzen außerhalb des dem Studium vorgeschalteten praktischen Jahres, etwa einmal gelegentlich in den Oster- oder Sommerferien der Hochschulzeit in Kraftzentralen oder auf Dampfschiffen gesammelt werden.

Dieser Abschnitt soll nicht geschlossen werden, ohne nochmals darauf hinzuweisen, wie wichtig es heute und in Zukunft ist, sich und andere zu größter Gewissenhaftigkeit im Haushalten mit der verfügbaren Energie zu erziehen. In welcher Form sie auch auftauche, — letzten Endes bedeutet sie in neunzig von hundert Fällen

Kohle. Wer eine Gasflamme oder eine elektrische Lampe unachtsam brennen läßt, wer mehr Wasser entnimmt als gebraucht wird, wer eine Werkzeugmaschine leer laufen läßt, wer fahrlässig Ausschuß gießt, — jeder einzelne vergeudet Wärme, bestiehlt das Werk, bestiehlt die Allgemeinheit, verschleudert Kraft von der Kraft, die unsere Bergarbeiter tief unter Tage zum Fördern der schwarzen Diamanten in aufreibender, gefahrvoller Arbeit aufwenden, schwächt nicht zuletzt Deutschlands wirtschaftliche Stellung in der Welt.

Abschnitt 6.

Die soziale Entwicklung der Maschinenfabrik.

Menschliche Rücksichten. In den Betrachtungen der vorhergehenden Abschnitte war viel von der Rücksicht auf bequemste und billigste Fabrikation, wenig von der Rücksicht auf die an der Fabrikation beteiligten Menschen — Arbeiter und Angestellte — die Rede. Nicht nur in diesem Buch — auch in der geschichtlichen, kulturgeschichtlichen Entwicklung der industriellen Erzeugungstätigkeit war zunächst der Blick ausschließlich, allzu ausschließlich auf die Erzeugung der Ware gerichtet.

Manchesterlehre. Der Mensch wurde nicht vergessen — nein, ein durchdachtes volkswirtschaftliches System, nach seinem industriellen Geburtsort Manchesterlehre genannt, faßte auch die menschliche Arbeitskraft als Ware auf. Der Grundsatz der Wirtschaftlichkeit: „Erzeugung des maximalen Effekts mit minimalem Aufwand" wurde von den Vertretern dieser Lehre so aufgefaßt, daß der Fabrikant kraft dieses obersten Wirtschaftsgesetzes erstreben müsse, dem Arbeiter soviel Arbeitskraft wie möglich abzukaufen und so wenig wie möglich dafür aufzuwenden. Dabei war diese Lehre, die noch in den 70er und 80er Jahren des 19. Jahrhunderts auch in Deutschland durchaus vorherrschte, nicht etwa ohne ethisch-philosophische Begründung. Sie besagt, daß der einzelne Mensch weiter nichts ist als ein Rad im Getriebe der Volkswirtschaft. Sie behauptet ferner, daß dieses Getriebe als Grundgesetz der Selbsterhaltung die Betätigung des Egoismus in sich trägt; es wird also am vollkommensten arbeiten, wenn jedem Individuum freier Spielraum zur Entfaltung seiner Kräfte, zur Wahrnehmung seiner Interessen gelassen wird. Diese Wirtschaftsanschauung betrachtet den Arbeiter lediglich als das Werkzeug zur Erzeugung von Fabrikaten. Seine Arbeit ist seine Ware, die er an den Fabrikanten verkauft. Mit Entlohnung seiner Tätigkeit hat der Fabrikant alle Verpflichtungen gegen ihn erfüllt.

Mit dem voranschreitenden 19. Jahrhundert zeigte sich jedoch immer deutlicher die Fehlerhaftigkeit dieser Lehre, und Deutschland war das erste Land, das die praktischen Folgerungen aus dieser Erkenntnis zog und gleichzeitig eine Periode fast beispiellosen industriellen Aufstiegs erlebte.

Die alte Anschauung entsprach zweifellos auf den ersten Blick dem Grundsatz der Wirtschaftlichkeit besser als die neuere. Aber auch nur scheinbar. Der Arbeiter ist kein bloßer Warenverkäufer der Ware Arbeit. Denn er unterscheidet sich vom Händler dadurch, daß er mit seiner Ware untrennbar zusammenhängt. Erkrankt der Händler, so kann der Verkauf seiner Ware dennoch fortgeführt werden, er kann ihn selbst vom Krankenbett noch leiten. Erkrankt der Arbeiter, so besitzt er während der Dauer der Krankheit keine verkäufliche Ware; wird er invalide, so ist seine Ware ein für allemal vernichtet. Dieser Umstand zwang die Volkswirtschaft zur Berücksichtigung der Person und der Gesundheit des Arbeiters, im Interesse der möglichst massenhaften, möglichst kräftigen und möglichst dauernden Erzeugung der Ware „Arbeit". Man sah ein, daß das richtig verstandene Interesse des Arbeitgebers beständige Rücksicht auf möglichst gute Lebenshaltung seiner Arbeiter erfordert. Die Grenze des „möglichst" liegt in einer solchen Höhe des Aufwandes für die Lebenshaltung der Arbeiter, daß er noch gerade eine gewinnbringende Erzeugung der Fabrikate erlaubt. „Lohn" war nicht länger nur das ausgezahlte Bargeld, sondern die Summe aller Aufwendungen zugunsten der Arbeiter. Die Grenze des Lohns liegt in der Differenz zwischen Materialkosten und allgemeinen Unkosten der Fabrikation einerseits und dem nicht überschreitbaren Verkaufspreis der Konkurrenz anderseits.

Diese Erkenntnis wurde um die Jahrhundertwende die allgemeine. Die praktischen Folgerungen daraus zog sowohl die Industrie privatim, als auch die Gesetzgebung öffentlich. Die zweite große Periode der industriell-sozialen Entwicklung begann: die Periode der sozialen Fürsorge.

Die Fabrikanten hatten einsehen gelernt, daß eine möglichst gute Arbeiterfürsorge ihnen allen mittelbar zugute kommt. Je gesunder die Arbeiterarmee, die ganze Arbeiterrasse eines Landes, desto blühender seine Industrie. Aber auch das einzelne Unternehmen zieht unmittelbare Vorteile aus den Arbeiter-Wohlfahrtseinrichtungen. Je besser die Lüftung und Heizung in den Fabrikräumen, je praktischer und zeitsparender An- und Auskleideräume, Aborte und Waschgelegenheiten eingerichtet und gelegen, je sauberer die Werkstätten sind, desto größer ist die Arbeitsmenge, die geleistet wird. Duschebäder erhöhen im Sommer die Arbeitskraft, während die Spirituosen-

4*

getränke sie lähmen. Gute Wohnungen heben geradezu den Arbeiter auf eine höhere Kulturstufe, vermehren seine Spannkraft und seinen Erwerbsfleiß. Vorzügliche Lehrlingsausbildung gewährleistet guten Nachwuchs. Aussicht auf Altersrente, auf Dienstprämien usw. heben die Arbeitsfreudigkeit und machen, ebenso wie die Arbeiterwohnungen, die Arbeiter seßhafter.

Eine Firma mit vorzüglich eingerichteten Werken und hochstehender Arbeiterfürsorge wird von den Arbeitern sozusagen stärker umworben. Sie kann sich ihre Leute aussuchen. Ein seßhafter Elitestamm bildet sich, sehr zum Vorteil der Fabrikation.

Die Zahl und Güte der erhältlichen Arbeitskräfte schwankt bei freiem Arbeitsmarkt mit der Konjunktur, d. h. den Marktverhältnissen. Bei schlechter Konjunktur, d. h. wenn wenig Nachfrage nach den Erzeugnissen der betr. Gattung von Fabriken besteht, stehen Arbeiter jederzeit und zu geringen Löhnen zur Verfügung. Die vorhandenen Lieferungsaufträge reichen für Beschäftigung der normalen Anzahl Hände nicht mehr aus. Der Überschuß wird entlassen und bietet sich, der Not gehorchend, zu billigen Löhnen an. Umgekehrt sind in Zeiten der Hochkonjunktur, bei einem im Verhältnis zur Erzeugungsfähigkeit der vorhandenen Werke starken Bedarf der Welt für die Fabrikate, Arbeiter oft selbst gegen hohe Lohnverheißung nicht aufzutreiben. Vor allen Dingen keine guten, brauchbaren Leute.

Seßhaftigkeit. Diesem Mißstand entgeht natürlich ein Werk mit einem festen seßhaften Arbeiterstamm. Und langgediente Arbeiter sind in jeder Beziehung vorteilhaft für das Gedeihen des 'Werks: sie sind eingearbeitet, arbeiten schnell und ruhig, halten bessere Disziplin und Ordnung und schonen ihre Werkzeuge und Maschinen. Der Geist des Vertrauens zieht ein. Diese hohen Vorteile machen sich unmittelbar in der Jahresbilanz fühlbar. In ihnen liegt der Grund für die großartigen Arbeiter-Wohlfahrtseinrichtungen unserer großen Maschinenfabriken. Aus diesem wirtschaftlichen Gesichtspunkte sind sie entstanden.

Zweifellos sind einige Arbeitgeber weitergegangen. Vielfach findet man geradezu Luxus in der Anlage der Werke und Arbeiterkolonien. Und die Motive der Arbeiterfürsorge waren häufig ungemein edle. Durchschnittlich waren sie jedoch rein wirtschaftliche.

Hatte im Zeitalter der Manchesterlehre der Fabrikant das unbedingte Verfügungsrecht über die von ihm gekaufte Ware Arbeit für sich in Anspruch genommen, so war diesem Tyrannenstandpunkt im Zeitalter der sozialen Fürsorge der „aufgeklärte Despotismus", ein anfangs patriarchalischer, späterhin immer liberalerer Herr-im-Hause-Standpunkt gefolgt. Der einzelne Arbeiter stand nicht mehr als einzelner Warenverkäufer dem Unternehmer gegenüber, sondern

es bildeten sich allmählich Arbeiterkoalitionen, denen Unternehmer-
koalitionen gegenübertraten. Gemeinsame Anstellungs-, Arbeits- und
Entlassungsbedingungen traten an Stelle von Zufall und Willkür. Das
Gewerbegesetz gestattete die Vertretung der Arbeiter eines Betriebes
dem Arbeitgeber gegenüber durch einen Arbeiterausschuß.

Für die Fürsorge, die außer der Entlohnung die Arbeiter und
ihre Familien gegen die Nöte des Lebens zu schützen bestimmt
ist, wurden durch gesetzlichen Zwang Mindestleistungen in Gestalt der
sozialen Versicherungen eingeführt, und hiermit wurde von Deutschland
zuerst der Grundsatz der völligen gegenseitigen Freiheit im Arbeits-
verhältnis durchbrochen. Bei der Wichtigkeit, die diese Regelungen
für die Arbeiter wie für die Betriebsführung besitzen, ist es erforderlich, daß der Praktikant von den bestehenden sozialpolitischen Gesetzen wenigstens das Notwendigste kennt. Für diejenigen, die nicht
wie in den großen Betrieben durch besondere Unterweisung von
diesen Dingen Kenntnis erhalten oder sie von der Schule her besitzen sollten, seien hier einige Hinweise gegeben, die mehr zur genaueren Selbstbelehrung anregen, als diese selbst ersetzen sollen:

Seit 1881 datiert im Deutschen Reiche die planmäßige Arbeiter- Versicherungs-
gesetze.
fürsorge auf gesetzgeberischem Gebiet. Dieses Jahr zeitigte die aus-
drückliche Anerkennung eines Rechtes der Arbeiter auf Unterstützung in Krankheit, Invalidität und Alter. Dieser Kreis von Gesetzen war daher kein staatliches Almosen. Er bestätigte einfach
die Bedeutung der Gesamtheit der „wirtschaftlich Schwachen" für
das Gedeihen des Staats.

Die staatliche Fürsorge äußerte sich in dem Aufstellen eines
Zwangs zu (auf Gegenseitigkeit beruhender) Versicherung gegen Krank-
heit usw. Die Beiträge werden teils von den Arbeitern, teils von den
Arbeitgebern entrichtet.

Nach einigen Erweiterungen des Grundgesetzes wurde durch die
Reichsversicherungsordnung vom 19. Juli 1911 der heute bestehende
Zustand geschaffen. Die Reichsversicherungsordnung umfaßt die
Kranken-, Unfall-, Invaliden- und Alters-, sowie die Hinterbliebenenversicherung. Eine bedeutsame Erweiterung fand dieses Gesetz-
gebungswerk durch das am 1. Januar 1913 in Kraft getretene Ver-
sicherungsgesetz für Angestellte vom 20. Dezember 1911, das sich
auf ähnlichen Linien bewegt wie das Arbeiterversicherungsgesetz.

Die Krankenversicherung gewährt im Erkrankungsfalle auf die Leistungen der
Kassen.
Krankenkassen.
Dauer von 26 Wochen, in gewissen Fällen sogar bis zu einem Jahr,
freie ärztliche Behandlung, Arzneien und kleinere Heilmittel, ferner
für die Dauer der Erwerbsunfähigkeit Krankengeld, außerdem eventuell Sterbegeld, auch Wöchnerinnengeld. Ein Mindestbetrag ($50\,^0/_0$
des Grundlohns, d. h. des durch die Krankenkasse bestimmten durch-

schnittlichen Tagesentgelts der betreffenden Versichertenklasse) ist gesetzlich festgelegt. Die Unterstützungen können durch die einzelnen Krankenkassen freiwillig höher festgelegt werden, wenn ihre Finanzen es infolge guten Gesundheitszustands oder erhöhter Beiträge der Versicherten erlauben. Die Beiträge dürfen $4^1/_2\,^0/_0$, die Krankengelder $100\,^0/_0$ des Grundlohnes nicht überschreiten.

Die Arbeitgeber zahlen $^1/_3$, die Arbeiter $^2/_3$ des Beitrags. Letztere werden ihnen durch Abzug vom Lohn möglichst wenig fühlbar gemacht.

Bei Zahlungsunfähigkeit der Kasse springt Arbeitgeber, Gemeinde oder Staat ein.

Die Krankenkassen bestehen, wenn möglich, aus örtlichen Berufsgenossen oder Angehörigen eines und desselben Betriebs (Orts-, bzw. Betriebskrankenkassen). Sie werden geleitet durch gewählte Vorstände.

Ein Mangel der Einrichtung ist, daß die Kassenvorstände bisweilen ihre Macht zu Parteizwecken mißbrauchen. Dies wäre auch dann ein Nachteil, wenn die daraus Vorteil ziehende Partei nicht Arbeiterpartei, sondern Unternehmerpartei wäre.

Häufig erstreckt sich die Leistung der Kasse auch auf Gewährung freier ärztlicher Behandlung und Arznei an Familienangehörige des Versicherten.

Unfall-
versicherung.

Die Unfallversicherung entschädigt Betriebsunfälle und leistet unentgeltliches Heilverfahren. Sie ist im Gegensatz zur Arbeiterkrankenversicherung eine Versicherung der Unternehmer untereinander auf Gegenseitigkeit.

Das römische Recht und das alte preußische Landrecht machten den Unternehmer nur für solche Fälle ersatzpflichtig, die er unmittelbar verschuldet hatte. Den Nachweis des Verschuldens hatte der Geschädigte zu erbringen. Unter diesem Gesetz bekam fast nie ein Arbeiter Entschädigung. Das deutsche Haftpflichtgesetz von 1871 machte den Unternehmer auch für mittelbar verschuldete Unfälle haftbar. Dies Gesetz verursachte fortwährende gerichtliche Klagen, Reibereien, Feindseligkeiten.

Berufsgenossen-
schaften.

Der heutige Zustand ist demgegenüber ideal. Der Arbeitgeber muß jeden Arbeiter in die Versicherung der sog. Berufsgenossenschaft einkaufen. Der Versicherte selbst hat keinen Beitrag zu zahlen. Die Leistungen der Versicherung sind nach verwickelten Vorschriften geregelt.

Der Beitrag des Arbeitgebers in die Kassen der aus Arbeitgebern bestehenden und von solchen geleiteten Berufsgenossenschaft schwankt je nach der Gefährlichkeit seines besonderen Betriebs. Der Grad der Gefährlichkeit wird durch die Berufsgenossenschaft abgeschätzt. Hieraus ergibt sich in geschickter Weise die Möglichkeit für die Berufsgenossenschaften, einen Druck auf den Einzelnen auszuüben. Die in allen Werkstätten auffällig angebrachten Vorschriften muß das Unternehmen daher im eigensten wirtschaftlichen Interesse beachten.

Die Invaliden- und Hinterbliebenenversicherung bezweckt Gewährung von Alters-, Invaliditäts- und Hinterbliebenenrenten und übernimmt die Krankenfürsorge von der Krankenversicherung, wenn nach 26 Wochen Erwerbsunfähigkeit befürchtet werden muß. Hinterbliebenen- und Invalidenversicherung sind so miteinander verschmolzen, daß nur ein Beitrag erhoben wird. Arbeitgeber und Arbeitnehmer beteiligen sich grundsätzlich zu gleichen Teilen an der Versicherung, doch spricht das Gesetz nur aus, daß der Arbeitgeber, der den Beitrag durch Einkleben von Versicherungsmarken in Quittungskarten zu entrichten hat, dem Versicherten die Hälfte bei der Lohnzahlung abziehen darf. Die Rente richtet sich nach Zahl und Höhe der Beiträge, die sich für Versicherte und Arbeitgeber auf durchschnittlich je 9 bis 25 Pf. wöchentlich belaufen. Diese Renten schwanken bei einem Wochenbeitrag des Arbeiters von 9 Pf. zwischen 116 und 200 M. und bei einem Wochenbeitrag von 25 Pf. zwischen 150 und 500 M. jährlich.

Invaliden- und
Hinterbliebenen-
versicherung.

Siebzigjährige, aber noch erwerbende Arbeiter erhalten trotzdem Altersrente von 110 bis 230 M. jährlich, und vom Eintritt der Erwerbsunfähigkeit an die höhere Invalidenrente.

Infolge der Entwertung des Geldes seit dem Kriege haben sich Erhöhungen dieser Renten erforderlich gemacht. Diese Zuschläge werden im Jahre 1920 zunächst provisorisch aus den Abgaben gedeckt, die bei der Warenausfuhr auf Grund der Valutagewinne von den Ausfuhrfirmen an das Reich zu entrichten sind. Die endgültige gesetzliche und finanzielle Regelung steht bei Herausgabe dieser Auflage noch nicht fest.

Mit den Versicherungsgesetzen Hand in Hend gingen die sogenannten „Arbeiterschutzgesetze". Es ist lehrreich, an ihrer Aufzählung den Fortschritt zu ermessen, der im letzten Menschenalter auf diesem Gebiete stattgefunden hat.

Arbeiterschutz-
gesetze.

Die wichtigsten Arbeiterschutzgesetze waren: Für Frauen der allgemeine Maximalarbeitstag von 11 Stunden und das Verbot der Nachtarbeit. Die Regelung der Arbeitszeit für Männer in gesundheitsgefährlichen Betrieben (in normalen Betrieben war, wohlgemerkt, die Arbeitszeit für erwachsene Männer gesetzlich nicht beschränkt). Ferner: der Schutz der Kinder (gegen Mißhandlung und Ausbeutung) innerhalb und außerhalb der Fabrik. Die Durchführung der Sonntagsruhe in Gewerbe und Handel. Die Fürsorge für Leben, Gesundheit

Frauenarbeit.

Kinderarbeit.

und Sittlichkeit der Arbeiter in den Betriebsräumen. Die Erweiterung und Verschärfung der Fabrikaufsicht. Letztere dient zur ständigen Kontrolle der Durchführung aller gesetzlichen Bestimmungen in den Betrieben. Sie geschieht durch berufliche, sachlich ausgebildete Beamten oder Beamtinnen (Gewerbeinspektoren), denen Zutritt zu den Fabrikräumen und Einsicht in alle Fabrikeinrichtungen jederzeit zu gestatten ist. Sie sind Organe der Gewerbepolizei.

Gewerbeaufsicht.

Von Jahr zu Jahr nahmen ferner an Wichtigkeit zu die gesetzlichen Bestimmungen über die Ausdehnung der Fortbildungsschulen. Vor allem war die Einführung eines Fortbildungsschul z w a n g e s innerhalb einzelner Gemeinden möglich geworden. Berlin hat dementsprechend z. B. obligatorische Fortbildungsschulen eingeführt.

Fortbildungsschulen.

Dieser Gang der Entwicklung verwandelte sich durch Krieg und Umsturz in den Gärungsprozeß, den wir zur Zeit der Herausgabe dieser Auflage durchleben. Die unter der Herrschaft der Manchesterlehre gewaltsam aus dem Produktionsprozeß ferngehaltene Politik hatte während der folgenden Periode wenn auch nicht in den Betrieb selbst, so doch in das Rechtsverhältnis zwischen Unternehmern und Arbeitern als Partner von Kollektivverträgen eingegriffen und die soziale Fürsorge gezeitigt; immerhin blieb der Unternehmer Alleinherrscher im Betrieb. Durch den Umsturz ist ihm auch diese Stellung genommen worden. Er hat ein Parlament neben sich: den Betriebsrat. Wird dieses Parlament nun die Politik auch in den einzelnen Wirtschaftsbetrieb hineintragen? Weitschauende Unternehmer hatten um der in der Frage angedeuteten Gefahr willen diesen Zustand schon längst, aber auf dem Wege der gesunden sachlichen Entwicklung als wünschenswert bezeichnet und praktisch durchgeführt[1]).

Der Umsturz.

Die konstitutionelle Fabrik.

Jetzt muß abgewartet werden, ob das viele grundsätzlich Neue von unserer schwerkranken Wirtschaft wird ertragen werden können. Eine völlig andere Rechtsanschauung über das Wesen des Arbeits- und Anstellungsverhältnisses hat sich ja durchgesetzt: an Stelle des freien Arbeitsvertrags tritt der Tarifvertrag, an Stelle der freien Anstellung und Entlassung der Arbeitnehmer das Mitbestimmungsrecht der Arbeiter- und Angestelltenräte, an Stelle der unbeschränkten Arbeitszeit der gesetzliche Achtstundentag, an Stelle des freien Arbeitsmarktes die Arbeitsvermittlung und das Recht auf Arbeit. Aus letzterem entstand als eine der ersten Früchte der Revolution die Erwerbslosenfürsorge.

Erwerbslosenfürsorge.

Auf Grund der Verordnung der Volksbeauftragten über die Er-

---

[1]) Das sehr lesenswerte Buch von Heinrich Freese: „Die konstitutionelle Fabrik" (in Neuauflage Jena, G. Fischers Verlag, 1919) gibt hiervon Zeugnis.

werbslosenfürsorge vom 13. November 1918, die inzwischen zahlreiche Nachträge erfahren hat, wird zur Zeit der Herausgabe dieser Auflage eine Erwerbslosenunterstützung an alle infolge des Krieges arbeitslos gewordenen, über 14 Jahre alten Personen, die arbeitsfähig und arbeitswillig sind, gezahlt. Die Kosten werden zu $^6/_{12}$ vom Reiche, zu $^4/_{12}$ von den Ländern, und zu $^2/_{12}$ von den Gemeinden aufgebracht. Die Höhe der Unterstützung richtet sich nach Ortslohn und Tarifklassen, ist aber am gleichen Orte im allgemeinen gleich hoch. Die Erwerbslosenunterstützung war nur als Demobilisierungsmaßnahme gedacht. Die Geltungsdauer der Verordnung, die sich selbst als Notbehelf bezeichnete, war auf ein Jahr bemessen. Ihre Aufhebung dürfte aber nur möglich sein, wenn vorher eine Erwerbslosenversicherung nach dem Vorbilde der Kranken-, Unfall- und Invalidenversicherung geschaffen ist. Ansätze hierzu waren in der Erwerbslosenunterstützung vorhanden, die einige Berufsverbände und Gewerkschaften ihren Mitgliedern vor Eintreten der staatlich-gemeindlichen Unterstützung angedeihen ließen. (Im Jahre 1912 wandten z. B. die freien Gewerkschaften 7,7 Millionen Mark Arbeitslosenunterstützungen in Sätzen von 0,40 bis 3 Mk. pro Tag auf.) In England ist durch die National Insurance Bill Lloyd Georges vom 11. Dezember 1911 die Arbeitslosenversicherung gesetzlich eingeführt. Sie wird zweifellos bald auch bei uns eingeführt werden. —

In logischem Zusammenhang mit der veränderten Auffassung über das Wesen des Arbeitsverhältnisses steht auch das Streben vieler Kreise nach Gewinnbeteiligung der Arbeiter. Diese Frage ist viel schwieriger, als sie auf den ersten Anblick erscheint. Es sei ausdrücklich betont, daß die Gewinnbeteiligung ebensoviele, wenn nicht mehr Gegner bei den Arbeitern als bei den Unternehmern findet. Es ist nicht angebracht, diese Frage in diesem Rahmen zu behandeln. Da aber leicht in Gesprächen mit Arbeitern die Rede auf diese Frage kommen kann, so ist es vielleicht empfehlenswert, daß sich auch der Praktikant schon über sie etwas eingehender aus der Literatur belehrt[1]). Jedenfalls ist eines sicher: die Durchführung einer Arbeiter-Gewinnbeteiligung ist so schwierig, daß nur bei Einführung einer weitgehenden Bilanzkontrolle durch wirkliche Vertrauensleute der Arbeiter vermieden werden kann, daß dieses Mehreinkommen von 1 bis 2 Wochenlöhnen im Jahr (um mehr handelt es sich nämlich in keinem praktischen Falle!), statt Beruhigung zu sichern, nur Quelle von Mißtrauen und Zwietracht wird.

Alles aber, was den Geist der Solidarität im Betriebe stört,

Gewinn-
beteiligung.

Die Betriebs-
einheit.

---

[1]) Siehe z. B. Gruner, Die Arbeiter-Gewinnbeteiligung, Berlin, Karl Sigismunds Verlag, 1919.

sollte ängstlich vermieden werden. Denn darin ist sachlich der größte Vorteil des neugeschaffenen Zustandes zu erblicken: durch die Zusammenfassung der Arbeiter und Angestellten eines Betriebs im Betriebsrat tritt an Stelle einer zufällig zusammengewürfelten Menschengruppe eine Einheit. Es ist sehr wohl denkbar, daß aus dieser äußeren, gesetzlichen Zusammenfügung auch Kräfte des einheitlichen Zielstrebens, der solidarischen Freude am gemeinsamen Erfolg, Kameradschaft und „Korpsgeist" erwachsen.

Arbeitsordnung. Auch der Praktikant wird für die Zeit seiner praktischen Arbeitszeit zugehörig zu dieser Gemeinschaft. Am ersten Tage seines Aufenthaltes im Werk wird der neu Eingetretene in die Liste der Werksangehörigen eingetragen. Gleichzeitig händigt man ihm außer seinem „Arbeits-" oder „Tagebuch" (siehe S. 13) meist eine gedruckte Arbeitsordnung ein. Sie ist nach dem Gesetz zwischen Werksleitung und Betriebsrat vereinbart und gilt ganz allgemein für alle betreffenden Werkstätigen. Ihre Bestimmungen sondern sich inhaltlich in zwei Arten: in die reinen Vertragsbedingungen des Arbeitsvertrags, der heute im allgemeinen ein Tarifvertrag, also ein zwischen der örtlichen oder fachlichen Gesamtheit der Arbeitgeber und -nehmer geschlossener Kollektivvertrag ist, — und in disziplinare Bestimmungen.

Eine Arbeitsordnung in allgemein und jederzeit zugänglicher Form ist für jede Fabrik gesetzlich vorgeschrieben. Sie hat nach der „Gewerbeordnung" zu enthalten:

1. Bestimmungen über Anfang und Ende der regelmäßigen täglichen Arbeitszeit, sowie der Pausen.
2. Zeit und Art der Abrechnung und Lohnzahlung.
3. Kündigungsfrist und Gründe für Entlassung oder Austritt ohne Kündigung.
4. Ausweis über die Verwendung der disziplinarischen Strafgelder (die übrigens $50^0/_0$ des täglichen Verdienstes nie überschreiten dürfen).

Disziplin. Freiwillig können beigefügt werden disziplinarische Betriebsordnungsbestimmungen. Auch dürfen Bestimmungen über Wohlfahrtseinrichtungen und über das Verhalten Minderjähriger außerhalb der Fabrik erlassen werden.

Die Arbeitsordnung wird gültig durch die Bestätigung seitens der Ortspolizei.

In welchem Umfange die Bestimmungen der Arbeitsordnung auf die Praktikanten angewendet werden, ist natürlich reine Taktfrage. Den Praktikanten persönlich kann nur dringend empfohlen werden, die disziplinarischen Vorschriften, wie sie für den letzten der Arbeiter gelten, auch für sich selbst zur strengen Richtschnur zu machen.

Dies ist nicht nur erforderlich im Sinne einer reibungslosen Einfügung in den Mechanismus des Werks. Es ist vor allem wünschenswert für die späteren Betriebsleiter, die Wirksamkeit und — die Durchführbarkeit solcher Bestimmungen am eignen Leibe zu erproben und sich fest einzuprägen.

Angesichts der großen Rolle, die der Betriebsrat in der Fabrik spielt, ist es empfehlenswert, daß sich der Praktikant auch im einzelnen mit dem Betriebsrätegesetz vertraut macht (es gibt ja zahllose Ausgaben mit mehr oder weniger ausführlichen Erläuterungen). Hier nur seine Grundzüge[1]):

Es werden in jedem größeren Betrieb einerseits Betriebsräte, anderseits Arbeiterräte und Angestelltenräte gebildet. Die Zahl der Betriebsratsmitglieder beträgt mindestens 3 bis höchstens 30. Die Arbeiter- und Angestelltenräte werden gebildet durch die Arbeiter- bzw. Angestelltenmitglieder des Betriebsrats. Die Wahl erfolgt in unmittelbarer geheimer Abstimmung nach den Grundsätzen der Verhältniswahl auf die Dauer von einem Jahre. Wahlberechtigt sind alle mindestens 18 Jahre alten männlichen und weiblichen Arbeitnehmer, wählbar die mindestens 24jährigen Wahlberechtigten, die nicht mehr in Berufsausbildung stehen und am Wahltag mindestens 6 Monate dem Unternehmen sowie mindestens 3 Jahre dem Gewerbezweig oder Berufszweig angehören, in dem sie tätig sind. Versäumnis von Arbeitszeit infolge Ausübung des Wahlrechts oder der Tätigkeit als Mitglied des Betriebsrats darf keine Minderung der Entlohnung zur Folge haben. Die Sitzungen des Betriebsrats sollen in der Regel und nach Möglichkeit, die Wahlen müssen außerhalb der Arbeitszeit stattfinden.

Der Betriebsrat hat in erster Linie die Aufgaben, die Betriebsleitung mit Rat zu unterstützen, um dadurch mit ihr für einen hohen Stand und für möglichste Wirtschaftlichkeit der Betriebsleistungen zu sorgen, sowie fördernd an der Einführung neuer Arbeitsmethoden mitzuarbeiten und den Betrieb vor Erschütterungen zu bewahren, gegebenenfalls den Schlichtungsausschuß anzurufen, über die Einhaltung von Schiedssprüchen zu wachen, an der Vereinbarung von Dienstvorschriften für die Arbeitnehmer mitzuwirken, für den Arbeitsfrieden innerhalb des Betriebes mitzuwirken, Beschwerden entgegenzunehmen und auf die Abstellung der ihnen zugrunde liegenden Tatbestände hinzuwirken, auf die Bekämpfung der Unfall- und Gesundheitsgefahren zu achten und die Gewerbeaufsichtsbeamten in ihrer Tätigkeit zu unterstützen,

Das Betriebsrätegesetz.

Aufgaben des Betriebsrats.

---

[1]) Die folgende kurze Zusammenstellung ist der „Concordia", Zeitschrift der Zentralstelle für Volkswohlfahrt, Berlin 1920, Nr. 4, entnommen.

schließlich an der Verwaltung von Wohlfahrtseinrichtungen aller Art mitzuwirken. Der § 68 des Gesetzes kennzeichnet den Geist des Gesetzes dahin, daß von beiden Seiten Forderungen und Maßnahmen unterlassen werden, die das Gemeininteresse schädigen. **Ein Eingriff in die Betriebsleitung durch selbständige Anordnung steht dem Betriebsrate nicht zu,** ebensowenig wie der Reichstag selbständig von sich aus Regierungsmaßnahmen ausübt. Die §§ 70 und 72 enthalten die bekannten und vielfach angegriffenen Bestimmungen über die Beteiligung der Arbeitnehmer am Aufsichtsrat, über die vierteljährliche Vorlegung eines Berichts über die Lage und den Stand des Unternehmens und die Pflicht der Bilanzvorlegung. § 74 bestimmt die Mitwirkung des Betriebsrates bei notwendig werdender Einstellung oder Entlassung einer großen Zahl von Arbeitnehmern, bei Erweiterung, Einschränkung oder Stillegung des Betriebes oder infolge Einführung neuer Techniken oder neuer Betriebs- und Arbeitsmethoden.

Aufgaben der Arbeiter- und Angestelltenräte. **Dem Arbeiterrat und dem Angestelltenrat** fällt in der Hauptsache die Aufgabe der wirtschaftlichen und sozialen Interessenvertretung der von ihnen vertretenen Arbeitnehmergruppe zu. Hervorhebung verdienen hier die vielumstrittenen Ziffern 8 und 9 des § 78, in denen den Arbeiter- und Angestelltenräten die Mitwirkung bei der Einstellung und Entlassung von Arbeitnehmern zugebilligt wird. —

Erfüllt das Gesetz seinen Zweck — **Erhöhung der Wirtschaftlichkeit des Betriebes,** Förderung des guten Einvernehmens, Bekämpfung der Betriebsgefahren usw. —, so wird es ein wichtiger Baustein für den wirtschaftlichen Wiederaufbau, auch über die Grenzen Deutschlands hinaus, werden. Sollten aber die Befürchtungen vieler Industrieller begründet sein — daß es den vielfach schon jetzt bestehenden **politischen** Konfliktstoff vermehren und die Arbeitsfreudigkeit vermindern werde —, so wäre es von verhängnisvoller Wirkung für die Zukunft. Der Praktikant wird Gelegenheit haben, sich selbst ein Urteil zu bilden, wie Politik und Wirtschaft, Agitation und Sachlichkeit hier, wie in der breiten Öffentlichkeit und im internationalen Zusammenleben der Völker, sich bekämpfen und wie weit es berechtigt ist, zu hoffen, daß aus der **Trennung von Politik und Wirtschaft und der vereinigenden Wirkung** gemeinschaftlicher **sachlicher Arbeit** der Betrieb und die Welt bald auf eine dauerhaftere Grundlage des Friedens gestellt werden können. Der Praktikant begehe aber nicht den Fehler, die individuellen Eindrücke, die er in einem Betrieb — einer einzigen Zelle des Volkskörpers — gewinnt, voreilig zu verallgemeinern. —

Arbeitsgemeinschaften. Die Betriebsräte der verschiedenen Werke finden ihren Zusammenhang untereinander in den Berufsverbänden und Gewerkschaften, die nach Berufen oder Betriebsarten (fachlich) und ferner örtlich mit den ebenso organisierten Verbänden der Arbeitgeber zu den sogenannten „Arbeitsgemeinschaften" zusammentreten. Diese Arbeitsgemeinschaften entstanden gleichzeitig mit dem Umsturz von 1918 als Ergebnis jahrelanger Vorarbeiten. (Übrigens ist es wichtig, daß auch die Betriebsräte ihren Ursprung im „Hilfsdienstgesetz" des Jahres 1916 haben, das für Betriebe, die Hilfsdienstpflichtige beschäftigen, einen Betriebsausschuß vorschrieb!)

Die Arbeitsgemeinschaften bestehen aus der gleichen Anzahl von Unternehmer- und Arbeiter- bzw. Angestelltenvertretern („paritätische" Zusammensetzung). Ihre Aufgaben sind satzungsgemäß[1]): Auslegung der Kollektivvereinbarungen (z. B. Tarifverträge) und Schlichtung von Streitigkeiten, soweit dies in den Kollektivvereinbarungen vorgesehen ist, sowie selbständige Regelung der ihre örtliche und fachliche Gesamtheit betreffenden Fragen.

Die örtlichen Arbeitsgemeinschaften bilden Bezirksarbeitsgemeinschaften, die fachlichen bilden Reichsarbeitsgemeinschaften. Alle diese bilden zusammen die Zentralarbeitsgemeinschaft. Sämtliche Arbeitsgemeinschaften sind paritätisch. Sämtliche höheren Arbeitsgemeinschaften gehen durch Wahl aus den niedrigeren hervor.

Diese vorrevolutionär entworfene, revolutionär erstandene, demokratisch-paritätische Organisationspyramide hat in aller Stille Großes gewirkt. Es ist wohl kaum zu viel gesagt, wenn man sie als den Notpfeiler bezeichnet, der in den kritischsten Zeiten unseren Wirtschaftsbau vor dem Zerfall bewahrt hat. Diese Kraft erwuchs den Arbeitsgemeinschaften aus dem beharrlichen Entschluß, aus der Wirtschaft die Politik so weit wie möglich fernzuhalten. In wachsendem Maße gelingt es ihnen, Arbeiter und Unternehmer zu gemeinsamer Arbeit an sachlichen Fragen (Ausfuhr, Wärmewirtschaft usw.) zusammenzubringen. Nichts fördert den Zusammenhalt mehr, wirkt dem Haß und Mißtrauen glücklicher entgegen, als diese sachliche Gemeinschaftsarbeit. Daß sich aus den Arbeitsgemeinschaften dieser Geist auch auf die Betriebsräte übertrage, ist ein Ziel aufs innigste zu wünschen.

---

[1]) Die Arbeitsgemeinschaften sind keine von Gesetzes wegen, sondern freiwillig, aber durchgängig gebildete Selbstverwaltungskörperschaften. Siehe „Satzung der Zentralarbeitsgemeinschaft", Berlin.

Abschnitt 7.

Die Fabrikorganisation mit Rücksicht auf arbeitsparende Betriebsführung.

Mit dem Tage ihres Eintritts in das Gefüge eines neuzeitlichen Fabrikbetriebs erschließt sich einem großen Teil der Praktikanten eine neue Welt. Nach Empfang der Arbeitsordnung und nach Einreihung in die Reihen der Arbeiter muß sich nunmehr der Praktikant allmählich mit seiner Umgebung vertraut machen. Alle Einzelheiten der Arbeitsteilung, der Arbeits- und Zeitkontrolle, der Gleich- und Überordnung der Beamten und Arbeiter, Vorarbeiter und Gehilfen, ihre Gruppierung in Werkstätten und Kolonnen usw. usw. sollen und können hier nicht beschrieben werden. Besser als alle Bücher lehrt hier die Praxis. Und den Blick von dem vorliegenden Einzelfall hinweg über die Fülle von Varianten, die sich in dem betreffenden Werke nicht beobachten lassen, wird später die akademische Ausbildung besser und gründlicher gewähren.

Ziele der Entwicklung. Aber beim Eintritt in die für viele Praktikanten gänzlich neue Welt der Werkstatt soll doch hier eine allgemeine Vorstellung vermittelt werden von den Zielen, die unsere neuere Betriebsentwicklung verfolgt. Es geht heute nicht mehr an, daß der junge Ingenieur den Betrieb durchläuft, ohne sich bewußt zu werden, daß der Ingenieur in der Organisation des Betriebes selbst — also einer technischwirtschaftlichen Aufgabe — zumindest gleichwichtige Arbeit leistet, wie in der Lösung der rein technischen Aufgaben der Gestaltung des Rohstoffs im Betriebe. Auch hier gilt das gleiche, was bereits bei den wärmewirtschaftlichen Betrachtungen betont wurde: Der Praktikant lasse sich durch sein Interesse für die Werkstättenorganisation, — deren Einzelheiten und Gestaltungsgründe er schon jetzt weder studieren kann, noch soll —, nicht von den praktisch-technischen Aufgaben ablenken, für die er sich ein Verständnis erarbeiten muß. Aber einen gewissen Einblick in die Gedankenwerkstatt der Organisatoren braucht er, schon um inne zu werden, daß auch auf diesem Gebiet alles in stärkstem Fluß und drängendster Entwicklung begriffen ist, und daß diese Entwicklung von jedem, der sie mitmacht, die Einsetzung des ganzen Könnens und des ganzen Menschen erfordert.

Der Hauptgrund aber, warum im folgenden einige Worte über die werkstattorganisatorischen Gedanken gerade Frederick W. Taylors gesagt werden soll, liegt darin, daß er einer der wenigen ganz Großen gewesen ist, die den organisatorischen Notwendigkeiten bis auf den Grund gegangen ist. Eben weil seine Gedankengänge von allgemeiner Gültigkeit sind, und nicht nur die Grundlagen eines bestimmten, vielleicht guten, vielleicht schlechten Systems, — darum sollte jeder, auch der Laie, von ihnen Notiz nehmen, der überhaupt mit wirtschaftlichen Organisationsgebilden höherer Ordnung in tätige Berührung kommt.

Auch die Gedankengänge dieses Meisters konnten, wie die Erkenntnisse der neueren Wärmewirschaft und die Entwicklungstendenzen der sozialen Formen des heutigen Fabrikbetriebes, erst reifen, nachdem sich die Industrie in der technischen Gestaltung des Rohstoffs zum Fabrikat eine gewisse berufliche Leichtigkeit, „Routine", angeeignet hatte[1]). Das Durchdenken des Arbeitsgegenstandes, seine Gestaltung, die Konstruktion, überwog zunächst. Die Arbeitsteilung sondert hier schon die Leitung von der Ausführung: das Konstruktionsbüro übermittelt seine Anweisungen durch die Zeichnung an die Werkstatt. Deutschland, gezwungen durch die verhältnismäßige Armut an Bodenschätzen, entwickelt die krafterzeugenden Maschinen auf einen hohen Grad der Wirtschaftlichkeit. In Amerika führt der Mangel an geschulten Arbeitskräften zu einem schärferen Durchdenken des Arbeitsvorganges, der Fertigung. Die mechanischen Mittel für die Fertigung, die Arbeitsmaschinen und Werkzeuge, sind dort vorwiegend Gegenstand weiterer Durchbildung. Mit zwingender Logik mußte der steigende Wert der menschlichen Arbeitskraft — zunächst in Amerika, dann aber auch in Deutschland — zum planmäßigen Durchdenken auch der menschlichen Arbeit führen. In folgerichtigem Fortgang der industriellen Entwicklung liegt auch hier die Trennung der Leistung von der Ausführung. Der Betriebsleiter gibt nicht nur die Anweisungen für die mechanische, sondern auch für die menschliche Arbeit. An die Seite der Wissenschaft von der Gestaltung, der Konstruktionslehre, tritt mit voller Gleichberechtigung die Wissenschaft der Fertigung, die Betriebswissenschaft, die mechanische und menschliche Arbeit durchforscht.

Das gesamte Schaffen innerhalb des Unternehmens wird durch die arbeitsverbindende Organisation zur Lebensbetätigung gebracht. Es liegt in der Natur der Arbeit als solcher, daß die Fertigung ausschlaggebenden Einfluß auf die Organisation und um-

Konstruktionslehre und Betriebswissenschaft.

---

[1]) Die folgenden Ausführungen entstammen großenteils einem vom Direktor des Vereins deutscher Ingenieure, W. Hellmich, der Arbeitsgemeinschaft der industriellen und gewerblichen Arbeitgeber und Arbeitnehmer Deutschlands erstatteten Gutachten, das unter dem Titel: „Was will Taylor?" vom Verein veröffentlicht worden ist.

gekehrt ausübt. Die Betriebswissenschaft erfaßt daher neben den arbeitsteilenden Funktionen auch die zusammenfassenden, die organisatorischen.

Es ist eine selbstverständliche Forderung des werktätigen Lebens, die Vorgänge innerhalb eines Betätigungsfeldes festzuhalten, zum Bewußtsein und zur Kritik zu bringen. Im industriellen Organismus erleiden die eingebrachten Güter eine dauernde Umwandlung und verlassen den Betrieb mit dem Mehrwert der geistigen und körperlichen Arbeit versehen. Die Niederschrift muß diesen Umwandlungsvorgängen laufend folgen. Diese Niederschrift in ·exakten Zahlen, das **Abrechnungswesen**, ist demnach ein organischer Bestandteil des industriellen Geschehens; es ist das Gewissen des Betriebes, das über die Verwaltung der ihm überantworteten wirtschaftlichen Güter in nicht anzuzweifelndem Nachweis wacht: das wirtschaftliche Manometer. Es ist daher unlogisch, widersinnig und nur aus der geschichtlichen Entwicklung verständlich, das Abrechnungswesen als einen Fremdkörper zu behandeln, es in die überkommenen Formen des Warenhandels zwingen und in ihm eine „kaufmännische" Betätigung sehen zu wollen. Der Wärmetechniker holt sich für seine Wärmebilanzen auch nicht den Kaufmann mit den diesem eignen Begriffen heran. Das Abrechnungswesen ist der logische Abschluß industrieller Betätigung im Sinne der innerbetrieblichen Güterumwandlung.

Betriebsrechnung. Die Betriebsabrechnung hat zum Zweck die Ermittlung der tatsächlichen Selbstkosten, die die Erfüllung eines Auftrags verursacht Zu diesem Zweck werden festgestellt:

1. die auf den Auftrag entfallenden Löhne,
2. die für seine Erfüllung verbrauchten Materialien,
3. die durch ihn darüber hinaus erwachsenen allgemeinen Unkosten.

Die Summe der Löhne ergibt sich aus der Zusammenstellung der ausgefüllten Lohnkarten im Lohnbüro, die der Materialkosten aus der Zusammenstellung der Materialkosten im Lager; beide Sorten von Karten werden mit einer Ordnungsnummer (der „Auftrags-", „Bestell-" oder „Kommissionsnummer") versehen, damit man sie dort entsprechend sortieren kann. Die Schwierigkeit besteht nun in der Ausrechnung der auf den Auftrag entfallenden **allgemeinen Unkosten**. Vielfach herrscht noch in Deutschland das zwar sehr einfache, aber durchaus unzureichende System, daß der Gesamtjahresumsatz des Werks um die gesamten im Jahr gezahlten Löhne und die gesamten (auf die einzelnen Aufträge verbuchten) Materialien vermindert und die Differenz dann als „die allgemeinen Unkosten" bezeichnet wird; sie wird in ein prozentisches Verhältnis zur Summe der Löhne gebracht, und dieses als „Unkostenzuschlag" bezeichnet. Es wird dann der Voranschlag darüber, was die Erfüllung eines neuen Auftrags kosten mag, häufig nur nach dem Gefühl, nach dem Vergleich des vermutlichen Gewichts der bestellten Maschine mit dem einer bereits ausgeführten, oder nach ähnlichen Faustregeln roh geschätzt. Nach Erledigung des Auftrags gibt sich dann der Fabrikant mit einer rohen Nachprüfung zufrieden, ob Löhne plus Material plus Unkostenzuschlag mit dem Voranschlag einigermaßen stimmen.

Dies noch vielfach übliche Verfahren hat eine große Reihe schwerster Nachteile. Die rationell hergestellten Stücke werden mit dem gleichen Unkostenzuschlag belastet, wie die unrationell hergestellten. Die Gründe mangelnder Wettbewerbsfähigkeit werden in zu hohen Löhnen gesucht, statt in falschen Unkostenzuschlägen erkannt zu werden. Bei den heutigen Lohn- und Preisschwankungen versagt das Verfahren und begünstigt unsolides Geschäftsgebahren nach außen und innen. Die Preisstellung, die auf der Selbstkostenschätzung beruht, ist unsicher, kann leicht zu Verlusten führen usw.

Diesem Zustand kann nur abgeholfen werden durch planmäßige Verbuchung auch der allgemeinen Unkosten auf die einzelnen Aufträge nach wissenschaftlichen Grundsätzen, — durch sorgsame Zerlegung der Arbeitsvorgänge in ihre Elemente (Vorbereitungszeit, Ausführungszeit, Transportzeit usw.) und Benutzung dieser Ergebnisse für den Voranschlag, der dadurch zur Vorkalkulation wird, — und schließlich durch ständige Kontrolle der Vorkalkulation durch die Zusammenstellung der tatsächlich verbrauchten Kostenbestandteile (Nachkalkulation), damit die Vorkalkulation immer verfeinerter, immer treffsicherer wird.

Die betriebswissenschaftlichen Verfahren, die diese Zerlegung in Zeit- und Kostenelemente und ihre richtige Zusammenfügung mit dem geringstmöglichen Aufwand an Menschen und Arbeit (Prinzip der Wirtschaftlichkeit!) gestatten, sind mannigfach. Es würde hier zu weit führen, darauf einzugehen. Auch ist es Sache des Hochschulunterrichts, nicht der Praktikantentätigkeit, diese Kenntnisse zu vermitteln. Betont sei lediglich, daß, abgesehen von den großen geldlichen Vorteilen, nur auf diesem Wege die Klarheit und Durchsichtigkeit in die wirtschaftlichen Vorgänge in den Werken gebracht werden kann, die zur richtigen Abgrenzung der Verantwortlichkeiten und Verdienste, und damit zum Arbeitsfrieden Voraussetzung ist.

Taylor sieht in dem industriellen Unternehmen einen lebenden Organismus, begabt mit dem Willen, mit den aufgewendeten Mitteln das Vollkommene — nicht das Meiste — zu leisten. Der Organismus bleibt nur so lange gesund, wie seine einzelnen Teile gesund

Taylors Grundgedanken.

bleiben, sich wohl und zufrieden fühlen. Die unerläßliche Voraussetzung hierfür sieht er in der harmonischen Zusammenarbeit zwischen Arbeitgeber und Arbeitnehmer. Beide müssen „an einem Strange ziehen". Er kennt keine Vorzugstellung des einen vor dem andern; der Arbeitgeber muß sich dem Lebensgrundgesetz des Unternehmens ebenso unterstellen wie der Arbeitnehmer.

In folgerichtiger Anwendung der dem industriellen Organismus zugrunde liegenden Gesetze stellt Taylor folgende Forderung:

Die Verantwortung für die Ausführung der Arbeiten muß so geteilt werden, daß die Verwaltung alle Vorarbeiten besorgt, die den Arbeiter entlasten, und ihm die besten, durch technische Wissenschaft und Erfahrung zur Zeit bekannten Arbeitsverfahren angibt. Der Arbeiter muß hiervon bestmöglichen Gebrauch machen und die Einhaltung der erzielbaren Zeitersparnisse unterstützen. Die Tagesleistung, die vom Arbeiter auf die Dauer ohne gesundheitliche Schädigung erwartet werden kann, ist durch gewissenhafte Untersuchung festzustellen.

Zur Durchführung seiner Grundsätze gibt Taylor mit besonderer Berücksichtigung von Werkstattbetrieben folgende Wege an:

1. Die Auswahl der Arbeiter nach ihrer Eignung für die eine oder andere Tätigkeit, ferner ihre Aus- und Weiterbildung erfolgt systematisch.

2. Jede Werkstattbestellung wird vor der Ausführung in Teilarbeiten zerlegt, und für jede Teilarbeit werden die günstigsten Erzeugungsbedingungen festgestellt.

3. Diese „Arbeitszerlegung und -anweisung" geschieht in einer besonderen Werkabteilung (Arbeitsverteilungsbüro) durch darin vorgebildete Beamte. Das Arbeitsverteilungsbüro hat auch die Lieferzeiten und Löhne festzustellen.

4. Die Verantwortung für die Ausführung der Arbeit nach dem im einzelnen festgelegten günstigsten Plane wird auf mehrere „Funktionsmeister" verteilt, von denen ein jeder nur einen bestimmten Teil der früher einem Meister zufallenden vielfachen Funktionen ausübt.

5. Das Lohnsystem muß derart sein, daß es als gerecht empfunden wird und den Arbeiter an der Benutzung aller zeitsparenden Einrichtungen interessiert, ohne ihn zu einer gesundheitschädigenden Anspannung seiner Kräfte zu verleiten.

Durch diese Mittel soll die Zahlung guter Löhne bei gleichzeitiger Minderung der Herstellungspreise, erhöhter Zuverlässigkeit der Lieferzeitangaben und der Grundlagen für die Selbstkostenberechnung ermöglicht werden.

Zu dem Grundsatze, alle, besonders aber oft wiederholte Arbeiten einmal vor der Ausführung in ihre kleinsten Elemente zu zerlegen und diese unabhängig von Gewohnheit und Überlieferung auf möglichste Ersparnis an Zeit und Kraft zu untersuchen, wurde Taylor durch das überraschende Ergebnis seiner eigenen Beobachtung an Schaufel- und Erzverladearbeitern geführt. Hierbei gelang es ihm, auf Grund genauer Zeit- und Bewegungsstudien, Erprobung der nach Form und Größe bestgeeigneten Hilfsgeräte und Ermittlung der günstigsten Dauerleistung das Tagewerk für einen Arbeiter auf ein Mehrfaches des vorher Festgestellten zu steigern. Es konnte daher bei Einhaltung der günstigsten Arbeitsweise ein beträchtlich höherer Lohn als vorher gezahlt werden, während gleichzeitig die Gestehungskosten für das Arbeitsstück stark verringert wurden; dies alles nicht als Folge erhöhter Anstrengung des Arbeiters, sondern zweckmäßigster Gestaltung des Arbeitsvorganges. Erwähnenswert sind auch die vorbildlichen Untersuchungen der Maurerarbeit von Frank B. Gilbreth. Es ist selbstverständlich, daß die erforderlichen Arbeiten, besonders in großen und vielseitigen Betrieben, ein außerordentliches Maß von Mühe, Zeit und Sorgfalt erfordern, da sie sich auf eine zwangläufig arbeitende Gesamtorganisation, konstruktive Normung, zweckmäßigsten Aufbau der Werkstatteinrichtungen und günstigste Betriebsweise der Maschinen sowie auf alle Einzelheiten der Ausführung der Arbeit zu erstrecken haben. Die vielfach angefeindete Benutzung der Uhr zur Ermittlung der zweckmäßigsten, zeit- und kraftsparenden Arbeitsweisen wird besonders bei Massenfertigung kaum zu vermeiden sein; sie kann für den Arbeiter keine Herabsetzung bedeuten, wenn zwischen ihm und der Leitung vollkommene Klarheit darüber besteht, in welchem Sinne die Ergebnisse angewendet werden, und daß bei Berechnung der Stückzeiten aus den Einzelelementen ausreichende Zuschläge vorzusehen sind.

Hier liegt also eine Aufgabe vor, die in die dem Betriebsrat vom Gesetze zugedachten Funktionen ganz besonders gut paßt.

Die Beamten des Arbeitsverteilungsbüros, bei dem jede Bestellung vor der Ausgabe an die Werkstatt durchläuft, haben folgende Aufgaben zu erfüllen:

a) Festlegen der einzelnen Arbeitsvorgänge, ihrer Reihenfolge in den Werkstätten und innerhalb dieser an den einzelnen Maschinen; Bereitstellung des Rohstoffes der Vorrichtungen und Werkzeuge derart, daß vermeidbare Wartezeit und unnötige Wege für den Arbeiter vermieden werden. Beobachtung der Belastung der Werkstätten und Maschinen durch

5*

die einzelnen Werkstücke (Übersichtstafeln) und Ermittlung der Liefertermine.

b) Bestimmung der für die Teilarbeiten günstigsten Maschineneinstellung (Schnittgeschwindigkeit, Vorschub usw.) und der daraus sich ergebenden Bearbeitungszeiten. Um aus diesen und den Nebenzeiten für Werkzeugwechsel, Messen usw sowie erforderlichen Zuschlägen die Gesamtstückzeit als Unterlage der Selbstkostenberechnung zu bestimmen, muß das Arbeitsbüro von den Abmessungen aller Maschinen, ihren Einstellungsmöglichkeiten und dem Ergebnis der gesammelten Zeitstudien usw. Kenntnis haben. Das Arbeitsverteilungsbüro hat auch den täglichen Eingang der Arbeitskarten für die Lohnberechnung zu überwachen.

c) Prüfung von Beschwerden seitens der Werkstatt, Abstellung von Mängeln.

Die zahlreichen Funktionen, die früher einem Meister oblagen, werden, soweit sie nicht auf das Arbeitsbüro übergegangen sind, auf mehrere im Range gleichstehende Meister verteilt; deren Arbeitsgebiet ist also nicht mehr ein örtlich begrenzter Bezirk, sondern eine bestimmte Aufsichtsfunktion für die gesamte Werkstatt. Für Metallbearbeitungswerkstätten kommen z. B. in Frage:

ein Instandhaltungsmeister für Reinhaltung, Schmierung, Instandsetzung, Beobachtung der Riementriebe, Unfallverhütung;

ein Vorrichtmeister für die Verteilung und Anordnung der Arbeiten, rechtzeitige Beschaffung von Rohstoffen, Vorrichtungen, Hilfsmitteln, Unterweisung der Arbeiter;

ein Maschinen-Geschwindigkeitsmeister für Einhaltung der jeweilig vorgeschriebenen günstigsten Maschineneinstellung, Sorge für richtigen Zustand der Werkzeuge;

ein Prüfmeister für die Überwachung der Güte der Arbeit, Einhaltung der vorgeschriebenen Maße.

Je nach Eigenart und Größe des Betriebes wird die Meistertätigkeit mehr oder weniger weit zu unterteilen sein.

Grundsätzlich ist auszusprechen, daß die Anwendung der Taylorschen Grundsätze wissenschaftlicher Betriebsführung nicht an ein bestimmtes Lohnsystem gebunden ist. Jedes Lohnsystem, bei dem auch der Arbeiter an der Mehrleistung den gebührenden Anteil erhält, ist für die Durchführung der Taylorschen Vorschläge geeignet.

Hier sei ein kurzer Überblick über einige der gebräuchlicheren Lohnsysteme eingeschaltet, der keinen Anspruch auf Vollständigkeit macht. Er ist für den Praktikanten nicht minder wichtig, wie ein gewisser Anhalt für die Preise der Rohstoffe, denn die Erzeugungskosten sind und bleiben der Maßstab für den Erfolg des Ingenieurs. Die Beobachtung der Barzahlungen und die Abschätzung von Arbeitswert in Mark und Pfennig ist ebenso unerläßlich wie schwierig. Eine rein durch Fragen in der besonderen Fabrik erzielte Belehrung ist noch nicht zureichend, weil die Vergleichsmaßstäbe gegenüber anderen Werken fehlen.

Die einfachste Lohnform ist der **Stundenlohn**. Der Arbeiter erhält pro Stunde einen bestimmten Satz, gleichgültig, wieviel Arbeit er fertigbringt.

Vorteile für den Arbeiter: Er hat ein festes Gehalt. Enttäuschung ist ausgeschlossen. Er kann sich Zeit lassen, gemütlich arbeiten und überanstrengt sich nicht. Er kann seinen Lohn leicht berechnen.

Nachteile für den Arbeiter: Der faule bekommt ebensoviel wie der fleißige.

Vorteile für den Unternehmer: Einfachste Lohnberechnung. Die Vorteile fleißiger oder intelligenter und geschickter Arbeiter fallen ihm ungeschmälert zu.

Nachteile für den Unternehmer: Der Arbeiter tut schlimmstenfalls gerade so viel, daß er nicht an die Luft gesetzt wird, bestenfalls so viel, wie er bei bequemem Arbeiten gerade fertigbringt, keinesfalls gibt er die volle Leistungsfähigkeit. Da Steigerung der Leistung dem Arbeiter nicht zugute kommt, ruht das Bestreben, mit gleichem Aufwand schneller und mehr zu schaffen. Der Arbeiter sinnt nicht auf Verbesserung der Arbeitsweisen.

Diese Lohnform ist üblich und herrschend für alle solche Arbeiten, deren Effekt nicht ohne weiteres zu messen ist, die nicht stückweis bezahlt werden können und bei denen die gelieferte Arbeitsmenge nicht von dem Arbeiter abhängt.

In allen anderen Fällen herrschte in Deutschland vor der Revolution in überwiegendem Maße das **Akkordlohnsystem**. Der Umsturz beseitigte diese Lohnform vorübergehend fast vollständig. Erst allmählich beginnt sie sich wieder einzubürgern.

Beim Akkordlohn wird die Arbeit pro Stück bezahlt.

Vorteile für den Arbeiter: Der Fleißige, Geschickte und Intelligente verdient mehr als der Faule, Ungeschickte und Dumme. Die Erhöhung des Einkommens ist theoretisch ganz in seiner Hand. Er kann seinen Lohn leicht berechnen. Er beginnt nachzudenken, wie er bei gleichem Arbeitsaufwand mehr hervorbringen kann: die Arbeit wirkt anregender.

Nachteile für den Arbeiter: Das Gehalt ist Schwankungen ausgesetzt, je nach der Art der Arbeit, die gerade vorliegt. Er ist in

Versuchung, sich zu überanstrengen: „Akkordarbeit — Mordarbeit“. Er darf seine Leistung nicht über eine gewisse Höhe steigern, sonst „verdient er dem Unternehmer zuviel“ und sein Akkordsatz wird herabgesetzt. Folglich erlebt er häufig Enttäuschungen. Allerdings kann dieser Nachteil heute durch Festsetzung der Stücklöhne im Einvernehmen zwischen Betriebsrat und Betriebsleitung bis zu einem hohen Grade ausgeglichen werden.

Vorteile für den Unternehmer: Die Leistung des Arbeiters steigt, die Zahl der Arbeiter sinkt. Die Arbeiter finden bessere Arbeitsmethoden heraus: die Erzeugung des Werks wächst ohne Steigerung der Betriebskosten. Menschen und Maschinen werden voll nutzbar gemacht. Einfache Lohnberechnung.

Nachteile für den Unternehmer: Von der gesteigerten Leistung hat er nur mittelbaren Vorteil, da der Lohnzuschlag pro Stück konstant ist. Herabsetzung des Akkordsatzes, wozu die Konkurrenz und eventuell Wertzunahme des Geldes zwingen, ist nur möglich unter Gefährdung des Friedens im Werk. Die Maschinen und Werkzeuge sind ständig in Gefahr, überanstrengt und schnell abgenutzt zu werden.

Prämien-
lohnsystem. Ein System, das den Anforderungen der arbeitsparenden Betriebsführung besser entspricht und das geeignet ist, die Nachteile des Akkordsystems zu verringern, die Vorteile zu mehren, ist das Prämiensystem. Es tritt in mehreren Formen auf. Der Grundgedanke ist folgender:

Für jedes Stück Arbeit wird eine „Grundzeit“ und ein „Grundlohn“ festgesetzt. Der Höchstbetrag, der dafür bezahlt wird, ist das Produkt aus Grundzeit und Grundlohn. Die Grundzeit wird praktisch recht reichlich bemessen. Arbeitet der Arbeiter länger daran, als die Grundzeit, so erhält er doch nicht mehr an Gesamtlohn. Aber schafft er's in geringerer Zeit, so bekommt er für die verbrauchte Zeit den Grundlohn, für die ersparte einen Bruchteil (üblich $^1/_2$ bis $^1/_3$) des Grundlohns. Sein stündliches Einkommen also steigt.

Beispiel: Für eine Arbeit ist festgesetzt: Grundzeit 10 Stunden, Grundlohn: 5 M., Prämiensatz $^1/_2$. Demnach wird höchstens für die Arbeit bezahlt: $10 \times 5 = 50$ M. Also verdient der Arbeiter bei 15 Stunden gebrauchter Zeit 50 M.: $15 = 3{,}33$ M. pro Stunde, bei 10 Stunden gebrauchter Zeit: $50 : 10 = 5$ M. pro Stunde. Aber wenn er die Arbeit schon in 6 Stunden fertigstellt, beträgt sein Gesamtlohn für das Stück $6 \times 5 = 30$ M. und als Prämie dazu: $(10 - 6) \cdot 5 \cdot ^1/_2 = 4 \cdot 2{,}5 = 10$ M. Also insgesamt 40 M. Einnahme; stündliches Einkommen demnach: $40 : 6 = 6{,}67$ M.

Vorteile für den Arbeiter: Sämtliche Vorteile des Akkordsystems. Außerdem noch gegenüber dem Akkordsystem die Voraussicht, wenigstens im allgemeinen keine Herabsetzung der Bedingungen befürchten zu müssen; denn wenn einerseits das Unternehmen, mit der Konkurrenz mitgehend, auf immer geringeren Gesamtlohn pro Stück gehen muß, so sinkt dieser ja auch gleichzeitig dem System zufolge mit der zunehmenden Schnelligkeit der Arbeitserledigung. Diese aber erzeugt für den Arbeiter dennoch pro Stunde eine Zunahme des Einkommens. Bei geschickter Festlegung von Prämiensatz und Grundzeit kommen beide Parteien ständig auf ihre Rechnung, ohne daß Grundlohn und Grundzeit herabgesetzt werden müßte. Bei einheitlichem Grundlohn und einheitlichem Prämiensatz für die ganze Werkstatt oder einen Tarifvertrag wird bei völliger Wahrung der Gleichheit der Bedingungen doch dem Fleiß, der Geschicklichkeit und Intelligenz die nötige Belohnung zuteil; gleichzeitig ist dadurch das Einkommen des einzelnen weniger starken Schwankungen unterworfen.

Nachteile für den Arbeiter: Das System ist etwas verwickelt, der Lohn also weniger leicht zu berechnen. Für die intelligenteren Arbeiter kommt dieser Nachteil weniger in Betracht. Der Arbeiter erhält (als Entgelt für die bessere Regelung seines Einkommens) nicht mehr den ganzen Gewinn der ersparten Zeit ausgezahlt.

Vorteile für den Unternehmer: Die Vorteile des Akkordsystems bis auf die Einfachheit der Lohnberechnung. Ferner Vermeidung der Reibungen mit der Arbeiterschaft, Erhöhung des Vertrauens: „er verspricht weniger als beim Akkordsystem, aber er kann es halten".

Nachteile für den Unternehmer: Die umständlichere Lohnberechnung, die im Lohnbüro die Anstellung eines oder mehrerer Beamten mehr erfordert und Irrtümer wahrscheinlicher macht.

Die scheinbare Kompliziertheit des Systems ist der hauptsächliche Hemmschuh für seine allgemeinere Einführung. In Amerika mit seinem intelligenten Arbeiterstamm ist es bereits das bevorzugte System und seine Einführung häufig das Ergebnis des Friedensschlusses nach Streik oder Aussperrung. Die Erfahrungen, die damit gemacht wurden, sind durchweg vorzügliche.

Übrigens kann dieses Prämienlohnsystem sehr elastisch abgestuft werden. Einer seiner Hauptvorteile ist, daß es die feinen Schattierungen, die sich häufig bei Verhandlungen zwischen Arbeitnehmer- und Arbeitgebervertretern als wünschenswert ergeben, besser zu berücksichtigen gestattet, als irgendein anderes, beispielsweise durch Festlegung des Prämiensatzes und Mindestlohnes, aber unter Vorbehalt der Einigung im einzelnen über Grundlohn und -zeit.

Die Form des Lohntarifs, auf der sich seit dem Umsturz in Deutschland die Entlohnung aufbaut, steht also durchaus nicht im

Widerspruch mit dem „Taylorsystem". Übrigens gibt es gar kein „Taylorsystem". Ein System wäre viel zu eng für die Weite der Taylorschen Auffassungen.

Taylor verlor bei seinen Teiluntersuchungen nie den Blick für den organischen Zusammenhang des Ganzen. Die Auffassung, daß es in seiner Absicht lag, das quellende Leben industrieller Organismen in ein System zu pressen, steht im schärfsten Widerspruch zu seiner ganzen Denkweise. Er teilt das Schicksal aller großen Denker, daß die Ausdrucksmittel fehlen, um inneres Erleben der Nachwelt zu überliefern. Man klammert sich an Worte, an zufällige Untersuchungen, die auf dem Wege der Gedankenarbeit des Meisters lagen, und macht sich Schablonen zurecht, die kaum noch den Hauch des schöpferischen Geistes tragen. Taylor lehrt systematisches Denken; die Nachwelt macht daraus ein System von mechanischen Mitteln, die mehr oder weniger rein äußerlich dem gerade vorliegenden Fall angepaßt werden. Das Schlagwort „Taylorsystem" ist nichts weniger als ein einfacher Übersetzungsfehler, gegen den sich die wahren Kenner seiner Arbeiten mit allem Nachdruck wehren. Man wird dem Taylorschen Denken viel eher gerecht, wenn man von „arbeitsparendem Leiten"; analog den „arbeitsparenden Maschinen" spricht. Auch „wissenschaftliche Betriebsführung" ist nicht erschöpfend. Zu dem Wissen muß auch hier, wie stets in der Technik, das Können treten, ein Können, das von einer wissenschaftlich erzogenen Denkweise, aber auch von einer gesunden sozialen Empfindung, einem hochentwickelten sozialen Verantwortungsgefühl getragen wird. Letzten Endes ist Taylorismus eine Weltanschauung, deren Wertung subjektivem Ermessen überlassen bleiben mag. Auch wer in ihm nur Zweckmäßigkeitsformen sieht, wird nicht bestreiten können, daß zweckbegabte und zweckerfüllende Maßnahmen in ihrem logischen und daher harmonischen Zusammenhang ungeordneten, undurchdachten und daher energieverschlingenden Zufälligkeiten vorzuziehen sind. Der Unterschied liegt schließlich nur in der mechanischen, ethischen oder religiösen Auffassung von der Verantwortung für die Verwendung der uns übergebenen Energien.

Im tiefsten Kern sind die Taylorschen Gedanken das Lebensgesetz jedes höheren Lebewesens:

Um die angestrebte Energieumwandlung, auf der jeder Lebensvorgang beruht, so zweckmäßig als möglich herbeizuführen, wird jedem Teil des Organismus diejenige Aufgabe zugewiesen, die er am besten erfüllen kann — Arbeitsteilung. Die in gesonderter Tätigkeit arbeitenden Organteile werden durch den den ganzen Organismus durchströmenden Lebenswillen zu gemeinsamer Betätigung organisch zusammengefaßt — Arbeitsvereinigung. Diese

Auffassung schützt die einzelnen Glieder, im vorliegenden Falle Arbeitgeber und Arbeitnehmer — nebenbei einseitige und daher unrichtige Bezeichnungen, auf die zahlreiche Begriffsverwirrungen und ungerechte Wertung der verschiedenen „Betriebsfunktionäre" zurückzuführen sind — vor eigener Überschätzung und gegenseitiger Unterschätzung.

Schon aus diesem Gedankengang heraus, der von Taylor zwar nicht unmittelbar ausgesprochen, aber bei ihm doch unverkennbar festzustellen ist, muß der Vorwurf, daß Taylors Gedanken, „die berüchtigte Arbeitsquetsche", zum Raubbau menschlicher Arbeitskräfte führen müssen, zurückgewiesen werden.

Gerade Taylor hat aber unendliche Mühe aufgewendet, um die Mittel zu finden, die geeignet sind, Mehrleistungen ohne Überanstrengen zu erzielen. Die Menschheit kann sich der Forderung des Schnellbetriebes nach Lage der Entwicklung nur in beschränktem Maße entziehen; hiermit ist also gemäß einer gegebenen Notwendigkeit zu rechnen. Taylors Bestreben ging dahin, dieser Forderung nicht nur hinsichtlich der Maschinen und Werkzeuge, sondern auch hinsichtlich der menschlichen Arbeitskräfte in einer der gesunden normalen Beanspruchung entsprechenden Weise zu genügen. Es ist schlechterdings der einzig mögliche Ausweg, um den „Menschen" vor den schädlichen Folgen einer zivilisatorischen Entwicklung zu schützen, die nur bis zu einem gewissen Grade mit menschlichen Mitteln zu beeinflussen, letzten Endes aber unvermeidlich ist.

Das Durchforschen der menschlichen Arbeit geht nach zwei Richtungen: die zweckmäßige Gestaltung der geistigen Betätigung — Arbeitspsychologie — und der körperlichen Betätigung — Arbeitsphysiologie —. Die in dieses Gebiet fallenden Arbeiten von Taylor und Gilbreth, die Zeit- und Bewegungsstudien, sind besonders heftig angegriffen und aus dem Zusammenhang gerissen als Kennzeichen des „Taylorsystems" bezeichnet worden. Und doch hat Taylor nichts anderes getan, als dem Mittel nachzugehen, das der Mensch unbewußt seit langem angewendet hat, um der sinnverwirrenden Vielheit der äußeren Welt, der er mit unzulänglichem Vermögen gegenübersteht, Herr zu werden. Wir bannen Vorstellungsvielheiten in feste Begriffe — Wort, Schrift, Zahl —, um sie dem Denkvermögen unseres Hirns zugänglich zu machen; wir gewöhnen uns für stets wiederkehrende primitive Bedürfnisse — Gehen, Anziehen. — die am wenigsten Aufwand erfordernden Bewegungen an und bringen sie unter unsere Bewußtseinsschwelle, damit der Geist freibleibt für die Überwindung anderer Einflüsse und Eindrücke. Die „nutzbringenden Gewohnheiten" des täglichen Lebens sind zahllos. Sie sind indessen bislang nur auf wenigen Gebieten — Sport, Handfertigkeit — uns bewußt geworden, durchdacht, noch weniger systematisch oder wissenschaftlich durchforscht.

Was der Mensch im Laufe seiner Entwicklung — übrigens wie jedes andere Lebewesen, nur in gesteigertem Maße — wenig bewußt und durchdacht in den einfachsten Verrichtungen getan hat, um Körper und Hirn zu entlasten und für höhere Leistungen zu befähigen, hat Taylor bewußt auf die berufliche Arbeit übertragen. Die Legende von der Verödung der Persönlichkeit durch die mechanische Abbürdung körperlicher Arbeit ist längst widerlegt, sie findet bei den Widersachern gegen Taylors Gedanken ihre Fortsetzung. Gerade dadurch, daß die Ermüdung verringert und die mechanischen Griffe ins Unterbewußtsein verlegt werden, wird dem Bewußtsein selbst eine höhere Erlebensmöglichkeit geschaffen. Je mehr es gelingt, den Menschen vom Lasttier zu entfernen, ihn zum Herrn der in zweckmäßigste Bewegung gebrachten Naturkraft zu machen, wird das Dasein für ihn menschenwürdiger — eine alte Schulweisheit. Nur dürfen wir um's Himmels willen nicht vergessen, daß zum menschenwürdigen Dasein vor allem seelische Atmungsfreiheit gehört, und daß die tiefste seelische Freude aus dem Schaffen, der Arbeit quillt. Die mit der Revolution aufgetretene Arbeitsunlust lediglich der Verhetzung zuzuschreiben, ist naheliegend, aber wenig tiefgründig. Gewissenlose Verhetzung, enttäuschte Hoffnungen, die Rückwirkung körperlicher und seelischer Überanstrengungen haben sicherlich diese Erscheinung zum großen Teil veranlaßt. Der tiefste Grund aber liegt darin, daß die Mehrzahl der Arbeiter die persönliche Anteilnahme an der Arbeit verloren haben, nicht nur, weil sie glauben, die durch ihre Arbeit geschaffenen Werte kommen ihnen nicht zur Genüge, dem Unternehmer und Kapitalisten über Gebühr zugute, sondern weil sie keine seelischen Beziehungen mehr zur Arbeit haben und die Freude am Schaffen verloren ging. Es nützt nichts, dem Verstande zu beweisen, daß der einzelne wenig gewinnt, wenn das Kapital verdienstlos ausgeht: der Arbeiter unserer Kulturstufe will von der Arbeit mehr als Pflicht und Lohn. Erst wenn er einsieht, daß die Mechanisierung der Arbeit bis zu einem gewissen Grade unvermeidlich ist, um unserem Volk in allen Schichten eine erträgliche Lebenshaltung zu ermöglichen, dem Hunger und der Not zu steuern, daß die Arbeit nur mechanisiert wird, um ihn zu entlasten, wird Arbeitslust und Arbeitsfreude wieder einkehren. Es ist müßig, darüber zu streiten, ob Taylor nur dem Erwerb, dem Geldmachen dienen wollte. Ausschlaggebend ist, in welchem Geiste w i r seine Vorschläge anwenden.

Verstand und Seele des Arbeiters haben an dem Gegenständlichen heute in weitem Umfange keinen Anteil mehr, die Form des

Werkstückes ist im voraus festgelegt. Hüten wir uns, den Geist nun auch aus dem Arbeitsvorgang über das unbedingt Notwendige hinaus zu vertreiben und den Schlagwörtern „Arbeitssklaven, Lohnsklaven" dauernd innere Berechtigung zu verleihen. Dort, wo die harte Notwendigkeit die Schöpferfreude einengt, muß das innere Erleben in anderen Ausgleichen Ersatz finden.

Gewissenlos handelt, wer Taylor verwirft, ohne zu prüfen, was er uns Gutes bringen kann; gewissenlos handelt, wer mit Taylor zu eigenem Nutzen Mißbrauch treibt.

Die Gefahren bei der Anwendung Taylorscher Mittel wachsen in dem Maße, in dem sich der Anwendende von dem Geiste aufrichtiger Menschlichkeit entfernt.

Es spricht für Taylors klares Denken, daß vieles, ja das Meiste von dem, was er ausgesprochen hat, selbstverständlich ist. „Ich kann nicht anerkennen, daß ein neues Element in der Kunst der Betriebsleitung entdeckt worden ist ..." „Es haben keine neuen Entdeckungen in den wissenschaftlichen Betriebsführungen industrieller Unternehmungen stattgefunden. Leute mit gesundem Menschenverstand haben zu allen Zeiten von gesundem Menschenverstand eingegebene Verfahren angewandt ...". So und ähnlich lauten einige der gutachtlichen Äußerungen, die auf eine Umfrage in Amerika einliefen. Nur wird hierbei übersehen, daß gesunder Menschenverstand eine seltene Gabe ist, daß es ihm sehr schwer gemacht wird, sich durchzusetzen. Es ist vielleicht die schwerste Aufgabe, das Einfachste herauszufinden, systematisch zu gliedern, es in methodische Denkformen zu bringen. Auch für Deutschland brachten Taylors Schriften in vielen Dingen nichts Neues. Auch hier gab es längst vor Taylor einsichtige Betriebsleiter, die mit Erfolg bemüht waren, die Arbeitsvorgänge zu zerlegen, für jeden Arbeitsvorgang die günstigsten Ausführungen, die geeignetsten Werkzeuge und Maschinen zu finden und hierfür genaue Anweisungen festzulegen. Dort, wo Massenfertigung vorlag, war ein solches Vorgehen für den vorgeschrittenen Betriebsleiter selbstverständlich. Diese Fertigungsart, bei der die einzelnen Arbeitsverrichtungen immer wiederkehren, ist auch für die Anwendung der Taylorschen Vorschläge in ihrem vollen Umfange am geeignetsten. In der geschickten Arbeitsvorbereitung liegt bei der Massenfertigung zum Teil das Geheimnis des wirtschaftlichen Erfolges. Je seltener die Arbeiten sich wiederholen, je häufiger der Wechsel für die Arbeitsbedingungen bei jeder Verrichtung ist, desto weniger wird sich die Arbeitsuntersuchung lohnen. Die Reihenfertigung wird daher nur in beschränktem Maße, die Einzelfertigung fast gar nicht Gegenstand einer bis ins einzelne getroffenen Arbeitsvorbereitung sein. Erst wenn es gelungen ist, jede

Arbeitsverrichtung für die Kalkulation so weit zu zergliedern, daß man Elemente findet, die bei allen Verrichtungen häufig oder stets wiederkehren, oder wenn diese Elemente hinsichtlich günstigster Ausführung erkannt und zeitlich bestimmt sind, wird die Reihen- und schließlich auch die Einzelfertigung „getaylort" werden können. Hier steht die Forschung aber noch ganz am Anfang; ob sie überhaupt in absehbarer Zeit brauchbare Ergebnisse bringen wird, ist fraglich. Vorläufig sollte man es sich angelegen sein lassen, die Taylorschen Gedanken für die Reihen- und Einzelfertigung so weit durchzuführen, daß auch für Einzelarbeiten durchdachte Anweisungen vom Betriebsbüro gegeben werden. Für die Einzelfertigung ist grundsätzlich als Mindestmaß das Stücklistenprinzip, eine Vor- und Nachkalkulation, eine brauchbare Terminverfolgung, und in mittleren und größeren Betrieben, wenn auch nicht gerade ein Vorrichtungsbüro, so wenigstens ein kleineres Werkzeugbüro zu fordern; bei Reihenfertigung werden die beiden letzteren fast stets mit Vorteil einzuschalten sein. —

Diese Ausführungen sind hier in einiger Breite gegeben worden, um es dem Praktikanten zu ermöglichen, das Für und Wider verstehen zu lernen, das er zweifellos aus den Unterhaltungen zwischen denkenden Arbeitern über dieses Thema häufig heraushören wird. Letzten Endes kann es keinen Zweifel geben: nicht in einem System, heiße es nun Taylorsystem oder sonstwie, ist das Rezept zur Wiedererstarkung der deutschen Industrie enthalten, sondern in der gesunden Vernunft, die zwar in Taylor einen besonders glänzenden Vertreter und Vorkämpfer hatte, aber auch in Deutschland nicht ausgestorben ist, zumal letzten Endes die Not uns immer wieder auf den Weg der Vernunft treibt.

Abschnitt 8.

Einiges über das technische Zeichnen.

Vom ersten Tage an erkennt der Volontär die grundlegende Bedeutung der Zeichnung in der Fabrik. In jeder Werkstätte, auf jedem Arbeitsplatz liegen die großen Blätter bereit, um so und so viel Male am Tag um Rat befragt zu werden. Durch sie gewinnt der Ingenieur eine Art Allgegenwart. Sie stellen die sichtbare Herrschaft des Geistes hier im Reiche der Materie dar. Sie bilden den roten Faden, den die konstruierenden Köpfe durch der Hände Werk ziehen.

Naturgemäß ist von Anfang an das Interesse des Praktikanten Lesenlernen. für die Zeichnungen groß. Sie bergen den Schlüssel des Verständnisses für alles, was hier geschafft wird. Sie stellen vor allem sein späteres eigenes Arbeitsfeld dar. Aber das richtige Lesen dieser zeichnerischen Runen ist mit großen Schwierigkeiten verknüpft. Und abgesehen davon ist es fraglich, ob es überhaupt mit unter die Aufgabe des praktischen Jahres zu zählen ist, dem Praktikanten das volle Verständnis technischer Zeichnungen zu vermitteln. Der Praktikant muß entschieden vor dem Versuch gewarnt werden, allzu energisch in das tiefere Verständnis der Zeichnungen eindringen zu wollen. Natürlich ist zu fordern, daß er nach und nach so weit gelangt, daß er ein Stück Arbeit nach Zeichnung anfertigen kann; aber die ständige Versuchung, schon jetzt in den Geist der Konstruktionen einzudringen, dürfte den Blick von den rein praktischen Zwecken seines Aufenthaltes in der Fabrik allzusehr abzulenken. Mit anderen Worten: der Praktikant sollte die Zeichnungen mehr mit dem Auge des (bis zu gewissem Grade verständnislosen) Arbeiters ansehen, als mit dem des künftigen Ingenieurs, eben deshalb, damit er späterhin nicht der Fähigkeit ermangelt, zu ermessen, wie weit sich der einfache Arbeiter seine zeichnerischen Angaben vorzustellen und was er mit ihnen anzufangen vermag. Schon deshalb wäre es gänzlich unangebracht, in diesem Buche etwa von den Gesichtspunkten zu sprechen, aus denen heraus eine Zeichnung entsteht, und von den Bedingungen, die sie erfüllen soll. Denjenigen, welche sich in diese Frage vertiefen wollen, sei jedoch hier auf das allerwärmste die Lektüre des berühmten Buchs von Riedler: „Das Maschinenzeichnen" empfohlen, in dem der Gegenstand mit klassischer Klarheit, mit Nachdrücklichkeit und vor allem in anregendster Form behandelt wird. Dieses Buch schon vor dem Eintritt in das Studium zu lesen, ist sehr empfehlenswert. Nicht minder nützlich ist das Studium des Volkschen Buches über den gleichen Gegenstand, das den Vorzug hat, etwas weniger umfangreich zu sein.

In diesem Rahmen seien nur wenige Bemerkungen gemacht. Sie Zweck der Zeichnung. sollen das Verständnis einer technischen Zeichnung in dem oben begrenzten Umfang erleichtern.

Vor allem ist von vornherein eine falsche Vorstellung vom Wesen der technischen Werkstattzeichnung zu vermeiden: Die technische Werkzeichnung verfolgt nicht als Hauptzweck, die Abbildung des zu verfertigenden Gegenstandes zu geben. Wäre dies der Fall, so müßte ihre Manier der Photographie möglichst nahe gebracht werden. Diese Darstellungsweise ist die der Katalog- oder Offertzeichnungen, der Illustration, deren Zweck es ist, auch Nichtingenieuren mit einem Blick eine Vorstellung von dem angebotenen Gegenstand zu geben. Der Zweck der Werkzeichnungen ist ein ganz anderer; er soll die richtige Herstellung des gewollten Stückes nach Maß und die richtige Zusammenfügung der Einzelteile durch Fachleute ermöglichen. Nach dem obersten Gesetz des wirtschaftlichen Betriebes herrscht auch hier das Bestreben, diesen Zweck mit den einfachsten Mitteln zu erreichen.

Maße.   Behält man diese beiden Hauptgesichtspunkte vor allem im Auge, so ist der erste Schritt zum richtigen Verständnis der Werkstattzeichnungen damit getan. Es ist nun klar, warum der Blick auf den Werkzeichnungen vergebens nach plastischer Bildwirkung sucht. Der Zeichner beschränkt sich auf bloße Angabe der Umrisse und Kanten. Nur sie sind „maßgebend" im eigentlichsten Sinne des Worts, d. h. nur Kantenabstände sind ohne weiteres meßbar; haben alle Umrisse und Kanten die richtigen Längen und Abstände, so ist damit von selbst die richtige Gestalt des Körpers gewährleistet.

Projizieren.   Im allgemeinen ist die zeichnerische Beschreibung des Körpers nach diesem Grundsatz völlig erschöpft, d. h. der Körper lediglich durch seine Umrisse und Kanten eindeutig bestimmt, wenn die Abbildung von drei Standpunkten aus (entsprechend den drei Dimensionen) geschieht: genau von vorne, genau von der Seite und genau von oben. Infolgedessen enthält durchschnittlich jede Werkzeichnung von ein und demselben Teil drei Ansichten oder „Projektionen" in ganz bestimmter Lage zueinander. Im Gegensatz zu dem gewohnten Überblicken des Gegenstandes in einer Abbildung bedarf es also hier einer besonderen geistigen Arbeit: der Kombination dreier Abbildungen zu einer einzigen Raumvorstellung. Und die Voraussetzung, die das Erledigen dieser geistigen Arbeit ermöglicht, ist eine an sich nicht·lernbare, aber im höchsten Grade ausbildungsfähige Geistesgabe: das Raumvorstellungsvermögen.

Auf den ersten Blick scheint diese Darstellungsweise doch nicht die einfachste zu sein. Man bedenke aber nur, daß auf diese Weise jegliche perspektivischen Regeln entbehrlich werden, und vor allem, daß sich hierbei jedes Maß in seiner tatsächlichen Länge, nicht perspektivisch verzerrt, in der Abbildung ergibt, und man wird sofort begreifen, daß in der Tat dieses sogenannte „projektivische Zeichnen" das einzige technisch brauchbare ist.

Das Lesen der auf diese Weise entstandenen zeichnerischen Niederschrift, d. h. die richtige räumliche Zusammensetzung der drei Abbildungen, erfordert ein bestimmtes Mindestmaß ausgesprochenen Wissens. Wenn man das System, die Regel nicht kennt, nach welcher ein unbekannter Gegenstand zerlegt wurde, so kann man ihn zwar allenfalls durch Probieren wieder zusammensetzen.

Aber gerade je einfacher der Gegenstand, zu desto häufigeren Kombinationen lassen sich seine Teile vereinen. Welche Vereinigung die gewollte ist, das ergibt eindeutig nur die Kenntnis des Zerlegungsgesetzes. Die hier in Betracht kommenden Regeln sind zwar weder zahlreiche, noch schwer verständliche. Immerhin spricht oder versteht man eine Sprache noch lange nicht, wenn man ihre grammatischen Regeln kennt. Nur die Übung ihrer Anwendung führt zur Ausdrucksmöglichkeit und zum Verständnis.

Noch vor 20 bis 30 Jahren war eine eigene Ausbildung der Arbeiter für das Lesen der Zeichnungen durchschnittlich nicht unbedingt nötig. Die Werkstätten waren kleiner; die persönliche Berührung zwischen Arbeiter und Werkmeister, zwischen Werkmeister und Ingenieur war leicht durchführbar. So konnte der Vorgesetzte selbst dem zeichnerischen Analphabeten allmählich das Buchstabieren beibringen, dem mühsam buchstabierenden bei Auffindung des Sinns der Niederschrift helfen. Heute sind die Werkstätten vielhundertköpfig. Die Zeit wird von Jahr zu Jahr kostbarer. Von dem einzelnen Arbeiter, vom einzelnen Werkmeister muß immer weitergehende Selbständigkeit verlangt werden. Ein Erklären der Werkstattzeichnung im großen Ganzen ist selten, ein bis aufs einzelne Maß erstrecktes „Durchkauen" aber überhaupt nicht mehr möglich.

Die planmäßige Ausbildung im schnellen Verständnis der Werkzeichnung bildet daher heute für den „gelernten" Arbeiter einen Teil seiner Lehre. Nur noch ganz wenige Firmen, bei denen besondere Schwierigkeiten mitsprechen mögen, lassen daher die Ausbildung ihrer Lehrlinge lediglich in der Werkstatt erfolgen. Die Regel ist heute ein ergänzender, sozusagen wissenschaftlicher Unterricht. In besonders günstigen Fällen kann die Firma selbst ihren Lehrlingen diesen zuteil werden lassen. Meist ist auch hier die Arbeitsteilung eingetreten: die gemeindliche Fortbildungsschule kommt der Notwendigkeit entgegen. Wie bereits erwähnt, kann sogar ihr Besuch für Lehrlinge pflichtmäßig werden.

Die Zeichenkurse, die hier abgehalten werden, sind nun genau das, was der Praktikant für seine Zwecke braucht; der einsemestrige Besuch derselben gibt genügende Grundlagen und erste Übung. Es wäre daher auf das allerdringendste zu wünschen, daß diese Gelegenheit, die zeichnerische Vorbildung eines gelernten Arbeiters aus eigener Erfahrung kennen zu lernen, in Zukunft nicht so unbenutzt gelassen wird wie bisher. Irgendwelche Bedenken betreffs Schädigung des Ansehens können nicht maßgebend sein. Sie können mit Fug gar nicht erhoben oder aufrecht erhalten werden. Im Gegenteil: jeder Arbeiter weiß, daß der Praktikant lernen muß, seine Arbeit zu verstehen, ehe er sie regeln kann. Und jeder Arbeiter sieht es gern, wenn der Praktikant, von Bildungshochmut frei, auch seine Bildungsquellen kennen lernt. Die außerordentliche soziale Bedeutung des Praktikantenjahres wird also nur erhöht.

Anderseits sind hier gleiche Gesichtspunkte maßgebend, wie bei der freiwilligen völligen Unterordnung unter die Fabrikordnung. Besucht der Praktikant energisch und regelmäßig den Fortbildungsschulunterricht im Zeichnen, so bildet er sich, vom sonstigen Vorteil abgesehen, vor allem ein zutreffendes Urteil für dessen Zweckmäßigkeit und Grenzen. Es ist niemandem möglich, aus der Theorie heraus zu ermessen, ob der in der Entwicklung stehende Mensch einen mehrstündigen Unterricht nach der Tagesarbeit erfolgreich in sich aufnehmen kann. Nur wer selbst ausprobiert hat, wie wenig oder wie viel Energie dazu gehört, wird mit seinem Urteil vor Täuschungen nach positiver und negativer Seite hin einigermaßen bewahrt bleiben. Die soziale Bedeutung des Ingenieurs, insbesondere des organisierenden, wächst unaufhaltsam. Seine soziale Urteilsfähigkeit muß gleichen Schritt halten. Daher gehört der Besuch der Lehrlings-Fortbildungskurse unbedingt mit zu den wichtigsten Beschäftigungen der Praktikanten während ihres praktischen Jahrs, und sei es nur für ein Vierteljahr. Der Besuch des Zeichenkurses liegt am nächsten und vereint zwei Nutzen, besonders so lange der Zeichenunterricht an den höheren Schulen der bleibt, der er heute ist.

Selbstverständlich ist die Möglichkeit, durch bloße Anschauungsübung und notdürftigste Erläuterung seitens der Arbeiter oder Meister sich schnell in einfache Werkstattzeichnungen hineinzufinden, für einen gebildeten Menschen ohne weiteres vorhanden. Einige weitere Bemerkungen dürften das Verständnis erleichtern.

Darstellungsregeln.

Das A und O des Maschinenbaues ist, wie früher bereits betont, die Gestaltung des Querschnitts der einzelnen Teile. Infolgedessen legt so gut wie jede Werkzeichnung den Schwerpunkt in die Darstellung durchschnittener Teile. Die Darstellungsregeln bleiben für solche Schnitte (die übrigens immer parallel zur Augenebene erfolgen) genau die gleichen. Äußerlich müssen deshalb natürlich Schnittflächen von Ansichtsflächen unterschieden werden. Wieder wird hierzu das einfachste Mittel gewählt: die Färbung oder die Schraffur der Fläche. Hierdurch kommt als willkommener Nebenerfolg größere Deutlichkeit, weil Plastik, zustande.

Nochmal sei bei dieser Gelegenheit betont, daß die Maschinenzeichnungen keine Bilder mit eingeschriebenen Maßen sind. Sie sind umgekehrt Zusammenstellungen von Maßen, denen die Linienzüge, nach bestimmten Gesetzen zerlegt und rekonstruierbar, als Unterlage dienen.

Lichtpausen.   Der große Abstand, der heute durch verbreitete Arbeitsteilung zwischen dem Konstrukteur und dem ausführenden Arbeiter innerhalb des Körpers der Fabrik entstanden ist, zeigt sich am deutlichsten darin, daß in einer wirtschaftlich arbeitenden zeitgemäßen Fabrik die Originale der Zeichnungen grundsätzlich nie in die Hände der Arbeiter kommen. Vielmehr werden auf photographischem Wege sogenannte Lichtpausen oder Blaupausen von der Handzeichnung in beliebiger Anzahl mit verhältnismäßig geringen Kosten hergestellt. Das Original verbleibt im Büro. Die Pause geht in die Werkstatt. Die Vorteile liegen auf der Hand: Die oft sehr kostbare Handzeichnung bleibt in guter Hut, ist ständig zur Verfügung im Büro und kann beliebig vervielfältigt werden. Die unvermeidliche Beschmutzung und teilweise Vernichtung der Werkzeichnungen in der Werkstatt wird unschädlich; die Notwendigkeit, aus Sparsamkeitsrücksichten die nahezu unkenntlich gewordenen Blätter weiter zu benutzen, ist beseitigt.

Ein scheinbarer Nachteil ist jedoch eingetauscht. Unzweifelhaft ist die photomechanische Vervielfältigung in der Mehrzahl der Fälle noch weniger „bildmäßig", als ihr Urbild. Denn die schwarzen Linien des weißen Originals werden ihrerseits weiß auf dunklem (blauem oder braunem) Grunde. Es gehört jedoch nur zu allererst eine kurze Gewöhnung dazu, das Ungewohnte zu verstehen. Der Grundsatz, daß die Linien um der Maße willen da sind, nicht umgekehrt, macht ja von der Farbe der Striche unabhängig.

In der zeitgemäßen Maschinenzeichnung, die ganz im Hinblick   _{Schraffur.} auf möglichst leichte und gute photomechanische Wiedergabe entsteht, haben alle bisherigen Farbensymbole durch solche in Schwarz und Weiß ersetzt werden müssen. Die früher roten Symmetrieachsen sind jetzt strichpunktierte Linien geworden; die Maßlinien unterscheiden sich von den Umrißlinien lediglich durch ihre geringere Stärke. Die Schnittflächen werden durch Schraffur kenntlich gemacht. Allerdings ist es auch vielfach üblich, sie nach wie vor auf dem Original farbig anzulegen. In der „Lichtpause" erscheinen sie dann gleichmäßig weißlich. Um zu verhindern, daß die weißen Umrisse zwischen benachbarten weißlichen Flächen verschwimmen oder verschwinden, werden auf dem Urbild kleine Grenzstreifchen (sog. Lichtränder) zwischen Farbfläche und Umriß freigelassen, die, auf der Lichtpause kräftig blau erscheinend, jenen Übelstand verhindern. Als Grund für die Beibehaltung des Färbens wird schnellere Ausführbarkeit im Gegensatz zur Schraffur angegeben. Diese wiederum erlaubt, durch Abstufung der Dichte und Stärke der Striche die einzelnen Baustoffe auch auf der Lichtpause zu unterscheiden.

Stets jedoch ist der Baustoff des Teiles unzweideutig zu er   _{Stückliste.} kennen in der „Stückliste". Auch über diese seien einige kurze Be merkungen gemacht. Jede Werkstattzeichnung muß ebenso gut, wie ihre Büro-Registriernummer, auch eine Stückliste aufweisen. Sie enthält in der denkbar kürzesten Form die neben den technischen erforderlichen geschäftlichen Angaben. Die in ihr gegebenen Bezeichnungen der Einzelteile, die noch besonders durch die sog. Positionsnummern auf der Zeichnung identifiziert werden, sind maßgebend für alle geschäftlichen Maßnahmen, die sich an deren Herstellung knüpfen, wie Lohnberechnung, Akkordvereinbarung, Bestellung bei anderen Firmen, Nachforschungen, Einordnung in den Magazinen (falls es sich um massenweis vorrätig gehaltene Halbfabrikate handelt), endlich für durchgehende übereinstimmende Bezeichnung auf allen Zetteln und in allen Büchern der Meister, Beamten und Büros. Verbunden mit der Bezeichnung ist meist die „Kommissionsnummer", d. h. die Registriernummer des Auftrags, zu dem das Stück geliefert wird, in den Rechnungen und Geschäftsbüchern der Firma. Weiter gibt die Stückliste die Baustoffe und das Gewicht an, um hierdurch die rechtzeitige und ausreichende Bereitstellung der erforderlichen Rohstoffe mit möglichst geringem Aufwand an Mühe zu gewährleisten. Schließlich enthält in gut organisierten Fabriken häufig die Stückliste auch noch Zusätze, die es der Werkzeugausgabe ermöglichen, vor Beginn der Arbeit dem ausführenden Arbeiter alle Werkzeuge, die er dazu braucht, bereitzulegen, damit kein Zeitverlust für ihn entsteht.

Es würde zu weit führen, wollte man alle Einzelheiten, auf die wohl zum besseren Verständnis der Zeichnungen zweckmäßig hingewiesen werden könnte, hier aneinanderreihen. Auch hier unterrichtet die Anschauung und eigenes Nachdenken am besten. Ein Hinweis sei jedoch noch gegeben, und das ist der, an welchen Stellen in der Fabrik der Praktikant am raschesten und dienlichsten in den Geist des technischen Zeichnens eindringen kann.

Es sind dies einmal die Modelltischlerei, dann die über fast alle Werkstätten der Fabrik verteilten „Anreißtische".

Modelle. Die vorzügliche Eignung der Modelltischlerei zum Lesenlernen der Zeichnungen ist einer der wenigen Gründe, die es allenfalls empfehlen könnten, sie dem Praktikanten als erste Werkstätte zuzuweisen. Während in allen anderen Werkstätten vielfach Massenfabrikation mit weitestgetriebener Arbeitsteilung herrscht, bei der häufig die Arbeiter die Maße der Zeichnungen so auswendig wissen, daß diese selbst entbehrlich werden, — wird in der Modelltischlerei jedes Stück einmalig und unter ständiger Einsicht in die Zeichnung angefertigt, und zwar meist von einem oder zwei Mann das ganze Stück von A bis Z. Die Massenfabrikation vermag in diese Werkstatt ebensowenig einzudringen, wie in das technische

Büro. Eine technische Zeichnung stellt oft vieltausendfach, ja millionenfach wiederholte Gegenstände dar: sie selbst bleibt ein einmalig und von einem oder wenigen gefertigtes Stück Arbeit. Ebenso mag ein Modell hundert-, ja tausendfach abgeformt werden: seine ursprüngliche Herstellung war keine Schablonen- oder Massenarbeit. In diesem Sinne steht die Modelltischlerei dem technischen Büro am allernächsten und ist daher für das Eindringen in seine Sprache: die Zeichnungen, am geeignetsten. Auch deshalb, weil die Modelltischler durchweg auch geistig auf einer Höhe zu stehen pflegen, die sie vor den andern Arbeitern zu Unterweisern der Praktikanten am fähigsten macht. Bei Gelegenheit der Einzelbesprechung dieser Werkstatt wird ausführlich hierauf zurückgekommen werden.

Hier sei nur darauf aufmerksam gemacht, daß bezüglich des Einschreibens richtiger (d. h. brauchbarer und notwendiger) Maße in die Zeichnungen der spätere Ingenieur nirgends bessere Lehre findet als in der Modelltischlerei. Denn alle noch so verwickelten Gußmodelle werden bei der Ausführung aus den einzelnen Urbestandteilen, Elementen zusammengefügt. Jedes einzelne von ihnen nach vollendeter Konstruktion im Büro richtig herauszuschälen, mit Maßzahlen für Herstellung und Einfügung lückenlos zu versehen, ist eine Kunst, die man leider bei sehr vielen Ingenieuren vergebens sucht. Sie spart der Werkstatt viel Mühe, Zeit und Geld, und ist leicht auszuüben, wenn man sich während der praktischen Tätigkeit in der Modellschreinerei einige Male mit Geduld die Entstehung des Modells im Zusammenhang mit den gegebenen Maßen genau angesehen und eingeprägt hat.

Dasselbe gilt von der Tätigkeit der sog. „Anreißer". Die Metallstücke werden vor ihrer sauberen Bearbeitung auf ihrer Oberfläche mit genauen Zeichen versehen, die die unentbehrliche Grundlage für das „Einspannen" auf der Werkzeugmaschine bilden. Während und nach Vollzug der mechanischen Bearbeitung der Stücke muß sich zwar der Maschinenarbeiter noch besonders überzeugen, daß die Stücke „genaues Maß haben". Aber die Vorarbeiten für sachgemäßes Einstellen der bearbeitenden Werkzeuge, so daß sie nicht zu viel und nicht zu wenig Material wegnehmen, liegen ganz und gar beim Anreißer, dessen Tätigkeit häufig schon so weit erschöpfend ist, daß der meist „ungelernte" Maschinenarbeiter des Einblicks in die ihm schwer verständliche Zeichnung gar nicht erst bedarf.

Auch hier also nichts anderes als eine Arbeitsteilung, die natürlich sofort den Hauptvorteil: höchste Vollendung des Spezialisten, zeitigt. Die Anreißer, die jahraus jahrein nichts weiter tun, als messen und Maßzeichen machen, haben ihre Hantierung nach Mög-

Anreißen.

lichkeit vereinfacht und sich besondere Instrumente geschaffen. Zu dem vielbegehrten, weil scheinbar wenig anstrengenden Amt des Anreißers wählt man nur ganz erstklassige Leute. Besonnenheit, Dispositionsvermögen, scharfes Auge, sichere Hand, bestes Verständnis der Werkzeichnungen und vor allem peinlichste Gewissenhaftigkeit und Zuverlässigkeit muß man von ihnen verlangen. Diese Leute sind bei ihrer den Durchschnitt überragenden geistigen Begabung selbstverständlich besonders fähig und darauf aus, die Maß- und Anreißverfahren so genau und einfach wie möglich zu gestalten.

Hierbei kommen sie jedoch an eine für sie unübersteigbare Grenze: Wenn die Maßzahlen auf den Zeichnungen nach falschen oder unmaßgebenden Gesichtspunkten, unpraktisch oder unübersichtlich eingetragen sind, so verursacht das Zusammensuchen, Addieren und Subtrahieren der einzelnen Maße mehr Zeitverlust und mehr Fehlerquellen, als bestes Anreiß- und Meßwerkzeug wieder gut machen können. Leider findet sich dieser Übelstand sehr oft. Sehr viele Ingenieure sind sich niemals ernstlich klar darüber geworden, welche Maße die Anreißer brauchen, und wie sie sie am schnellsten auffinden können, da sie sich mit deren einfachen aber sinnreichen Arbeitsweisen und Kunstgriffen nie vertraut gemacht haben. Und dennoch muß einem guten Ingenieur diese „Anschauung" in Fleisch und Blut übergegangen sein, soll nicht die Überlegung: „Welche Maße, und wo werden sie gebraucht?" wiederum im Büro die Zeit kosten, die nun vielleicht dem Anreißer erspart wird.

Daher ist es nicht nur empfehlenswert, sondern geradezu unerläßlich für den Praktikanten, dem Anreißer möglichst viel zuzuschauen. Selten wird man dem jungen Mann das Vertrauen schenken, ihn selbst anreißen zu lassen. Denn Fehler beim Anreißen sind stets sehr kostspielig. Entweder das Maßzeichen gab zu große Abmessung, dann wird Nacharbeiten im ungeeignetsten Zeitpunkt nötig. Oder er hat zu knapp „markiert", dann muß unter Umständen das ganze Stück fortgeworfen werden. Denn der Maschinenarbeiter prüft die Marken des Anreißers oft nicht nach, sondern folgt ihnen blindlings. Das Versehen kommt erst bei der Montage der ganzen Maschine oder einer vorhergehenden Kontrolle heraus, wenn es zu spät ist. Auch besteht die Kunst des Anreißens unter anderem darin, an ungleichmäßig geratenen Rohstücken die Ungleichmäßigkeit für die Maschinenbearbeitung möglichst wenig ins Gewicht fallen zu lassen. Solches Abschätzen ist Sache langer Übung und Erfahrung. Durchschnittlich also wird es dem Praktikanten nicht gestattet werden können, sich eigenhändig im Anreißen zu üben. Aber fleißiges, geduldiges Zuschauen (zum nutzbringenden Zuschauen gehört mehr Willenskraft und Aufmerksamkeit, als mancher wohl denkt!) tut auch vorzügliche Dienste; ebenso hie und da, wenn man den Arbeiter nicht stört, eine belehrende Unterhaltung mit ihm.

Häufig ist der Werkstattleiter gegen solches „Umherstehen“ der Praktikanten und gestattet nicht tagelang oder gar wochenlang zusammenhängende Beobachtung des Anreißens. In solchen Fällen gilt es, sich mit dem Anreißer anzufreunden, so daß er bei lehrreichen Stücken den Praktikanten heranholt und ihn etwas unterrichtet. So zwischendurch ist das meist ohne weiteres möglich.

Aber kein Praktikant sollte versäumen, dem Anreißen besondere Aufmerksamkeit zu schenken. Nur die Anschauung setzt ihn in den Stand, späterhin richtige Maße schnell und an der richtigen Stelle einzuschreiben und so auf der Hochschule viele Mühe, im Leben viele Mark zu ersparen. Und ein aufmerksames Vergleichen der vorliegenden Werkstattzeichnungen mit dem angerissenen Stück fördert das Raumvorstellungsvermögen und die so unentbehrliche Fähigkeit, technische Zeichnungen schnell zu lesen, besser und bequemer, als es später die Hochschule vermag.

Dritter Teil.

Abschnitt 9.
Von den maschinentechnischen Baustoffen.

A. Die metallischen Rohstoffe.

Der Ingenieur muß mit den Eigenschaften und Eigenheiten der technischen Baustoffe genau so vertraut sein, wie ein Künstler mit seinem Instrument oder ein Arzt mit dem menschlichen Körper. Der moderne Maschinenbauer fußt hier fast ausschließlich auf wissenschaftlich gewonnener und zahlenmäßig beherrschter Erkenntnis. Dieses Wissen vermitteln in weitem Umfang die Hochschulen.

Technisches Gefühl.

Aber mit der rein mathematischen Beherrschung dieses Stoffs ist es nicht abgetan. Für alle bedeutenden Ingenieure war kennzeichnend, daß sie über die oft versagende Berechnung hinaus sich durch ihren „technischen Instinkt" leiten ließen. Jeder Ingenieur schlechtweg muß über technisches Gefühl verfügen. Dieses hat seine vornehmste Grundlage vor allem in dem Gefühl für das Verhalten der Baustoffe in der Maschine und während ihrer Herstellung. Das praktische Jahr ist besonders geeignet, die ersten festen Grundlagen für dieses Gefühl durch verständnisvolle Beobachtung des Werkstoffs in der Werkstatt zu schaffen.

Der Ingenieur richtet sein Augenmerk vor allem: 1. auf die Festigkeits- und 2. auf die Verarbeitungs- oder technologischen Eigenschaften. Natürlich sind die wissenschaftlichen Grundlagen für diese die Physik und Chemie, aber die Kenntnisse des Ingenieurs sind eigens für seine Zwecke ausgebaute Sondergebiete derselben. Wissenschaftliche Forschung und praktische Werkstatterfahrung sind dabei in engster Wechselwirkung, sozusagen in ständigem Wettlauf begriffen. Auf einen großen Teil der wichtigeren technologischen Beobachtungen, die ohne wissenschaftliche Instrumente und Verfahren in der Werkstatt zu machen sind, wird bei Besprechung der einzelnen Werkstätten hingewiesen. Hier seien nur im Zusammenhang vor allem die Festigkeitseigenschaften und ihre Abhängigkeit von dem chemischen Aufbau der Baustoffe besprochen. —

Die Metalle, die im allgemeinen dem Laien als Inbegriff der Festigkeit gelten, zeigen in Wirklichkeit unter Einwirkung von Kräften ganz das gleiche elastische Verhalten, wie etwa Gummi oder Wachs. In den Köpfen der Maschinenbauer erscheinen sie von diesen in nichts verschieden, als in der Größe der Formänderungen. Diese sind durchaus meßbar, wenn auch nur selten mit bloßem Auge wahrzunehmen. Und darum ist es so ungemein wichtig für den Maschineningenieur, daß er von vornherein lernt, die sichtbaren Unterschiede im Verhalten der Metalle als Hilfe für die Beurteilung ihrer Festigkeitseigenschaften zu benutzen. *(Festigkeit.)*

Die Grundeigenschaft aller Körper ist die, daß sie der auf sie einwirkenden Kraft nachgeben. Wenn ich an einen oben befestigten Eisenstab unten Gewichte hänge, so wird er dem Zuge der Gewichte zu folgen trachten und sich verlängern, da sein oberes Ende nicht von der Stelle kann. Gleichzeitig wird er die auf ihn wirkende Kraft weiterübertragen: die Befestigung, an der sein oberes Ende hängt, wird durch sie gleichfalls eine (geringere) Formänderung erfahren. Der Ambos wird durch den Druck des Hammers zusammengedrückt, wenn auch für das Auge unmerklich. Er gibt die Druckkraft weiter an seine Unterlage, die sich gleichfalls etwas deformiert; gerade so, als wenn ich zwei Radiergummi aufeinander lege und auf den obersten drücke: dieser wird seine Form ein wenig ändern und gleichzeitig auf den unteren drücken, was sich dadurch zeigt, daß sich auch dieser (in geringerem Maße) deformiert. Bei Stahl und Eisen geschieht genau dasselbe, nur in weit geringerem Maße. *(Formänderung.)*

Die Eigenschaften, die diesen Verschiedenheiten Rechnung tragen, nennen wir die Dehnbarkeit und Zusammendrückbarkeit der Körper. So gut wie jeder Körper zeigt eine von seiner Dehnbarkeit abweichende Zusammendrückbarkeit, das heißt: wirkt ein und dieselbe Kraft einmal ziehend, ein andermal drückend auf den Körper, so zeigt er nicht beide Male eine gleich große Längenveränderung.

Dagegen bleibt bei demselben Körper für dieselbe Kraft die Dehnung praktisch immer dieselbe, wie oft auch der Körper inzwischen be- und entlastet wurde. Jedesmal, wenn die Last von ihm weicht, nimmt ein Körper seine ursprüngliche Länge und Form wieder an, vorausgesetzt, daß die Belastungskraft unter einer gewissen, für jeden Stoff verschiedenen Höchstgrenze bleibt. Diese sozusagen federnde Eigenschaft eines Körpers nennt man seine Elastizität, die Grenze der Kraft, bis zu der sie beobachtet wird, die Elastizitätsgrenze (angegeben in kg/qcm Querschnitt). *(Elastizitätsgrenze.)*

Die physikalische Ursache dieser Erscheinungen liegt in der Kohäsionskraft der kleinsten Teile, der Moleküle des Körpers. Jeder *(Zerreißversuche; Bruchgrenze.)*

Körper stellt sozusagen eine Summe von Einzelkörperchen dar, die untereinander durch „Gummibänder" (die Kohäsionskräfte) verbunden sind. Wirkt eine Kraft auf ihn ziehend oder drückend, so geben die Gummibänder so lange nach, bis die Gesamtheit ihrer Zug- oder Druckspannungen mit der angreifenden äußeren Kraft „im Gleichgewicht", d. h. ihr gleich ist. Ist die äußere Kraft größer als die Gesamtheit der Kohäsionskräfte, so tritt zunächst eine dauernde Lagenveränderung der Teilchen zueinander ein. Wächst sie immer weiter, so führt sie zur gänzlichen Lösung des Zusammenhangs: der Körper wird zerstört, zerreißt oder „geht zu Bruch". Die Technik stellt mit allen Baustoffen als Probe ihrer Festigkeit Druck- und hauptsächlich Zugversuche an, sogenannte Zerreißversuche. Hierbei werden Stäbe von bestimmter Form aus dem zu untersuchenden Stoff hergestellt und mittels einer Wasserdruckmaschine oder ähnlichen zerrissen. Hierbei gibt die Maschine, vielfach automatisch, die Zahl von Kilogrammen Belastung an, bei der der „Bruch" erfolgt. Diese Zahl, auf den Querschnitt des Probestabes in kg/qcm bezogen, heißt die „Festigkeit" des Stoffs („auf Zug" oder „auf Druck") und bildet die wichtigste Grundlage für den Konstrukteur.

Natürlich kann man an derselben Prüfungsmaschine auch die bei jeder Belastung eintretende Längenänderung: die „zugehörige Dehnung" des Stabes ablesen. Hierbei ergibt sich, daß nicht nur, wie schon erwähnt, die einzelnen Stoffe sich pro Kilogramm Zugkraft verschieden stark dehnen, — auch die gesamte Längenänderung, deren sie fähig sind, bis sie zerreißen oder zerbrechen, ist verschieden. Es sind also nicht diejenigen Körper die schwächsten, die sich am meisten dehnen. Jeder weiß, daß zwischen einer Damaszenerklinge und einem Rohrstock ein gewaltiger Festigkeitsunterschied besteht, trotzdem sie etwa gleich biegsam sind. In dieser Beobachtung beruht unser Urteil über die „Zähigkeit" oder „Sprödigkeit" der Materialien. Ein sprödes Material ist nicht imstande, die zerstörende Einwirkung einer plötzlich auftretenden Kraft durch nachgiebige Formänderung aufzufangen; es bricht leicht bei Stößen und Rucken. Das zähe Material gibt nach und nimmt nach Verschwinden der Kraftwirkung federnd seine vorherige Länge oder Gestalt wieder an. Es ist klar, daß diese Eigenschaft für den Maschinenbauer sehr erwünscht ist. Die normal verlaufenden Kraftwirkungen kann er ja rechnerisch beherrschen. Bei den meist zufällig auftretenden Stößen und Rucken muß er sich aber auf die Zähigkeit seines Baustoffs verlassen, da die Möglichkeit·ihrer rechnerischen und konstruktiven Berücksichtigung nicht vorliegt.

Alle die bisher besprochenen Festigkeitseigenschaften beziehen sich auf das Verhalten des Körpers als eines Ganzen gegenüber der

Einwirkung äußerer Kräfte. Nicht minder wichtig ist der Widerstand, den die Oberfläche eines Gegenstandes dem Eindringen eines anderen in sie, dem Ritzen, Schneiden oder Einbeulen, entgegenstellt. Wir sprechen da von der „Härte" oder „Weichheit" eines Körpers. Für den Grad der Härte einer Oberfläche gibt es nicht so leicht festlegbare Maße. Wir können sie nicht, wie die Festigkeit, in kg/qcm Querschnitt ausdrücken. Ein Urteilsmaßstab ist der Durchmesser der kreisrunden Einbeulung, die entsteht, wenn eine sehr harte Kugel von bestimmtem Gewicht und bestimmtem Durchmesser aus bestimmter Höhe auf die Oberfläche fällt oder mit bestimmtem Druck auf sie gepreßt wird (Kugeldruckprobe). Bekannt ist ferner die „Härteskala": Ein Körper ist härter als ein anderer, wenn er ihn ritzen oder schneiden kann. Die Härteskala besteht aus einer Anzahl von Vergleichsstoffen, deren einer immer alle folgenden, nicht aber die vorhergehenden Stoffe zu schneiden vermag. Dies ist vor allem für die Bearbeitung der Maschinenteile in der Werkstatt wichtig. Ich kann Eisen nur mit hartem Stahl, gehärteten Stahl nur mittels Schleifsteinen abdrehen, abschleifen usw. Für den Gebrauchszweck der fertigen Maschinenteile ist dagegen wichtiger ein anderes Maß der Härte. Wir wissen, daß im Maschinenbau das Gleiten zweier benachbarter Teile aufeinander eine wichtige Rolle spielt. Je härter beide sind, desto länger wird es dauern, bis sich merkliche Abnutzung, „Verschleiß", durch solches Gleiten zeigt. Und zwei harte Körper werde ich unter größerer Belastung aufeinander gleiten lassen dürfen, als zwei weiche, ohne befürchten zu müssen, daß die Oberflächen nachgeben, zweckmäßig ausgedrückt: daß ein „Fressen" auftritt. Alle drei Gradmesser der Härte, die Kugeldruckprobe, die Ritzprobe und die Verschleißprobe, sind nur durch Dauerversuche und recht schwierig festzustellen. Wie dies im einzelnen geschieht, muß hier unbesprochen bleiben und ist auch vorläufig ohne Interesse. Natürlich liegen für sämtliche technischen Baustoffe exaktes Versuchsmaterial und genaue Zahlen fest.

Schon die Betrachtung der Härteskala zeigte uns eine technologische Eigenschaft der Metalle: die Möglichkeit, in normalem Zustande Teilchen von ihnen durch Schneiden abzutrennen. Für die Beurteilung dieser Verhältnisse bietet sich ein überreiches Beobachtungsfeld in den mechanischen Werkstätten der Fabrik.

Man nennt diese Eigenschaft der Metalle ihre Bearbeitbarkeit.

Sie spielt eine wichtige Rolle bei der Herstellung von Massenartikeln (Schrauben, Muttern usw.) und beeinflußt den Preis des Massenartikels nicht unwesentlich.

Je geschmeidiger (dehnbarer) ein Metall ist, um so schwieriger läßt es sich im allgemeinen hobeln, drehen, fräsen; es „schmiert“, wie man zu sagen pflegt. Wie aber die Geschmeidigkeit mit wachsender Härte abnimmt, so steigt umgekehrt die Bearbeitbarkeit der Metalle und Legierungen mit der Härte bis zu einem bestimmten Höchstwert. Wird letzterer überschritten, so sinkt die Bearbeitbarkeit wieder.

Sowohl große Geschmeidigkeit als auch große Härte erschweren demnach die Bearbeitbarkeit.

Schmieden. Eine weitere technologische Eigenschaft der Metalle ergibt sich, wenn wir einen Faktor mit in unsere Betrachtung ziehen, den wir bisher stillschweigend außer acht gelassen haben: die Temperatur. Bei zunehmender Temperatur nimmt im allgemeinen die Festigkeit der Metalle ab. Mit ihr sinkt auch die Elastizitätsgrenze. Es wird daher beim heißen Metall mit Leichtigkeit möglich, durch Pressen, Hämmern, Ziehen oder Walzen dauernde Formveränderungen hervorzubringen. Diese Eigenschaft der Schmiedbarkeit besitzen die Metalle, vor allem Eisen und Stahl, natürlich auch im kalten Zustand. Nur erfordert in diesem die Erzielung einer dauernden Formveränderung einen sehr großen Kraftaufwand, der kostspielig ist. Man kommt billiger fort, wenn man Eisen im heißen, glühenden Zustande schmiedet, walzt usw. Wir vermindern die aufzuwendende mechanische Formveränderungsarbeit, wenn wir Arbeit in Form von Wärme mit zu Hilfe nehmen.

Gießen. Geht man mit der Erwärmung so weit, daß der Schmelzpunkt des Metalls überschritten wird, so tritt schließlich völliges Flüssigwerden ein. Man kann dann den Metallen durch Gießen in Formen jede gewünschte, beliebig verwickelte Form verleihen. Die Eignung der Metalle und insbesondere der verschiedenen Eisensorten zum Guß ist sehr verschieden. Maßgebend sind der Grad der Zäh- oder Dünnflüssigkeit, die Temperatur, die zu ihrer Erreichung zu erzielen ist, das Zusammenschrumpfen des erkaltenden Körpers, und seine Festigkeitseigenschaften in kaltem Zustand. Aus allen diesen Rücksichten setzt sich das Urteil über die technologische Eigenschaft der „Gießbarkeit“ zusammen.

Metallographie. Diese kurze Übersicht über die technische Begriffsgruppe der Festigkeits- und technologischen Eigenschaften setzt uns in den Stand, uns über ihren Zusammenhang mit der chemischen Beschaffenheit der maschinentechnischen Baustoffe zu unterhalten. Die fortschreitende Erkenntnis dieses Zusammenhanges hat die Technik erst in den Stand gesetzt, Baustoffe zu schaffen, die je nach Bedarf die jeweils gewünschten Eigenschaften besitzen. Die Leistungen der heutigen Metallurgie und Metallographie entsprechen in dieser Beziehung auch den verwickeltsten Ansprüchen. Als Beispiel sei nur die auf hoher Vollendungsstufe stehende Fabrikation der Edelstähle genannt. Das Eindringen in diese Feinheiten muß natürlich dem Studium auf der Hochschule überlassen werden. Hier sei im folgenden nur auf einige Grundlagen kurz hingewiesen.

Eisen. Spez. Gew. 7,6 bis 7,8.

Das Eisen nimmt unter den maschinentechnischen Baustoffen die weitaus wichtigste Stelle ein. Fast alle Maschinen bestehen nahezu völlig oder doch wenigstens zum größten Teil aus diesem Baustoff. Eine eingehende Kenntnis der Herstellungsweise der Weiterverarbeitung und der Anwendungsmöglichkeiten des Eisens ist daher auch für den Maschinenbauer Grundbedingung erfolgreichen Arbeitens.

Der Stoff, den der Techniker Eisen nennt, ist aber niemals chemisch reines Eisen, sondern stets eine Legierung von Eisen mit mannigfachen Fremdbestandteilen, unter denen der wichtigste der Kohlenstoff ist. Alle unsere technischen Eisen- (und Stahl-)sorten sind hiernach in der Hauptsache Eisenkohlenstofflegierungen, daneben kommen noch, teils als Verunreinigungen, teils absichtlich zugesetzt, eine ganze Anzahl anderer Körper (Mangan, Silizium, Phosphor, Schwefel u. a.) vor. Eine besondere Gruppe bilden wieder die mit bestimmten Stoffen (Nickel, Chrom, Wolfram u. a.) legierten Eisenkohlenstofflegierungen, die in der Hauptsache als Edel- oder Sonderstähle für Werkzeuge oder für besonders hoch beanspruchte Konstruktionsteile Verwendung finden.

Die Darstellung des Eisens ist als „Eisenhüttenkunde" auf den Hochschulen und Bergakademien Gegenstand besonderen Fachstudiums. Hier soll darauf nur insoweit eingegangen werden, wie es für den Maschinenbau-Praktikanten zur Kenntnis des Wesens dieses wichtigen Baustoffes unerläßlich erscheint.

Das Eisen wird aus den Eisenerzen durch das reduzierende Schmelzen mit Kohle (Holzkohle, Koks) gewonnen. Die wichtigsten Eisenerze sind in der nachfolgenden kleinen Tabelle zusammengestellt; zu beachten ist aber, daß der in der Tabelle aufgeführte Eisengehalt der verschiedenen Erze sich auf die ganz reinen Mineralien bezieht. In den bergmännisch gewonnenen und zur Verhüttung gelangenden Erzen wird dieser ideale Eisengehalt niemals ganz erreicht, da die Erze in der Regel mit anderen Mineralien, der sogenannten Gangart, zusammen vorkommen und überdies einen gewissen Feuchtigkeitsgehalt besitzen. Magnet- und Roteisenerze mit über $60\,^0/_0$ Eisen gelten in der Praxis als reich, ebenso Brauneisenerze mit über $45\,^0/_0$ und Spateisensteine mit mehr als $38\,^0/_0$ Eisen.

Die wichtigsten Eisenerze.

Erzart	Chemische Zusammensetzung	Formel	Gehalt an		
			Eisen %	Wasser %	Kohlensäure %
Magneteisenstein	Eisenoxyduloxyd	$FeO.Fe_2O_3$	72,4	—	—
Roteisenstein	Eisenoxyd	Fe_2O_3	70,0	—	—
Brauneisenstein	Eisenhydroxyd	$2Fe_2O_3.3H_2O$	59,89	14,4	—
Spateisenstein	Eisenkarbonat	$FeCO_3$	48,27	—	37,93

Die schwefelhaltigen Eisenerze (Schwefelkies) sind als solche nicht zur Verhüttung geeignet. Nach dem Abrösten des Schwefels zwecks Herstellung von Schwefelsäure verbleiben jedoch oxydische Rückstände (Kiesabbrände), die 60 bis 65 % Eisen enthalten und ebenfalls zur Verhüttung gelangen.

Wie schon eingangs erwähnt, gewinnt man aus den oben genannten oxydischen Eisenerzen das gebrauchsfähige Eisen durch reduzierendes Schmelzen mit Kohle. Das Verfahren ist in seinen Grundgedanken sehr einfach: Kommt oxydisches Eisenerz in hoher Temperatur mit Kohle in Berührung, so entzieht die letztere dem Erz den Sauerstoff unter Bildung von Kohlenoxyd und Kohlensäure, und metallisches Eisen bleibt zurück. Die Praxis verwendet für diesen Reduktionsprozeß 25 bis 30 m hohe Schachtöfen, die ganz allgemein „Hochöfen" genannt werden.

Abb. 1 zeigt einen Schnitt durch einen modernen Hochofen.

Der Hochofenprozeß gestaltet sich in seinen Einzelheiten bedeutend verwickelter als wie hier nur kurz angedeutet werden kann.

Zunächst berechnet der Hüttenmann aus den Analysen der zur Verfügung stehenden Erze nach chemischen Grundsätzen den Möller (Erz + Zuschläge an Kalkstein). Die Zuschläge sind so zu bemessen, daß sie mit der dem Erz anhaftenden Gangart eine Schlacke von bestimmter Zusammensetzung bilden, die befähigt ist, nicht nur die Bestandteile der Gangart (z. B. Kieselsäure), sondern auch die schädlichen Verunreinigungen des mit aufzugebenden Brennstoffes (z. B. den Schwefel) aufzunehmen und chemisch zu binden. Die ganze auf einmal durch Öffnen des Gichtverschlusses (siehe Abb. 1) aufgegebene Menge Möller heißt eine Gicht; jeder Erzgicht geht eine Koksgicht voraus und so wechseln beide (z. B. etwa 3000 bis 7000 kg Koks und bis zu 20000 kg Erzgicht je nach Größe des Ofens) die zusammen die Beschickung bilden, jahraus, jahrein miteinander ab. Der zur Verbrennung des Kokses erforderliche Sauerstoff wird als stark vorgewärmte Gebläseluft durch die im unteren Teil des Ofens befindlichen Düsen (siehe Abb. 1) eingeblasen.

Nach Maßgabe des im Gestell stattfindenden Verbrennens des

Kokses und Schmelzens des Möllers rücken die aufgegebenen Massen langsam im Ofen abwärts, unterliegen auf diesem Wege in den einzelnen Zonen, die in Abb. 1 kurz als Vorwärmezone, Schlackenzone, Schmelzzone angedeutet sind, chemischen Veränderungen und sammeln sich schließlich im Herd des Ofens als fertiges Roheisen bzw. als Schlacke an, dort werden sie durch die betreffenden Stichlöcher von Zeit zu Zeit abgelassen oder abgestochen, wie der fachmännische Ausdruck lautet.

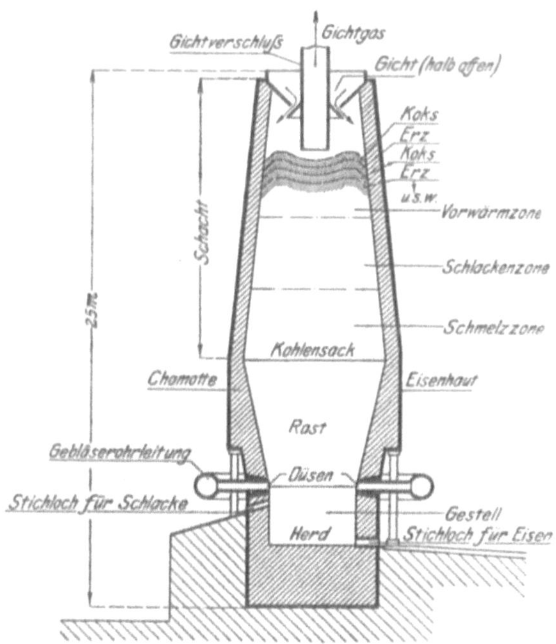

Abb. 1. Hochofen.

Das Eisen hatte während dieses ganzen Durchgangs durch den Ofen reichlich Gelegenheit, sich mit Kohlenstoff zu sättigen, so daß das Fertigerzeugnis schließlich neben anderen Stoffen (Mangan, Silizium, Phosphor, Schwefel) in der Regel zwischen 3 und 4 $^0/_0$ Kohlenstoff enthält.

Dieser hohe Kohlenstoffgehalt ist als Hauptmerkmal des Roheisens anzusehen.

Die Erzeugnisse des Hochofens sind demnach:

1. Die Gichtgase. Das Nebenerzeugnis „Gichtgas" findet Verwendung zum Vorwärmen der Gebläseluft in den sog. Cowperapparaten und zum Treiben von Maschinen, durch deren Leistung das ganze Werk, und nicht nur die Gebläsemaschinen, Kraft im Überfluß

hat. Häufig wird sogar ein verkäuflicher Kraftüberschuß erzielt, der in Form von Elektrizität der ganzen Gegend zugute kommt.

2. Die Schlacke. Das zweite Nebenprodukt, die Schlacke, wird ebenfalls im verschärften Konkurrenzkampf nicht mehr ungenutzt auf die Halde geworfen, sondern weiter ausgenutzt. Man hat versucht, Dampf durch die flüssige Schlacke zu pressen und aus ihr auf diesem Wege Wärme-Isolationsmaterial in Wollform herzustellen, das aber so wenig haltbar und so gesundheitsschädlich war, daß man wieder davon abkam. Heute wird fast ausschließlich die ausfließende Schlacke in Wasser geleitet. Durch die heftige Dampfentwicklung wird sie sandartig „granuliert", und ergibt nun, mit gebranntem Kalk gemischt, durch Pressen einen ganz vorzüglichen Baustein.

Roheisensorten. 3. Das erblasene Roheisen. Die weitere Verwendung des „erblasenen" Roheisens ist eine zweifache:

1. Verwendung in den Eisengießereien.
2. Verwendung zur Fabrikation von schmiedbarem Eisen (Stahl und Schmiedeeisen).

Für beide Verwendungen unterscheidet man ferner zwei Arten von Roheisen:

a) Weißes Roheisen, das den Kohlenstoff chemisch gebunden als Karbid enthält, und
b) Graues Roheisen, in dem der größte Teil des aufgenommenen Kohlenstoffs während oder unmittelbar nach der Erstarrung wieder als Graphit zur Ausscheidung gekommen ist.

Diese grobe Einteilung in weißes und graues Roheisen genügt aber für die Zwecke der Praxis noch immer nicht. Hier wird das Roheisen noch, je nach seiner Verwendbarkeit für bestimmte Zwecke, weiter unterteilt. Man kennt nachstehende Roheisengattungen: Hämatit, Gießerei-, Bessemerei-, Puddel-, Martin-, Thomasroheisen.

Der geübte Fachmann kann vielfach schon auf Grund des Bruchaussehens eine grobe Unterscheidung zwischen den einzelnen Sorten vornehmen, genauere Kennzeichnung ist nur mit Hilfe der chemischen Analyse möglich.

Unter Hämatit versteht man z. B. ein graues Gießereiroheisen mit im allgemeinen weniger als $0{,}1\,^0/_0$ Phosphor und reichlichem Siliziumgehalt (2 bis $4\,^0/_0$ Si), es zeigt tiefgraues, mit glänzenden Graphitblättchen bedecktes Bruchkorn. Ähnliche Zusammensetzung, jedoch höheren Phosphorgehalt besitzen die anderen Gießereiroheisensorten, unter denen wieder eine ganze Reihe durch römische Ziffern I, II usw. gekennzeichnete Arten unterschieden werden.

Die übrigen Gattungsnamen rühren von der Verwendung des betreffenden Roheisens für ein bestimmtes Verfahren zur Darstellung des schmiedbaren Eisens her. Diese Roheisensorten kommen für den Gießereimann weniger in Frage; immerhin sollte der Praktikant, wo sich dazu die Gelegenheit bietet, nicht versäumen, unter Anleitung eines erfahrenen Fachmanns auch das Bruchaussehen dieser verschiedenen Sorten im Vergleich mit den für Gießereizwecke verwendbaren Erzeugnissen zu studieren, er gewinnt dadurch eine gewisse Übersicht und Materialkenntnis, die später vielfach reiche Früchte trägt.

Gußeisen.

In den Gießereien wird das Roheisen im Kupolofen umgeschmolzen und wird dann Gußeisen genannt.

Wie schon erwähnt, unterscheidet man graues und weißes Roheisen, dessen verschiedenes Aussehen von der Art, in der der Kohlenstoff im Eisen auftritt, herrührt. Ein reichlicher Graphitgehalt ist kennzeichnend für graues und ein überwiegender Karbidgehalt für weißes Roheisen.

Der Grund für diese verschiedenen Erscheinungsformen des Kohlenstoffs ist teils ein chemischer, teils ein physikalischer. Bei Analysen des Eisens finden sich in ihm vorzugsweise außer Kohle noch Silizium und Mangan, und zwar im allgemeinen Mangan im weißen, Silizium im grauen Roheisen. Mangan bindet also den Kohlenstoff chemisch fester als Silizium. Infolgedessen vermag der Kohlenstoff bei dem manganhaltigen Eisen nicht, wie beim siliziumhaltigen, sich als Graphit abzuscheiden, sondern bleibt gebunden. Um diese Eigenschaften im Eisen nach Belieben erzeugen und unterdrücken zu können, stellt man durch Zusätze und geregelte Temperaturen hochmanganhaltiges oder hochsiliziumhaltiges Eisen her: das Ferromangan (bis $80^0/_0$ Mangan) und das Ferrosilizium (bis $30^0/_0$ Silizium). Durch die Beimengung dieser Sondererzeugnisse zu den gewöhnlichen Eisensorten kann man ihnen nach Belieben die Eigenschaften des grauen (siliziumreichen) oder weißen (manganreichen) Roheisens verleihen. Diese weichen nämlich wesentlich voneinander ab.

(Hier sei nebenbei erwähnt, daß Silizium die elektrische Leitfähigkeit vermindert, ohne die magnetische Wertigkeit zu verringern. Dynamobleche zeigen daher Gehalte von $1,5^0/_0$ bis $4^0/_0$ Silizium.)

Außer der chemischen Zusammensetzung spielen aber auch die Abkühlungsverhältnisse bei der Entstehung grauen und weißen Eisens eine wichtige Rolle. Langsame Abkühlung begünstigt die Graphitbildung, während schnelle Abkühlung, selbst bei reichlichem Siliziumgehalt, sie behindert.

Graues Roheisen.

Graues Roheisen ist für Maschinenguß besonders geeignet, da es weich und somit durch schneidende Werkzeuge bearbeitbar ist; man strebt daher in der Gießerei stets an, die Graphitausscheidung möglichst zu begünstigen, wenn nicht in besonderen Fällen, auf die wir noch kurz zurückkommen, die Erzeugung eines weißen harten Eisens erwünscht ist.

Bisher fußte unsere Kenntnis der Vorgänge bei der Erstarrung und Abkühlung des Gußeisens, sowie der günstigen Bedingungen für die Graphitausscheidung lediglich auf Erfahrungstatsachen, und es ist nicht zu leugnen, daß alte erfahrene Gießereimänner, aus sicherem Gefühl heraus, selbst ohne große theoretische Vorkenntnisse bei der Behandlung des Gußeisens meist das Richtige treffen. Irrtümer bleiben jedoch nicht ausgeschlossen. Genaueren Aufschluß über das Wesen der Graphitbildung usw. haben uns erst die Lehren der Metallographie erbracht. Diese neue „Lehre von den Metallen und ihren Legierungen" ist jetzt auf fast allen Hochschulen dem Lehrplan auch für Maschineningenieure eingefügt. Die größeren Werke besitzen bereits eigene metallographische Laboratorien. Der Maschinenbau-Praktikant sollte nicht versäumen, wo sich ihm dazu Gelegenheit bietet, schon während der Lehrzeit sich mit den Grundbegriffen der Metallographie vertraut zu machen.

Erstarrungs-schaubild.

Abb. 2 stellt das Erstarrungs- und Umwandlungsdiagramm der Eisenkohlenstofflegierungen dar. Jedem Punkt dieses Schaubildes entspricht eine auf der Ordinatenachse abzulesende Temperatur und ein auf der Abszissenachse abzulesender Kohlenstoffgehalt. Die Linien bezeichnen die Grenzen des Übergangs aus einem Zustand in einen anderen. Der Erstarrungspunkt des reinen Eisens ($0\,{}^0/_0$ Kohlenstoffgehalt) liegt bei $A = 1528^0$ C. Mit steigendem Kohlenstoffgehalt sinkt die Temperatur der beginnenden Erstarrung nach der Kurve A—B.

Eisen von $2\,{}^0/_0$ Kohlenstoffgehalt beispielsweise ist flüssig oberhalb 1360^0, bei 1360^0 beginnt es zu erstarren, wenn von höherer Temperatur allmählich abgekühlt, oder hört es auf, irgendwelche festen Bestandteile zu enthalten, wenn von geringerer Temperatur allmählich erwärmt.

Es bedeuten im einzelnen die Kurven:

$A B D$ beginnende Erstarrung bzw. vollendete Schmelzung,

$A C F$ vollendete Erstarrung bzw. beginnende Schmelzung,

$O V P$ Ausscheidung von reinem Eisen aus der festen Lösung Eisen-Kohlenstoff,

$P C$ Ausscheidung von Karbid aus der festen Lösung Eisen-Kohlenstoff,

RPS Umwandlung der festen Lösung Eisen-Kohlenstoff in ein fein-
     blättriges Gemenge von Karbid und Eisen,
SF Bildung reinen Karbids Fe_3C.

Da das Gußeisen zwischen 3 und $4\,^0/_0$ Kohlenstoff enthält, so
ist aus dem Schaubild ersichtlich, daß je nach der Höhe des Ge-
samtkohlenstoffgehaltes der Beginn der Erstarrung zwischen etwa
1350 und 1125° C schwankt[1]). Das Ende der Erstarrung liegt bei
allen Kohlenstoffgehalten bei et-
wa 1125° C (Linie *C—B* in
Abb. 2).

Da sich längs der Linie
A—B nicht Graphit, sondern
Mischkristalle von Eisen-Kohlenstoff ausscheiden und auch die
Linie *C—B* (Ende der Erstarrung) nicht einer Graphitausscheidung entspricht, so ergibt
sich aus dem Erstarrungsschaubild, daß zunächst alle Gußeisen-
sorten im wesentlichen als
„weißes" Eisen ohne Graphitausscheidung erstarren.

Sind die Bedingungen für
die Graphitausscheidung gegeben
(reichlicher Siliziumgehalt), so
setzt diese erst unmittelbar nach
der Erstarrung, also dicht unterhalb *C—B* in Abb. 2 ein. Die
Hauptmenge des Graphits ent-

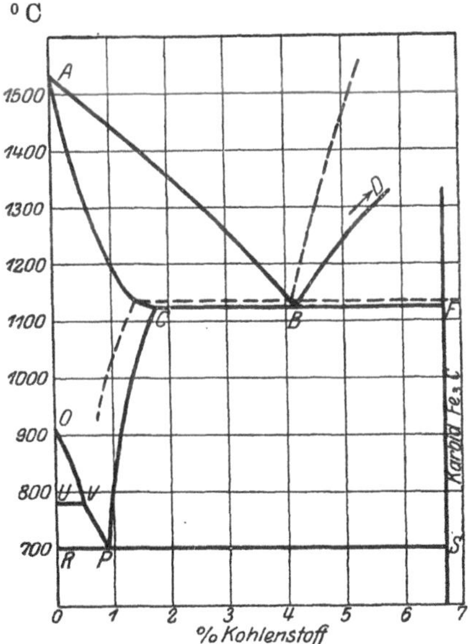

Abb. 2. Erstarrungsschaubild
der Eisen-Kohlenstofflegierungen.

steht in einem sehr engen Temperaturintervall unterhalb *C—B*. Von
der Geschwindigkeit, mit der dieses Intervall bei der Abkühlung
durchlaufen wird, ist die Menge und auch die Größe der einzelnen Graphitblätter abhängig.

Große Querschnitte, die langsamer erstarren, weisen
dementsprechend auch gröbere Graphitblätter auf als
kleine, bei denen sich der Durchgang durch das Temperaturintervall der Graphitausscheidung schneller vollzieht.

Nächst der Menge des Graphits beeinflußt aber namentlich die
Größe der einzelnen Graphitblätter die Festigkeitseigenschaften des
Gußeisens.

Graphitaus-
scheidung.

---

[1]) Auf die Bedeutung der gestrichelten Linien soll hier nicht eingegangen
werden.

Bei gleichem Gesamtgraphitgehalt weisen Proben mit feinverteilten kleinen Graphitblättchen größere Biegefestigkeit auf, als solche mit groben Blättern. Der Gießereimann hat es nach obigen Ausführungen innerhalb gewisser Grenzen in der Hand, teils durch Änderung der chemischen Zusammensetzung (Mangan-Siliziumzusatz), teils durch Regelung der Abkühlungsverhältnisse die Eigenschaften des von ihm erschmolzenen Gußeisens den jeweiligen Anforderungen anzupassen.

Biegefestigkeit. Der Deutsche Verband für die Materialprüfungen der Technik hat im Jahre 1908 Vorschriften für die Prüfung des Gußeisens auf Biegefestigkeit an besonders zu gießenden Probestäben aufgestellt. Die empfohlene Stabform ist $d = 30$ mm Durchmesser bei $l = 600$ mm freie Stützweite. f ist die Gesamtdurchbiegung.

	Biegefestigkeit	$\dfrac{f}{l} \cdot 100$	f
Maschinenguß von hoher Festigkeit	3400 kg/qcm	nicht unter 1,667	nicht unter 10 mm
Gewöhnlicher Maschinenguß	2800 ″	″ ″ 1,165	″ ″ 7 ″
Bau- und Säulenguß	2600 ″	″ ″ 1,000	″ ″ 6 ″
Gas- und Wasserleitungsröhren	2600 ″	″ ″ 1,000	″ ″ 6 ″

Zerreißfestigkeit. Die Zerreißfestigkeit schwankt, soweit Maschinenguß in Frage kommt, zwischen den Werten 1100 bis 2700 kg/qcm; bei Ofenguß und Kunstguß gehen die Werte unter die angegebene untere Grenze hinab.

Schwinden. Das Schwinden des Gußeisens, d. h. seine Zusammenziehung beim Erstarren und Abkühlen, wird durch hohen Graphitgehalt verringert, und da letzterer neben den Abkühlungsverhältnissen von dem Siliziumgehalt beeinflußt wird, so ergibt sich auch hieraus schon die günstige Wirkung eines reichlichen Siliziumgehaltes.

Schwefelgehalt. Sehr ungünstig beeinflußt Schwefel das Gußeisen; er drückt das Sättigungsvermögen des Eisens für Kohlenstoff herunter und wirkt gleichzeitig hindernd auf die Graphitausscheidung, während Phosphor die Graphitausscheidung eher befördert als behindert, allerdings verringert er die Durchbiegung bei der Biegeprobe, er macht also das Eisen spröder.

Phosphorgehalt. Bei Gußstücken, die häufig wiederholte Spannungen infolge ungleichmäßiger Erwärmung oder Abkühlung (Wärmespannungen) auszuhalten haben, z. B. bei Kokillen[1]), Gasmotorenzylindern u. dgl., ist

---

[1]) d. s. eiserne Gießformen.

der Phosphorgehalt möglichst niedrig zu wählen, da bei höheren Phosphorgehalten baldiges Reißen des Gußstückes eintritt.

Weißes Roheisen. Das weiße Roheisen enthält als Folge seines höheren Mangan- und geringen Siliziumgehaltes den Kohlenstoff in gebundener Form als Eisenkarbid (Fe_3C); es ist außerordentlich hart und mit den üblichen Werkzeugen (Drehstahl, Meißel, Feile) nicht bearbeitbar, auch ist es sehr spröde. Da es aber einen erheblich niedrigeren Schmelzpunkt, hat als das kohlenstoffarme Flußeisen (auf das noch zurückgekommen wird) und sich demgemäß auch viel leichter vergießen läßt, so benutzt man es, mit grauem Roheisen und Schrott richtig gattiert, doch gern für mancherlei Gußzwecke.

Um nun die gegossenen Gegenstände weicher und damit gleichzeitig bearbeitbar und weniger spröde zu machen, unterzieht man sie einem Glühprozeß in sauerstoffabgebenden Glühmitteln (Roteisenerz, Hammerschlag = Eisenoxyduloxyd usw.). Die Glühtemperatur liegt zwischen 850 und 1000° C, die Glühdauer beträgt mehrere Tage (4 bis 6 Tage). Der ganze Prozeß wird das „Tempern" des Eisens genannt. Hierbei vollzieht sich im Eisen folgender Vorgang: Zunächst wird das Eisenkarbid in Eisen und Kohle ($Fe_3C = 3\,Fe + C$) zerlegt und dann folgt die Verbrennung der Temperkohle. Die Verbrennung des Kohlenstoffs schreitet nur langsam von außen nach innen weiter, so daß getemperte Stücke ein von außen nach innen verschiedenes Gefüge aufweisen. Die äußerste Schicht ist ganz kohlenstoffarm, dann folgt eine Übergangszone mit reichlicherem Kohlenstoff, und der Kern enthält viel Kohlenstoff in Form von Temperkohle. Auf den Bruchflächen getemperter Stücke ist diese verschiedene Verteilung des Kohlenstoffs deutlich erkennbar.

Die Zerreißfestigkeit getemperten Materials beträgt etwa 3200 bis 3600 kg/qcm bei 1 bis 1,5 % Dehnung, auch ist es bis zu einem gewissen Grade schmiedbar.

Für manche Sonderzwecke macht man auch von der Verhinderung der Graphitausscheidung durch beschleunigte Abkühlung Gebrauch, wenn es gilt, eine harte äußere Kruste und einen weniger harten und weniger spröden inneren Kern zu erzielen. Man gießt alsdann das richtig gattierte Gußeisen in eiserne Kokillen oder in feuchte Formen. Die äußere Kruste erstarrt schnell, so daß es nicht zur Graphitausscheidung in ihr kommt, während in dem langsamer abkühlenden Kern eine reichliche Graphitausscheidung vor sich geht. Hartgußwalzen für Walzwerke, Hartgußroststäbe usw. werden auf diese Weise hergestellt. Ihre Oberfläche muß hart sein, dabei aber muß ihr Kern hohe Biegungsfestigkeit aufweisen.

Die Kunst des Gießerei-Ingenieurs besteht nun darin, jeweils dem Zweck des Fabrikats gemäß die verschiedenen Roheisensorten

Weißes
Roheisen.

Tempern.

Hartguß.

Gattieren.

7*

im richtigen Verhältnis zu mischen und so dem Guß die passendsten Eigenschaften zu verleihen. Hauptsächlich stützten sich die Fachleute dabei bisher auf Erfahrungen, und das Geschäft des Gattierens wollte genau so erlernt sein, wie ein Handwerker allmählich seine Erfahrungen sammelt. Heute ist die Wissenschaft auch auf diesem Gebiete Seite an Seite mit der „Praxis"; eine wissenschaftliche, methodische Gattierung tritt allmählich an die Stelle des Gefühls und der Erfahrung. An Stelle der dem Nichtfachmann überhaupt nichts verratenden Benennungen, wie Hämatit, Gießereiroheisen I, II usw., „Schottisches", „Middelsborough" u. a., beginnt neuerdings die exakte Angabe der chemischen Zusammensetzung zu treten; die Gradbezeichnungen siliziumarm, siliziumreich, grau, mittelgrau, sehr grau, feinkörnig, grob usw. werden von genauen Zahlenangaben allmählich verdrängt. Die Kenntnis der bisherigen Bezeichnungen ist aber nötig, um den Erklärungen des Gießereibetriebsleiters folgen zu können.

Schmiedeisen und Stahl.

An das Gußeisen können seiner ganzen Natur nach nur verhältnismäßig geringe Ansprüche in bezug auf Festigkeit und Dehnung gestellt werden; die Technik braucht aber für ihre Zwecke Material mit hoher Festigkeit bei gleichzeitig hoher Dehnbarkeit.

Um dem vom Hochofen kommenden Roheisen (Frischroheisen) diese gewünschten Eigenschaften zu verleihen, bedarf es weiterer hüttenmännischer Prozesse, die in der Hauptsache darin gipfeln, dem Roheisen seinen übermäßig hohen Kohlenstoffgehalt zu entziehen und, soweit möglich, schädliche Bestandteile, wie z. B. Phosphor und Schwefel, auszuscheiden.

Dieses Entziehen des Kohlenstoffs geschieht in der Praxis nach verschiedenen Verfahren.

a) Der Puddelprozeß (Puddeleisen, Schweißeisen).

Das Roheisen wird zunächst in großen Flammöfen eingeschmolzen, darauf werden sauerstoffabgebende Stoffe, wie z. B. Walzensinter, Schweißschlacke, auch Erze usw., hinzugegeben, die mit eisernen Stangen im flüssigen Bade verrührt werden. Nun setzt ein allmähliches Verbrennen des Kohlenstoffs ein. Mit steigender Entkohlung steigt nach Abb. 2 die Schmelztemperatur des Bades, das Bad fängt an teigig zu werden, und schließlich gelingt es, noch im Ofen das mit Schlacke durchsetzte Eisen zu „Luppen" zusammenzuballen. Die Luppen werden herausgenommen und unter der Schmiedepresse oder unter dem Hammer zu Blöcken oder Knüppeln ausgeschmiedet, wobei ein Teil der eingeschlossenen Schlacke herausgequetscht wird. Das Produkt dieses Verfahrens wird Puddel- oder Schweißeisen genannt. Das Verfahren ist kostspielig, die Produktion nur eine geringe und das Erzeugnis entsprechend dem ganzen Arbeitsvorgang mit reichlichen Mengen von Schweißschlacke durchsetzt (bis zu $4\,^0/_0$ Schlacke). Trotzdem eignet sich Schweißeisen sehr gut für gewisse Zwecke, da seine Bearbeitbarkeit durch schneidende Werkzeuge eine sehr gute ist. Besonders gern wird es für Nieten, Schrauben, Muttern, Hufeisen usw. verwendet.

Die Festigkeit schwankt zwischen 3400 bis 3800 kg/qcm bei 12 bis $18\,^0/_0$ Dehnung.

Die Grundbedingungen für das Aufblühen unserer Eisen- und Stahlindustrie — wesentliche Steigerung der Produktion und Verbesserung des Erzeugnisses — wurden erst durch die genialen Erfindungen von Bessemer, Thomas, Martin und v. Siemens geschaffen.

Die einzelnen Verfahren können an dieser Stelle nur ganz kurz angedeutet werden. Das Erzeugnis wird, im Gegensatz zu dem vorher erwähnten Schweißeisen, **Flußeisen** bzw. **Flußstahl** genannt.

b) Der Bessemerprozeß.

Bessemers Gedanke war der, durch flüssiges kohlenstoffreiches Roheisen die Luft unmittelbar hindurchzublasen, um so den Kohlenstoff durch den Sauerstoffgehalt der Luft zu verbrennen.

Er verwandte hierzu einen Behälter von Birnengestalt (siehe Abb. 3), den sogenannten „Konverter" oder die „Bessemerbirne". Die eiserne Birne ist im Innern mit Schamotte (kieselsaurer Tonerde) ausgekleidet, die Preßluft tritt aus dem Luftkasten im Boden der Birne in das bereits flüssig eingegossene Roheisen ein und bewirkt die Verbrennung der Fremdbestandteile des Roheisens (Silizium, Mangan, Phosphor, Schwefel) und des Kohlenstoffs. Nun soll bei Erzeugung von Stahl ja ein höherer Prozentsatz von Kohle

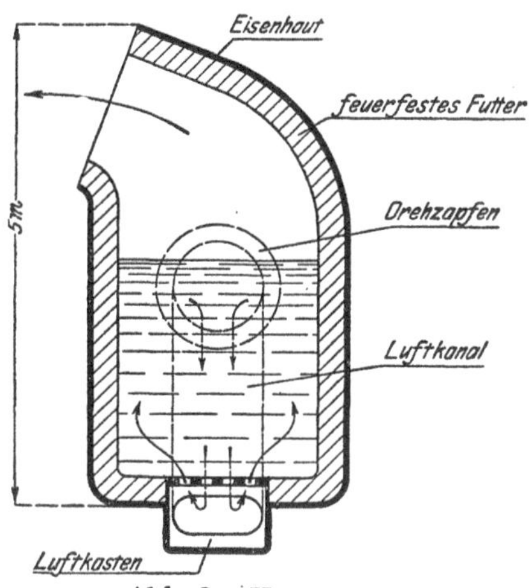

Abb. 3. Konverter.

im Eisen bleiben als bei Schmiedeisen. Bei einem so hohen Kohlenstoffgehalt aber, wie für Stahl erforderlich, sind noch außerordentlich viel Unreinigkeiten, vor allem Phosphor, im Eisen. Auch Bessemer kam deshalb nicht darum herum, den Stahl erst wieder aus dem Schmiedeisen mittels besonderen Verfahrens zu erzeugen.

c) Der Thomasprozeß.

Bisher war der Phosphor, wenn er verbrannte, als Phosphorsäure wegen der großen chemischen Verwandtschaft zu der Kieselsäure des feuerfesten Wandverkleidungsstoffes mit ihr in Verbindung gegangen. Diese löste sich und die Wandung zerbröckelte. Wollte man also reines Eisen oder reinen Stahl erhalten, so mußte man phosphorfreies Roheisen nehmen. Thomas wandte ein basisches Gestein, nämlich Dolomit, als „Futter" an, und jetzt schied die Phosphorsäure aus und ging in die Schlacke. Hatte Bessemers Verfahren die Verwendung siliziumhaltiger Erze ermöglicht, so wurde durch Thomas das phosphorhaltige Eisenerz mit einem Schlage abbauwürdig, was vor allem den deutschen Gruben zugute kam. Das „basisch" gewonnene Eisen zeichnet sich obendrein vor dem „sauer zugestellten" durch bessere Schweißbarkeit aus.

Zu noch höherer Vollendung aber brachte besonders die Stahlbereitung

d) der Martinprozeß.

Er spielt sich ab in genial erdachten Flammöfen, an deren Konstruktion Werner Siemens' Bruder Friedrich den größten Anteil hat: den Siemens-Martin-(Regenerativ-)Öfen. Sie ähneln äußerlich den

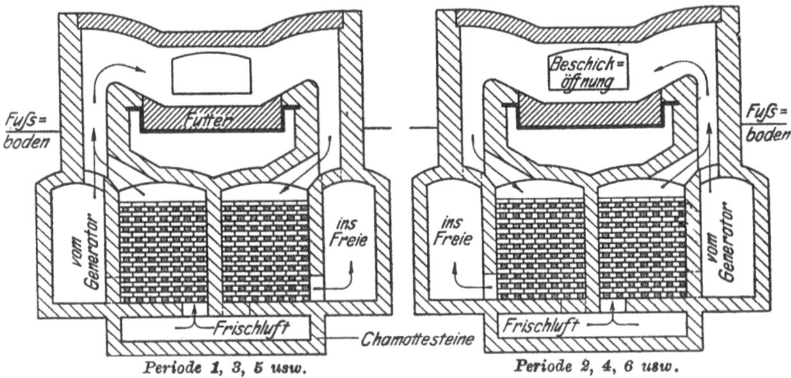

Abb. 4. Siemens-Martin-Flammofen.

Puddelöfen, sind aber zur Erzeugung bedeutend höherer Hitzegrade geeignet; dies ist nötig, weil selbst das schwerer flüssige entkohlte Eisen noch ganz flüssig in ihnen sein soll. In Abb. 4 ist ein Siemens-Martin-Ofen schematisch wiedergegeben.

In die Wanne werden Roheisen und Schmiedeisenabfälle (Schrott) eingebracht. Der Ofen wird mit einem Gemisch von Generatorgas und Luft geheizt, wobei die Luft durch eine der unter dem Ofen befindlichen Kammern angesaugt wird. Die heißen Abgase strömen durch die andere Kammer ins Freie und geben dabei ihre Hitze an das Gitterwerk der anderen Kammer ab.

Von Zeit zu Zeit wird die Stromrichtung von Gas und Luft geändert (siehe die Pfeile in Abb. 4), so daß die Frischluft immer durch eine hocherhitzte Kammer strömen muß und dadurch bereits stark vorerhitzt zur Verbrennung mit dem Generatorgas gelangt. Hierdurch lassen sich außerordentlich hohe Hitzegrade (1600 bis 1700° C) im Ofen erzielen.

Auch bei diesem Verfahren wird neben der Verschlackung der Fremdstoffe (Phosphor, Schwefel, Silizium) der Kohlenstoff verbrannt, so daß zunächst kohlenstoffarmes Flußeisen entsteht; man hat es aber weitgehend in der Hand, durch Rückkohlung (Zugabe kohlenstoffreicher Körper), ferner auch durch Zugabe anderer Metalle (z. B. Nickel) jede gewünschte Eisen- oder Stahlsorte zu erzeugen.

Das Siemens-Martin-Verfahren ist heute an die erste Stelle aller Stahlgewinnungsverfahren für **große Massenerzeugung** getreten.

e) Tiegelstahl.

Die besten Stahlsorten, wie sie z. B. für Werkzeuge usw. verwendet werden, lassen sich im Tiegel herstellen. Man schmilzt Flußeisen bzw. Flußstahl in Graphittiegeln ein und setzt dabei diejenigen Stoffe zu, die im Fertigerzeugnis in ganz bestimmten Mengenverhältnissen vorhanden sein sollen (z. B. Chrom, Wolfram, Nickel usw.). Auch der Kohlenstoffgehalt läßt sich beim Schmelzen im Tiegel bis auf einige Hundertstel Prozente genau regulieren. Da eine wesentliche Verschlackung oder Verbrennung der schädlichen Bestandteile im Eisen (Phosphor, Schwefel usw.) beim Schmelzen im Tiegel nicht eintritt, so sind zur Erzielung eines vorzüglichen Fertigerzeugnisses bereits sehr reine Ausgangsmaterialien zu verwenden, auch ist die Ausnutzung des Brennstoffs zur Erzielung der nötigen hohen Hitze noch unvollkommen, das Verfahren ist daher wesentlich teurer als alle bisher erwähnten, liefert dafür aber auch das beste Fertigprodukt.

Neben die bisher besprochenen Eisen- und Stahlerzeugungsarten, bei denen sämtlich die zum Prozeß erforderliche Wärme durch Verbrennung erzeugt wurde, tritt in immer steigendem Umfang die elektrische Stahlgewinnung. Es würde hier viel zu weit führen, auf ihre Vorgänge einzugehen, zumal die Menge des auf diesem Wege fabrizierten Stahls gegenüber den nach anderen Verfahren erzeugten Eisen- und Stahlsorten nur gering ist.

Über das Wesen dieser Methoden sei nur gesagt, daß dabei hauptsächlich zwei Eigenschaften des elektrischen Stromes zur Wärmeerzeugung benutzt werden. Erstens erwärmt der Strom einen von ihm durchflossenen Stromweg. Leitet man den Strom also durch die fertig „zugestellte" Eisen- oder Eisenerzmischung selbst hindurch, so erwärmt sich diese selbst bis zur erforderlichen Temperatur. Durch Regulierung des Stromes hat man diese völlig in der Hand. Zweitens verwendet man sehr erfolgreich (in den Öfen von Héroult) die Hitze des elektrischen Flammenbogens.

Die Elektrometallurgie erlaubt ebenfalls wie beim Tiegelstahl genaue Regelung des chemischen Prozesses, so daß das Erzeugnis ebenfalls ein erstklassiges ist und mit dem Tiegelstahl in scharfen Wettbewerb tritt.

Hiermit möge die kurze Übersicht über die üblichsten Methoden zur Eisen- und Stahlerzeugung ihr Ende finden. Die besprochenen verschiedenen Eisensorten sollen hier nochmals in Form einer Übersichtstafel zusammengestellt werden.

Technisch verwertetes kohlenstoffhaltiges Eisen.

<table>
<tr>
<td colspan="2">Roheisen, spez. Gew. 7,6, mit 2,6 bis 6 Gewichtsprozent Kohlenstoff. Leicht schmelzbar (1125 bis 1300° C). Nicht schmiedbar.</td>
<td colspan="2">Schmiedbares Eisen, spez. Gew. 7,8, mit weniger als 2,6 Gewichtsprozent Kohlenstoff. Schwer schmelzbar (1400 bis 1500° C). Schmiedbar.</td>
<td></td>
</tr>
<tr>
<td>Gießereiroheisen:</td>
<td>Frischroheisen:</td>
<td colspan="2">Stahl, mit 0,5 bis 2% Kohlenstoff. Ist härtbar. Seidiger Bruch. Sehr fest.</td>
<td></td>
</tr>
<tr>
<td rowspan="3">Graues: Siliziumhaltig, Kohlenstoff teilweise als Graphit ausgeschieden. Bruch grau, kristallinisch.

Weißes: Manganhaltig. Kohlenstoff sämtlich chemisch gebunden. Bruch weiß, seidig. Härter und spröder als graues.

Sondererzeugnisse: Ferromangan (bis 80% Mn), Ferrosilizium (bis 30% Si).</td>
<td rowspan="3">Für den Martinprozeß: Graues und weißes. Für sauren Prozeß weniger als 0,1% Phosphor, für basischen weniger als 0,8%.

Für den Bessemerprozeß: Bessemereisen, grau, weniger als 1% Phosphor.

Thomaseisen, weiß, mehr als 1,5% Phosphor.</td>
<td>Schweißstahl, in nicht flüssigem Zustand gewonnen (Frisch-, Puddel- und Zementstahl).</td>
<td>Flußstahl, in flüssigem Zustand gewonnen (Bessemer-, Martin- und Tiegelgußstahl).</td>
<td rowspan="3">Wenn in Formen gegossen: Stahlform- oder kurz Stahlguß.</td>
</tr>
<tr>
<td colspan="2">Schmiedeisen, mit 0,1 bis 0,5% C. Nicht härtbar. Feinkörniger bis krystallinischer und sehniger Bruch. Sehr zäh.</td>
</tr>
<tr>
<td>Schweißeisen, in nicht flüssigem Zustand gewonnen (Frisch- und Puddeleisen).</td>
<td>Flußeisen, in flüssigem Zustand erhalten (Bessemer- und Martineisen).</td>
</tr>
</table>

Temperguß: Nach erfolgtem Guß Kohlenstoffgehalt künstlich reduziert.

Mehr noch als die Herstellungsweise interessieren aber den Maschinenbauer die technologischen Eigenschaften seiner Bau- und Werkstoffe; legt er doch die durch Zugversuche, Biegeversuche, Druck- und Stauchprobe usw. ermittelten Festigkeitszahlen den Berechnungen seiner Konstruktionen zugrunde.

Ferner ist eingehende Kenntnis der Umstände, die das Verhalten des Materials ungünstig beeinflussen (Seigerungen[1]), fehlerhafte Wärmebehandlung, Kerbwirkung usw.) erforderlich, wenn Mißerfolge und Unglücksfälle vermieden werden sollen. Wo sich daher dem Praktikanten Gelegenheit bietet, sich eine eingehende „Materialkenntnis" anzueignen (Festigkeitslaboratorium, metallographisches Laboratorium des Werkes), versäume er nicht, die Gelegenheit wahrzunehmen.

Wenn von den Sonderstählen (Nickel, Chrom, Wolfram usw.) zunächst abgesehen wird, so hat der Kohlenstoffgehalt den wichtigsten Einfluß auf die technologischen Eigenschaften von Eisen und Stahl. Seine Menge und die Art seines Auftretens im Stahl beeinflußt am weitgehendsten das Verhalten des Materials.

Die weichsten, kohlenstoffärmsten Flußeisensorten, wie sie durch die verschiedenen bereits kurz besprochenen Verfahren erzeugt werden, finden Anwendung zu unendlich vielen Zwecken als übliche Baustoffe für den Maschinen-, Brücken-, Schiff- und Eisenbahnbau, zur Herstellung von Nägeln, Drähten, Blechen, Nieten, Beschlägen und aller Art Eisenteilen.

Der Kohlenstoffgehalt schwankt zwischen 0,07 bis 0,15 $^0/_0$ C, die Festigkeit zwischen 3100 bis 4100 kg/qcm bei 28 bis 34 $^0/_0$ Dehnung.

Ein gefährlicher Feind des weichen Flußeisens ist der Phosphor; er macht das Eisen „kaltbrüchig" und spröde. Auch ein Schwefelgehalt wirkt sehr ungünstig, namentlich setzt er die Schmiedbarkeit des Eisens herab, er macht das Eisen „rotbrüchig".

Man kann diese durch ungünstige chemische Zusammensetzung bedingten Verschlechterungen der Eigenschaften des Materials auch als „Geburtsfehler" bezeichnen, da sie von der Herstellung (Geburt) herrühren; sie lassen sich nachträglich nicht wieder aus dem Material herausbringen.

Durch fehlerhafte Behandlung erzeugte Materialfehler kann man als „Krankheitserscheinungen" ansehen, die sich vielfach durch geeignete Wärmebehandlung wieder aufheben lassen: hierher gehören z. B. die Überhitzungserscheinungen. Wird Eisen längere Zeit bei

Technologische Eigenschaften.

Weiches Flußeisen.[2]

---

[1]) D. h. Bildung schwammiger oder löcheriger Partien oder Hohlräume.
[2]) Auf das ebenfalls weiche (kohlenstoffarme) Schweißeisen ist bereits (Seite 100) hingewiesen.

hohen Temperaturen geglüht, so wird es grob-kristallinisch und gleichzeitig spröde. Kurzes (halbstündiges) Ausglühen bei 900° C beseitigt wieder die durch Überhitzung hervorgerufene Sprödigkeit. Auch die durch Wasserstoffaufnahme bedingte Sprödigkeit (Beizbrüchigkeit) läßt sich wieder durch geeignetes Glühen entfernen.

Mittelhartes Flußeisen. Mit wachsendem Kohlenstoffgehalt wächst Festigkeit und Härte. Man bezeichnet im allgemeinen ein Material mit mehr als 0,15 bis etwa 0,35% C als mittelhartes Flußeisen. Die Festigkeit schwankt zwischen 4100 bis 4900 kg/qcm bei 20 bis 30% Dehnung.

Es findet Anwendung für Schiffsbleche, Träger, Eisenbahnschwellen, Schienen, Laschen, Winkel usw. Bezüglich der Verschlechterung der Eigenschaften gilt das gleiche wie für weiches Flußeisen.

Stahl. Bei noch reichlicherem Kohlenstoffgehalt steigt die Festigkeit über 5000 kg/qcm bis zu 10 000 kg/qcm bei gleichzeitigem Sinken der Dehnbarkeit; wir kommen damit zu Werkstoffen, die man unter dem Sammelnamen Stahl zusammenfaßt. Die nachfolgende kleine Tabelle gibt einen ungefähren Überblick über die für die verschiedenen aus Stahl gefertigten Gegenstände üblichen Kohlenstoffgehalte:

Verwendungszweck	Kohlenstoffgehalt %
Scheren, Messer, Gabeln, Pflugscharen, Wagenfedern, Wellen Erdbohrer usw.	0,40 bis 0,50
Sicheln, Gewehrläufe, Säbel	0,50 „ 0,60
Sensen, Schmiede- und Schellhämmer, Besteckstanzen	0,60 „ 0,70
Gesenke, Warmmatrizen	0,70 „ 0,80
Schrotmeißel, Schermesser, Lochstempel, Gruben- u. Steinbohrer, Holzbearbeitungswerkzeuge	0,80 „ 0,90
Alle Arten Bohrer, Hand- und Preßluftmeißel, Körner, Stempel	0,90 „ 1,05
Gewindeschneidbacken, Reibahlen, Spiralbohrer, Prägestempel, Feilhauermeißel, Lochstempel, Drehstähle	1,05 „ 1,25
Mühlpicken, Kronhämmer, Papier- und Tabakmesser, Drehmesser, Gesteinsbohrer, Steinbearbeitungswerkzeuge	1,25 „ 1,45
Drehmesser, Rasiermesser, Fräser	1,45 „ 1,60

Härten. Bei den Werkzeugen, die zur Bearbeitung anderer Metalle dienen, genügt aber die durch den Kohlenstoffgehalt allein bedingte Härte noch nicht, sie müssen noch besonders „gehärtet" werden. (Hierüber findet der Leser Genaueres im Abschnitt 11. c).

Kohlen im Einsatz. In gewissen Fällen ist es, wie bei besonderen Gußstücken, wünschenswert, nur der äußeren Randschicht eines flußeisernen oder stählernen Konstruktionsteiles eine hohe Härte zu verleihen, während der innere Kern weich und dehnbar bleiben soll.

Man erreicht dieses durch ein besonderes Verfahren, bei dem kohlenstoffarmes, also weiches Flußeisen in Kästen mit kohlenstoffabgebenden Stoffen eingepackt und längere Zeit geglüht wird. Das Eisen nimmt an seinem äußeren Umfang Kohlenstoff auf und erlangt dadurch an diesen Stellen die im vorigen Abschnitt besprochene Härtbarkeit, während der Kern weich bleibt.

Zahnräder, Kegelräder, kleine Wellen usw. werden vielfach diesem Verfahren unterzogen, um sie an den äußeren, der Reibung ausgesetzten Arbeitsflächen widerstandsfähiger gegen Abnutzung zu machen.

Außer den Kohlenstoffstählen verwendet die Praxis noch eine Reihe besonderer Eisenerzeugnisse, unter denen vor allem die sogenannten Edel- oder Spezialstahlsorten für den Maschinenbauer die größte Bedeutung haben. *Edel- oder Spezialstähle.*

Ihr Anwendungsgebiet ist vorwiegend das der Herstellung von Werkzeugen für schnell arbeitende Werkzeugmaschinen, ferner gelangen sie noch für verschiedene Sonderzwecke zur Verwendung, auf die nachstehend kurz hingewiesen ist:

Schnelldrehstahl hat die Eigenschaft, bis zur Dunkelgluthitze noch seine volle Härte zu bewahren. Für Werkzeuge.

Naturharter Stahl wird ohne Abschrecken in Wasser, lediglich durch Abkühlen in der Luft glashart. Für Werkzeuge.

Chromstahl, Molybdänstahl, Vanadinstahl haben sämtlich die Eigenschaft der Glashärte. Der Zusatz der Fremdkörper beträgt bis etwa 2 Gewichtsprozent. Für Werkzeuge.

Wolframstahl verbindet mit Glashärte vorteilhafte magnetische Eigenschaften, kommt also für den Bau elektrischer Maschinen, aber auch für Werkzeugherstellung in Betracht.

Nickel- und Silberstahl sind dagegen vor allem sehr zäh und werden von Rost wenig angegriffen, zwei Eigenschaften, die sie für bestimmte Verwendungsgebiete (Panzerschiff-, Geschoß-, insbesondere Torpedobau, Dampfturbinenschaufeln usw.) geradezu unentbehrlich machen.

Die bisher über Eisen- und Stahlsorten gemachten Angaben dürften den Praktikanten in Stand setzen, sich die Fragen, warum für den einen Maschinenteil diese, für einen anderen jene Eisensorte gewählt wird, vielfach selbst zu beantworten. Nachdenken über die Gründe zu dieser Auswahl ist dringend anzuraten. Erfahrungsgemäß gibt auf der Hochschule bei den konstruktiven Übungen, selbst in vorgeschrittenen Semestern, Unsicherheit der Studierenden in der Wahl des zweckmäßigsten Baustoffs zu vielen Fehlern Veranlassung. Wenn der werdende Ingenieur sich von vornherein daran gewöhnt, diesem Punkt Beachtung zu schenken, wird ihm auf der Hochschule wie im Beruf die Wahl des richtigen Baustoffs niemals eine Schwierigkeit bringen. *Auswahl.*

Für die richtige Würdigung aller Gesichtspunkte, die bei Auswahl der Materialien mitsprechen, wie Festigkeit, Bearbeitungsmöglichkeit, Widerstand gegen Verschleiß, Rosten usw., steht mit an erster Stelle die Kenntnis der Preise der Baustoffe.

Preise. Es handelt sich für den Praktikanten weniger um die Angabe der genauen, absoluten Preise. Diese sind ja auch ständigen Schwankungen mit der Lage des Marktes unterworfen. Ob Schmiedeisen oder Gußeisen teurer ist, und in welcher Größenordnung sich die Preise ungefähr bewegen, das sind die Grundlagen für die Beurteilung, ob bei der Wahl des Materials hier oder dort sein Preis oder andere Gesichtspunkte ausschlaggebend waren. Auch die Abschätzung, welchen Anteil der Preis des Arbeitsstoffes gegenüber den Löhnen darstellt, die für seine Bearbeitung gezahlt werden müssen, ist bereits möglich, wenn nur ungefähre Durchschnittswerte zur Verfügung stehen.

Deshalb sei die am Ende dieses Abschnittes gegebene Zusammenstellung der Baustoffpreise besonderer Aufmerksamkeit und fleißigem Gebrauch empfohlen.

Gegenüber dem Eisen ist die Wichtigkeit der sonstigen im Maschinenbau verwandten Materialien erheblich geringer. Es mag ihnen daher, dem knappen Rahmen dieses Buches entsprechend, eine weniger ausführliche Behandlung zuteil werden.

Kupfer.

(Spez. Gewicht 8,9.)

Das Kupfer zeichnet sich gegenüber dem Eisen in einigen sehr wesentlichen Punkten aus und macht es dadurch für bestimmte Verwendungszwecke besonders geeignet.

Zunächst hat es einen erheblich niedrigeren Schmelzpunkt (1082°C gegenüber 1528°C beim reinen Eisen), dann oxydiert es bei gewöhnlicher Temperatur nur sehr schwer, während Eisen bekanntlich bei Gegenwart von Feuchtigkeit leicht rostet, auch seine schöne rote Farbe ist für manche Verwendungszwecke, namentlich im Kunstgewerbe, sehr erwünscht, schließlich besitzt es in reinem Zustand eine sehr bedeutende Zähigkeit.

Infolgedessen kann es nicht nur mit Leichtigkeit im kalten Zustande geschmiedet, sondern sogar in dünnwandige verwickelte Formen „getrieben" werden. Seine Festigkeit ist nicht so groß wie die des Eisens, kann jedoch in willkommener Weise durch Hämmern und Walzen erhöht, durch nachfolgendes Ausglühen wiederum nach Belieben erniedrigt werden. So hat der ausgiebig bearbeitete Kupferdraht bis 4000 kg/qcm Querschnitt Zerreißfestigkeit; er kommt damit der Festigkeit schmiedeeisernen Drahtes etwa gleich.

Die hervorragendste Eigenschaft aber, die das Kupfer vor allem für die Elektrotechnik wichtig macht, ist seine ausgezeichnete elektrische Leitfähigkeit, die nur noch vom reinen Silber um ein Geringes übertroffen wird. Nachstehend sind einige Angaben über die Leitfähigkeit einiger Metalle im Vergleich mit dem Kupfer gemacht:

	Elektrische Leitfähigkeit[1]) bei 18° C
Kupfer	$60{,}0 \times 10^4$
Aluminium	$31{,}2 \times 10^4$
Magnesium	$20{,}8 \times 10^4$
Zink	$16{,}5 \times 10^4$
Platin	$9{,}2 \times 10^4$
Nickel	$8{,}5 \times 10^4$
Eisen	$8{,}4 \times 10^4$

Während es in der Elektrotechnik vorwiegend als Draht Verwendung findet, kommt es im allgemeinen Maschinenbau mehr noch in Blech- und Röhrenform in Anwendung. Auch seine ausgezeichnete Wärmeleitfähigkeit und hervorragende Biegsamkeit (auch in kaltem Zustande) machen es für viele Zwecke besonders geeignet.

Überall, wo Rohrleitungen gewundene Wege mit kurzen Biegungen zu verfolgen haben, insbesondere bei Schmierrohren und für Hauptrohre bei kleineren Motoren ist Kupfer das gegebene Material, zumal es zuverlässig durch Lötung an Verzweigungen verbunden werden kann.

Die Festigkeits- wie auch die elektrischen Eigenschaften des Kupfers sind in hohem Maße abhängig von dem Grade seiner chemischen Reinheit. Nur ganz reines Kupfer hat die obigen vorzüglichen Eigenschaften. Infolgedessen kommen zu dem an und für sich schon hohen Preis des Rohkupfers noch alle die für seine chemische Reinigung (Raffinierung) aufzuwendenden Kosten. Man unterscheidet daher im Handel sehr nachdrücklich das etwas oxydische, „übergare" Kupfer, das für Kupferlegierungen durchaus rein genug ist, von dem „raffinierten" oder „hammergaren Kupfer". Neuerdings bedient man sich zur Erzielung völlig reinen Kupfers mit Erfolg im Großbetrieb der Elektrolyse: „elektrolytisches Kupfer". Kupfer wird in ziegelartigen Platten oder kleinen Barren auf den Markt gebracht und zeigt bei völliger Reinheit eine herrliche seidenartige Bruchfläche. In der Maschinenfabrik dürfte jedoch der Praktikant Rohkupfer

---

[1]) Die elektrische Leitfähigkeit ist der reziproke Wert des in Ohm ausgedrückten Widerstandes von einem Zentimeterwürfel des betreffenden Metalls.

kaum zu sehen bekommen, sondern nur solches in Draht-, Blech-
oder Röhrenform. Die Bearbeitbarkeit des Kupfers durch schneidende Werkzeuge ist infolge der Weichheit des Materials eine mangel-
hafte, es „schmiert" beim Hobeln, Fräsen usw. Durch Legierung
mit anderen Metallen wird sie in allen Fällen verbessert.

Legierungen.

Unsere Kenntnisse der Legierungen, ihrer Entstehungsbedingungen,
der Erstarrungs- und Abkühlungsvorgänge, ihrer Eigenschaften usw.
sind ganz außerordentlich gefördert worden durch die Metallographie.

Metallographisches Wissen ist daher nicht nur für den Metall-
urgen, sondern für jeden Ingenieur Vorbedingung jeder tiefergehen-
den Materialkenntnis.

Die Technischen Hochschulen geben ausreichende Gelegenheit,
sich dieses Wissen anzueignen; in größeren Fabriken hat der Praktikant jedoch vielfach bereits die Möglichkeit, sich im metallogra-
phischen Laboratorium einen gewissen Einblick in das Wesen seiner
Baustoffe zu verschaffen; er sollte diese Möglichkeit nicht ungenützt
vorübergehen lassen.

a) Die Kupferlegierungen.

Kupfer mit Zinn (Bronze oder Rotguß).
(Spez. Gewicht etwa 8,6.)

Kupfer und Zinn sind beides teuere Metalle; die Verwendung
von Bronze sollte daher nur da stattfinden, wo ihre vorzüglichen
Eigenschaften, vor allem ihre hohe Härte, gute Festigkeit, Widerstandsfähigkeit gegen zersetzende Einflüsse, vorzügliche Bearbeitbarkeit und schließlich auch ihre schöne Farbe zur vollen Ausnützung,
und zur Geltung kommen.

Während man früher eine Unzahl verschiedener Zusammensetzungen benutzte, deren Zinngehalt zwischen 6 bis $18\,^0/_0$ Zinn
schwankte, strebt man neuerdings immermehr dahin, nur einige
wenige, erprobte Legierungen anzuwenden.

Beim Einschmelzen der Bronze ist sorgfältig darauf zu achten,
daß das flüssige Metall nicht Gelegenheit hat, Sauerstoff (aus der
Luft) aufzunehmen. Der Sauerstoff verbindet sich mit dem Zinn zu
Zinnsäure, die in der Bronze in Gestalt von Fäden, Häuten, mitunter auch von deutlichen Kriställchen auftritt. Die Zinnsäurefäden
und -häute lockern das Gefüge, unterbrechen den Zusammenhang,
verringern dadurch die Festigkeit und Dehnung und machen zugleich
die Bronze dickflüssig und schlecht gießbar.

Überschichten des Tiegels mit Holzkohle gewährt bereits einigen

Schutz gegen die Aufnahme von Sauerstoff, noch besser wirkt Phosphor, den man in Gestalt von Phosphorkupfer oder Phosphorzinn dem flüssigen Bade zusetzt.

Die mit Phosphor desoxydierten Bronzen haben die allgemein anerkannte Bezeichnung Phosphorbronzen erhalten. Da ein Phosphorzusatz nicht nur desoxydierend wirkt, sondern auch die Festigkeit und Seewasserbeständigkeit günstig beeinflußt, so gelten die Phosphorbronzen als die vorzüglichsten aller Bronzen. Den zu Gußzwecken verwendeten Bronzen setzt man gern einen kleinen Zinkgehalt zu, die Gießbarkeit wird dadurch erhöht. Diese zinkhaltigen Bronzen werden in der Praxis vielfach Rotguß genannt.

Die Eigenschaften der Bronze lassen sich durch Kaltziehen, durch verschiedene Wärmebehandlung (Glühen, Abschrecken usw.) ähnlich wie beim Eisen und Stahl recht weitgehend verändern.

Gezogene Drähte können die Festigkeit und Dehnung von Stahldrähten erreichen. Die in der nachstehenden kleinen Tabelle angeführten Bronzen dürften für die meisten maschinentechnischen Zwecke ausreichen, die angegebenen Festigkeitszahlen beziehen sich auf ausgeglühtes Material. Der Verwendungszweck ist ebenfalls kurz angedeutet.

Bronze-Legierungen.

Bezeichnung	Zusammensetzung				Festigkeit kg/qcm		Verwendung
	Kupfer %	Zinn %	Zink %	Andere Stoffe	Bruchfestigkeit über	Dehnung in % über	
Phosphorbronze	89	10	—	1 % Phosphorkupfer	2000	15	Flügelräder, Pumpenzylinder, dünnwandiger Guß, Armaturen für Treib- und Heizöl.
Walzbronze	94	6	—	—	3000	50	Drähte, Bänder.
Maschinenbronze (Rotguß)	87	9	4	—	1800	4	Lagerschalen, Kulissensteine ohne Weißmetall.
Maschinenbronze (Rotguß)	85	11	4	—	2000	10	Ausgußventile, Schieber, Hähne, Pumpenteile, Schneckenräder.
Flanschenbronze (Rotguß)	91	5	4	—	2000	20	Rohrflanschen und andere hart zu lötende Teile.

Für viele Sonderzwecke werden noch eine ganze Reihe anderer Bronzen verwandt, die meist eine ihrem Verwendungszweck entsprechende Bezeichnung führen, wie z. B. Geschützbronze, Glockenbronze, Spiegelbronze, Kunstbronze, Münzbronze. Für den Maschinenbauer kommen diese Bronzen weniger in Betracht.

Kupfer mit Aluminium (Aluminiumbronze).

(Spez. Gewicht etwa 7,7.)

Bei den Aluminiumbronzen ist das Zinn durch Aluminium ersetzt; sie zeichnen sich durch besonders hohe Festigkeit und Härte aus, auch die Bearbeitbarkeit in kaltem Zustande (Walzen, Ziehen) ist eine sehr gute. Die übliche Zusammensetzung schwankt etwa zwischen $90-93\,^0/_0$ Kupfer bei $10-7\,^0/_0$ Aluminium (über 3000 kg/qcm Bruchfestigkeit und über $50\,^0/_0$ Dehnung).

Verwendung finden diese Bronzen vorwiegend für dünne Bleche, Stangen, Schmiedestücke. Durch verschiedene Wärmebehandlung lassen sich die Festigkeitseigenschaften ebenfalls sehr wesentlich beeinflussen.

Der weiteren Verwendung für Gußzwecke steht das starke Schwindmaß der Aluminiumbronzen hindernd im Wege, es ist nahezu doppelt so groß wie das der Zinnbronzen.

Kupfer mit Zink (Messing, Gelbguß).

(Spez. Gewicht etwa 8.)

Noch vielseitigere Anwendung als die Bronzen finden in der Praxis die Kupfer-Zinklegierungen die „Messingsorten"; der Grund liegt einerseits in der größeren Billigkeit, da Zink ein erheblich billigeres Metall ist als Zinn, andererseits aber in der leichteren Verarbeitungsfähigkeit bei gewöhnlicher Temperatur (Kaltwalzen, Kaltziehen). Während Zinnbronzen schon bei einem Zinngehalt von etwa $10\,^0/_0$ Zinn nicht mehr kalt walzbar sind, lassen sich Kupfer-Zinklegierungen, sofern sie andere, die Geschmeidigkeit beeinträchtigende Körper nicht enthalten, noch bis etwa $50\,^0/_0$ Zink in gewöhnlicher Temperatur bei einiger Vorsicht bearbeiten.

Weniger gut als manche Bronzen sind dagegen die Kupfer-Zinklegierungen in Rotglut verarbeitbar; nur einige mit bestimmtem Zinkgehalt (etwa $90\,^0/_0$ Zink) lassen die Verarbeitung in der Hitze zu, sie sind „schmiedbar".

Bei der Verarbeitung in der Kälte wächst die Festigkeit auf Kosten der Dehnung, auch die Härte wird wesentlich gesteigert.

Zu weit gehendes Kaltrecken (Kaltwalzen oder Kaltziehen) ist aber zu vermeiden, da die Gegenstände alsdann leicht infolge innerer Spannungen (Reckspannungen) Risse bekommen.

Die Festigkeitseigenschaften der verschiedenen Messingsorten sind gute, zum Teil bessere als die der Bronzen, die Widerstandsfähigkeit gegen zersetzende Einflüsse ist aber eine geringere. Alle diese Umstände sind bei der Wahl des für einen bestimmten Zweck zu verwendenden Materials wohl zu berücksichtigen.

Ein kleiner Bleigehalt (bis etwa $2\,^0/_0$ Blei) erhöht in starkem Maße die Bearbeitungsfähigkeit durch schneidende Werkzeuge. Bleihaltiges Messing wird daher mit Vorliebe zur Herstellung von Schrauben verwandt.

Nachstehend sind einige der gebräuchlichsten Messingsorten, nebst Angaben über Festigkeit, Dehnung und Verwendungszweck zusammengestellt:

Messingsorten.

Bezeichnung	Zusammensetzung			Festigkeitswerte im geglühten Zustand		Verwendung
	Kupfer $^0/_0$	Zink $^0/_0$	Sonstiges	Bruchfestigkeit kg/qcm über	Dehnung in $^0/_0$ über	
Schraubenmessing, Preßmessing	58	Rest	$1-3\,^0/_0$ Blei	3500	25	Stangen für Schrauben, Füllstücke für Turbinen, Armaturen, usw.
Schmiedbares Messing (Muntzmetall)	60	„	—	3500	20	Stangen, Rohre, Profile, Armaturen, Beschläge
Druckmessing	63	„	—	2500	30	Bänder, Rohre, Bleche
Ziehmessing	67	„	—	2800	35	Bleche, Stangen, Profile, Drähte
Gußmessing	67	„	—	2000	20	Armaturen, Gehäuseguß
Schaufelmessing	72	„	—	3600	15	Profile für Turbinenschaufeln

Durch geeignete mechanische Weiterverarbeitung (Kaltziehen, Walzen, Pressen usw.) kann die Bruchfestigkeit, wie schon erwähnt, ganz erheblich gesteigert werden (bis zu 5800 und 5900 kg/qcm), allerdings auf Kosten der Dehnung (5 bis $6\,^0/_0$ Dehnung).

Die kupferreicheren Legierungen werden Tombak genannt. Hellrotes Tombak hat etwa $80\,^0/_0$ Cu und $20\,^0/_0$ Zn, mittelrotes $85\,^0/_0$ Cu, $15\,^0/_0$ Zn und rotes Tombak über $85\,^0/_0$ Kupfer.

Ferner verwendet man für Schiffspropeller, Kolbenstangen für Pumpen, Buchsen, Ventilspindeln usw. vielfach gewisse Sondermessingsorten mit etwa 55 bis $59\,^0/_0$ Kupfer, 0,5 bis $2\,^0/_0$ Eisen nebst kleinen Mengen anderer Stoffe wie z. B. Zinn, Mangan, Aluminium, Nickel. Diese Legierungen zeichnen sich durch hohe Festigkeit und gute Seewasserbeständigkeit aus. Im Handel kommen sie unter den verschiedensten Bezeichnungen, Delta-Metall, Durana-Metall, Zinkbronze, Eisenbronze u. v. a. vor.

Lagermetalle.

(Spez. Gewicht zwischen 7 und 9.)

Sehr wichtig für einen störungsfreien Betrieb ist die Frage der richtigen Wahl der Lagermetalle. Für schnellaufende Maschinen eignen sich sehr gut Bronzelager oder Rotgußlager, mit etwa 85 bis $88^0/_0$ Kupfer, 14 bis $11^0/_0$ Zinn und $1^0/_0$ Zink. Vielfach ist es aber erwünscht, das Lager ohne große Bearbeitungskosten schnell ergänzen oder erneuern zu können; hierfür eignen sich vorzüglich die sogenannten Weißmetalle, die hauptsächlich aus Zinn, Antimon, Kupfer, ferner auch Blei bestehen. Sie haben einen niedrigen Erstarrungspunkt, man kann sie daher als Futter auf die innere Lagerfläche eiserner oder bronzener Lagerkörper aufziehen; an dem Lagerkörper werden sie durch schwalbenschwanzförmige Nuten festgehalten.

Die Zusammensetzung der Weißmetalle schwankt innerhalb recht weiter Grenzen. Einige bewährte Zusammensetzungen mögen hier genannt sein.

Weißmetalle für Lagerschalen.

Gehalt (in $^0/_0$) an	1	2	3	4
Zinn	80	40	20	5
Kupfer	6	2	2	1
Antimon . . .	12	14	14	15
Blei	2 als Verunreinigung	44	64	79

Vorzüglich ist ferner das alte preußische Eisenbahnlagermetall mit $83,33^0/_0$ Zinn, $11,11^0/_0$ Antimon und $5,56^0/_0$ Kupfer, es ist aber seines hohen Zinngehaltes wegen das teuerste; durch Ersatz des Zinns durch Blei wird der Preis wesentlich herabgemindert.

Außer den hier genannten Legierungen werden in immer wachsendem Maße auch zinkreiche Lagermetalle verwandt. Man rühmt den zinkreichen Lagermetallen nach, daß sie nur geringe Zapfenreibung verursachen; dabei sind sie ebenfalls erheblich billiger als die zinnreichen Legierungen.

Die Eigenschaften der Weißmetalle werden durch die Wärmebehandlung ebenfalls stark beeinflußt. Falsche Gießbehandlung (zu hohe Gießhitze, zu langsame Abkühlung nach dem Guß usw.) kann das beste und teuerste Weißmetall verderben, während bei sachgemäßer Behandlung auch billigere Legierungen ihren Zweck einwandfrei zu erfüllen vermögen.

Auch die Konstruktion der Lagerschale ist von Einfluß auf das

Verhalten im Betrieb. Es ist gut, wenn sie im Lagerkörper so gelagert ist, daß sie sich z. B. der Durchbiegung einer Welle folgend, etwas schief einstellen kann. Die Zuführung des Schmiermittels durch eine Ring- oder eine andere Umlaufschmierung muß stetig sein, die Druckfläche der Lagerschale sollte möglichst nicht durch Schmiernuten geschwächt werden.

Über das Verhalten der verschiedenen Lagermetalle hat der Praktikant im praktischen Betrieb vielfach Gelegenheit sich zu unterrichten, er versäume diese Gelegenheit nicht.

Leichtmetalle.
(Spez. Gewicht 1,7 bis 3.)

Leichtmetalle nennt man die sich durch ihr geringes spezifisches Gewicht vor allen anderen auszeichnenden Metalle Aluminium (2,7 spez. Gew.) und Magnesium (1,74 spez. Gew.) und deren Legierungen.

Das Bedürfnis nach leichten, zugleich auch eine gute Festigkeit aufweisenden, gut zu Blechen, Profilen auswalzbaren oder ziehbaren und schließlich auch gut vergießbaren Konstruktionsmaterialien ist aus der schnellen Entwicklung des Luftverkehrswesens (Luftschiffe, Flugzeuge) entstanden.

Das reine Magnesium hat im gegossenen Zustand etwa 1200 kg/qcm Festigkeit bei 4 bis $5\,^0/_0$ Dehnung. Rein oder schwach (mit bis etwa $10\,^0/_0$ Aluminium) legiert findet es in der Elektrotechnik als Elektronleichtmetall für Armaturteile ortsbeweglicher Maschinen viel Verwendung. Ein kleiner Kupferzusatz erhöht bereits Festigkeit und Dehnung beträchtlich, desgleichen ein Aluminiumzusatz. Bei Zinkgehalten zwischen 4 und $9\,^0/_0$ Zink lassen sich im gepreßten Zustand 2500 bis 2900 kg/qcm Festigkeit und 20 bis $14\,^0/_0$ Dehnung erzielen. Den Festigkeitszahlen nach würde sich daher Magnesium für viele Zwecke sehr wohl eignen, leider steht seiner ausgedehnten Verwendung in der Praxis seine leichte Zerstörbarkeit durch Feuchtigkeit, Salzlösungen usw. hindernd im Wege.

Wesentlich widerstandsfähiger sind Rein-Aluminium (Festigkeit 1000 bis 1200 kg/qcm) und gewisse Aluminiumlegierungen bei gleich guten und zum Teil noch erheblich besseren Festigkeitszahlen. Dem Aluminium und seinen Legierungen gebührt also zur Zeit noch ein Vorzug vor dem Magnesium und den Magnesiumlegierungen. Für Gußzwecke verwendet man gern Legierungen, die außer Aluminium noch Zink (10 bis $20\,^0/_0$) und etwas Kupfer (3 bis $8\,^0/_0$) enthalten.

Für Profile ist der Zinkgehalt erheblich geringer. Legierungen des Aluminiums mit 3 bis $10\,^0/_0$ Magnesium, „Magnalium" genannt, haben die doppelte bis $2\frac{1}{2}$ fache Festigkeit des reinen Aluminiums. Einen wesentlichen Fortschritt, namentlich für die Verwendung des Aluminiums im Luftschiff- und Flugzeugbau bedeutete die Erfindung, dem Aluminium durch einen kleinen Zusatz von Magnesium die Eigenschaft der Härtbarkeit zu verleihen. Der Härteprozeß wird hier „Veredeln" genannt. Dieses veredelte Aluminium hat die Bezeichnung „Duralumin", es enthält 3,5 bis $5,5\,^0/_0$ Kupfer, 0,5 bis $1\,^0/_0$ Mangan und nur $0,5\,^0/_0$ Magnesium. Veredeltes Duralumin erreicht eine Festigkeit von 4300 kg/qcm bei $22\,^0/_0$ Dehnung.

Es findet in umfangreichstem Maßstabe beim Bau von Flugzeugen, Luftschiffen, Automobilen usw. Verwendung. Witterungseinflüssen gegenüber ist es sehr beständig.

Lote.

Von sonstigen Metallegierungen spielen im Maschinenbau noch die „Lote" eine Rolle, die zur Verbindung von Röhren, Blechen usw. durch Löten dienen. Da sie jedoch nicht als selbständige Baustoffe bezeichnet werden können, so soll von ihnen an anderer Stelle (Klempnerei) gesprochen werden.

Rohstoffkosten. Hiermit wären sämtliche metallischen Rohstoffe besprochen, die für den Bau von Maschinen in ausgedehnterem Maße verwendet werden. Es erübrigt nur noch, die bisherigen, mehr relativen Angaben in bezug auf billig und teuer zahlenmäßig zu ergänzen. Erst ein Überblick über die Festigkeits- und Preisverhältnisse gestattet ja dem Volontär, sich über die Gründe Rechenschaft zu geben, weswegen die Wahl des jeweils vorliegenden Baustoffes für den betreffenden Verwendungszweck getroffen wurde.

Die Kenntnis des Materialwertes ermöglicht ferner eine ungefähre Schätzung für das Verhältnis zwischen Rohwert und dem durch die Bearbeitung hinzukommenden Betrag an Löhnen für die einzelnen Stücke. Solche Schätzungen sind ungeheuer wichtig für den späteren Ingenieur. Sie geben von vornherein ein Gefühl, dessen kein guter Konstrukteur entraten kann: die Abwägung der verbilligenden Einflüsse ersparter Arbeit und ersparten Materials gegeneinander. Denn vielfach bedeutet die Ersparnis einer Arbeitsverrichtung, d. h. eines Lohnbetrags, nichts gegenüber den Kosten des Materials, das um dieser Ersparnis willen mehr aufgewendet werden muß, — und umgekehrt. Nur ein von vornherein geübter „Blick" für diese Verhältnisse gibt dem Ingenieur beim Konstruieren die Möglichkeit, rasch die richtige Wahl zwischen Mehraufwand an Material und Mehraufwand an Bearbeitungskosten zu treffen. Fortwährendes Beobachten dieser Beträge bei einzelnen Stücken ist das einzige Mittel, sich diesen „Blick" anzueignen.

Die Voraussetzung für diese Schätzungen ist außer der Kenntnis der durchschnittlichen Baustoffpreise und der Lohnsätze (die jederzeit durch unmittelbare Frage gewonnen werden kann) die Fähigkeit, das Gewicht des hergestellten Maschinenteils mit Annäherung abzuschätzen. Die Ausbildung dieser Fähigkeit ist auch an sich eine große Erleichterung für die spätere Tätigkeit. In allen den Fällen, wo neben den auf einen Körper einwirkenden Kräften auch noch sein Eigengewicht in Rechnung zu ziehen ist, muß dieses ja selbstverständlich abgeschätzt werden, da der zu berechnende Maschinenteil vor der Berechnung eben meist nicht in genauen Abmessungen vorliegt, auch genaue zahlenmäßige Gewichtsberechnung häufig viel zu zeitraubend wäre. Bei allen einstweiligen Aufstellungen, bei allen überschlägigen Kostenveranschlagungen, bei allen Fragen der Belastung von Werkzeugmaschinen durch schwere Maschinenteile, schließlich bei der Übersicht über die Massenkräfte bewegter Systeme ist die Abschätzung des Gewichts ganz unentbehrlich. Die Fähigkeit hierzu bedarf im allgemeinen sehr der planmäßigen Entwicklung. Der Nicht-Techniker verfügt zunächst noch gar nicht über die vorauszusetzende Schätzungsfähigkeit für Maße. Er schätzt Längen und Wandungsdicken, besonders aber Durchmesser runder Körper bis zu $100^0/_0$ falsch. Deshalb ist es so empfehlenswert, wenn der Praktikant stets ein Meßband oder einen Maßstab mit sich führt, um jeden Augenblick eine Schätzung nach seinem Gefühl durch messende Ermittlung des tatsächlichen Maßes berichtigen zu können. Die überschlägige Schätzung pflegt bei solcher Übung ganz überraschend schnell sich der genauen Ermittlung zu nähern, zumal man sehr bald herausfindet, daß gewisse Maße besonders häufig vorkommen, die sich dann auch dem Gedächtnis besonders genau einprägen und so zu neuen Vergleichspunkten werden.

Nach erlangter Sicherheit im Schätzen von Maßen ist es dann bis zur annähernd zutreffenden Gewichtsangabe nach dem Gefühl natürlich nur ein kleiner Schritt. Es ist empfehlenswert, für diese Übung etwa folgende Hilfsmittel zu benutzen:

Das einfachste Hilfsmittel ist die Unterstützung des Auges durch die Muskelkraft der Arme. Die durch Anheben eingeprägten Gewichte eines Gewichtssatzes, auf dessen einzelnen Stücken ja das genaue Gewicht verzeichnet steht, liefert die ersten Anhaltspunkte für das Gefühl. Sodann kann man etwa die Gewichte stereometrisch einfacher Körper: Platten, Barren, Stabeisen u. a. m. durch Augenmaß und Anheben abschätzen und diese Schätzungszahlen durch die rechnungsmäßige Ermittlung des Gewichtes oder günstigenfalls direkte

Abwägung berichtigen. Um die rechnungsmäßige Festlegung des Gewichts zu ermöglichen, wurde bei den vorhergehend behandelten Baustoffen das spezifische Gewicht durchgehend mit angegeben. Wie man sofort sieht, bewegen die spezifischen Gewichte sich, von den Leichtmetallen abgesehen, durchschnittlich in der Höhe von 7 bis 8. Für die Gewichtsabschätzung ist diese gleichmäßige Dichte unserer Baustoffe von höchster Bedeutung. Das wird erst klar, wenn man Leute, die durchschnittlich bis auf wenige Prozent genau Gewichte von Maschinenteilen zu schätzen vermögen, bei der Abschätzung des Gewichtes von Aluminium- oder Magnalium-Körpern (spez. Gewicht 2,5) Fehler von $100^0/_0$ und mehr machen sieht.

Das Gewicht eines Körpers ist ja das Produkt aus Rauminhalt und spezifischem Gewicht. Beispielsweise wiegt also:

Ein Rundeisen von 3 cm Durchmesser und 1 m Länge (aus Flußeisen):

$$\frac{3^2\pi}{4}\cdot 100\cdot 7,9 = \text{rund } 5500\text{ g} = 5,5\text{ kg.}$$

Ein Gußeisenbarren von $8\times 6\times 40$ cm:

$$8\times 6\times 40\cdot 7,6 = 14\,600\text{ g} = 14,6\text{ kg.}$$

Eine Schmiedeeisenblech-Platte von 100×80 cm Fläche und 10 mm Stärke:

$$100\times 80\times 1\cdot 7,8 = 62\,200\text{ g} = 62,2\text{ kg.}$$

Hat man so durch vergleichende Schätzung und Rechnung bei einfachen Raumgebilden die Abschätzungsfähigkeit ausgebildet, so kann man nunmehr dazu übergehen, die Gewichte verwickelter Körper zu taxieren. Vor allem ist wichtig die Fähigkeit, profilierten Walzeisen: z. B. I-, U-, L-Eisen oder Eisenbahnschienen, insbesondere ganzen aus ihnen zusammengefügten Eisenkonstruktionen anzusehen, wieviel sie wiegen, da in der Technik besonders häufig die Eigengewichte gerade solcher Gebilde berücksichtigt werden müssen.

Bewundernswert ist oft die hoch entwickelte Fähigkeit der Gießereimeister und -betriebsingenieure, mit großer Genauigkeit nach Besichtigung der am betreffenden Tage zu gießenden Gußformen der Bedienungsmannschaft des Schmelzofens die richtige Menge von Gußeisen anzugeben, die sie einzuschmelzen haben, — wie man sieht, eine sehr wichtige Anwendung der Kunst, Gewichte abzuschätzen. Denn es bedeutet eine beträchtliche Vergeudung an Brennmaterial, wenn auch nur 10 Prozent Gußeisen überflüssig geschmolzen wird, da ja die gesamten vergossenen Mengen in einem größeren Werk täglich sehr bedeutende sind.

Der Praktikant kann die Fähigkeit, Gewichte zu taxieren, also vor allem zur weiteren Abschätzung der Rohmaterialkosten eines Stückes nutzbar machen.

Um eine einigermaßen richtige Baustoffkosten-Einschätzung des Kostenverhältnisses verschiedener Baustoffe und der aus ihnen hergestellten, in der Werkstatt sichtbaren Stücke vornehmen zu können, müssen außer dem Verhältnis der Baustoffpreise für je 100 kg auch die spezifischen Gewichte berücksichtigt werden. Da die Preise zur Zeit der Herausgabe dieser Auflage in ständigem starken Schwanken begriffen sind, so können nur die an einem bestimmten Tage bestehenden Großhandelspreise und auf ihrer Grundlage die Preise für den cdm (Liter) des Baustoffes angegeben werden. Die Preise werden laufend in Zeitschriften, z. B. der Zeitschrift des Vereins Deutscher Ingenieure, die im Betriebsbureau wohl jeder Maschinenfabrik verfüglich sind, veröffentlicht, so daß sich dort gegebenenfalls der Praktikant genauere Einsicht verschaffen kann, wenn der Betriebsingenieur es gestattet. Übrigens sind von Belang ja nur die ungefähren Wertverhältnisse der Baustoffe zu einander, und von diesen vermittelt die folgende Übersicht ja eine für die Zwecke des Praktikanten vollständig ausreichende ungefähre Vorstellung:

Baustoffkosten.

Übersicht I.

Am 1. November 1920 betrug in Deutschland:

der Großhandelspreis von 100 kg	Mk.	Bei einem spezifischen Gewicht von	bedeutet dieser Preis einen Preis in Mk. pro cdm
Eisen { Hämatit (-Roheisen)	191,00	7,6	14,50
Gießerei-Roheisen I	166,00	7,6	12,60
„ „ III	165,90	7,6	12,60
Spiegeleisen	170,80	7,6	13,00
Stabeisen (Flußeisen)	244,00	7,8	19,00
Bandeisen „	274,00	7,8	21,40
Walzdraht	272,00	7,8	21,40
Träger (Konstruktionseisen)	244—280	7,8	19—22
Grobbleche	309,00	7,8	24,10
Mittelbleche	333,00	7,8	26,00
Feinbleche (unter 1 mm)	352,50	7,8	27,50
schwere Schienen	295,00	7,8	23,00
Aluminium	3500	2,7	94,50
Antimon	950	6,6	62,70
Blei	765	11,3	86,45
Kupfer elektrolytisch	2475	8,9	220,30
„ raffiniert 99 v. H.	1950	8,9	173,55
Nickel	4450	8,4	373,80
Zink, Hüttenrohzink	910	6,9	62,80
„ umgeschmolz. Platten (aus Altzink)	600	6,9	41,40
Zinn	6300	7,2	453,60

Die Festigkeitseigenschaften sind anläßlich der Besprechung der verschiedenen Baustoffe bereits erwähnt; in der folgenden Übersicht II sind sie nochmals zusammengestellt, um den Vergleich zu erleichtern. Alle Angaben sind nur als ungefähre Angaben zu betrachten. Nicht etwa, daß sich Stücke ein und desselben Baustoffs verschiedenartig verhielten: unsere heutige Hüttentechnik liefert Baustoffe so gleichmäßiger Beschaffenheit, daß Festigkeitsproben desselben Fabrikats auch stets bis auf geringe Bruchteile genau dieselben Festigkeitsziffern liefern. Aber die Natur dieser Angaben hier bedingt Umfassung größerer Begriffsbereiche. Die Festigkeit von Flußeisen geht beispielsweise ganz allmählich in die von Flußstahl über, je nach den immer besseren Marken. So wird in manchen Fabriken Stahl genannt, was man in anderen mit Flußeisen bezeichnet. Insofern sind auch die nachfolgenden Zahlen nur relativ zu betrachten und veranschaulichen vor allem die Größenordnung.

Übersicht II.

Festigkeitszahlen für maschinentechnische Baustoffe.

	Zugfestigkeit kg/qcm	Elastizitätsgrenze kg/qcm	Bruchdehnung %
Gußeisen	1200—2400	nicht ausgeprägt	sehr gering
Temperguß	2500—3600	1000—1500	1—5
Stahlformguß	4500—6000 und mehr	2000—3000 und mehr	8—10 und mehr
Schweißeisen	3000—4000	1400—1600	10—18
Flußeisen (weiches)	3100—3400	1800—2000	28—34
Flußeisen (mittelhartes) . .	4100—4900	2200—2800	20—30
Flußstahl	5000—9000	2500—4500	15—20
Schweißstahl	4000—6000	2000—3500	10—15
Tiegelgußstahl	5500—10000	3000—5000	20—15
Tiegelgußstahldraht . .	10000—19000	5000—10000	20
Naturharter Stahl (Krupp)	7900—9800	4000—5000	11—31
Nickelstahl	6000—7000	4000—4500	20—25
Kupfer	2000—2300 und höher	300—500	35—38
Kupferdraht	4000	1200	6—10
Phosphorbronze (gegossen) .	2000—4000	—	über 15
Walzbronze	über 3000	—	50
Rotguß	1800—2000	900	4—20
Bronzedraht (gezogen) .	4600—7100	—	20
Aluminiumbronze	3000—5000	500	50—53
Schraubenmessing	3500	—	25
Gußmessing	1500—2000	650	13—20
Messingdraht	5000	1300	5
Schmiedbares Messing . .	3500	—	20
Duralumin (veredelt) . . .	4300	—	22

In der Praxis sind Festigkeitsangaben sowohl in kg/qmm wie auch in kg/qcm üblich. In der obigen Übersicht II bedeutet im einzelnen:

Die Zugfestigkeit diejenige Zugkraft, ausgedrückt in Kilogrammen, welche imstande ist, einen Stab von 1 qcm Querschnitt zu zerreißen.

Die Elastizitätsgrenze ist diejenige Zugkraft, ausgedrückt in Kilogrammen, der ein Stab von 1 qcm Querschnitt höchstens ausgesetzt sein darf, ohne sich bleibend zu verlängern. Für jede kleinere Kraft federt er bei Entlastung wieder auf seine ursprüngliche Länge zurück.

Die Bruchdehnung (das Maß der Zähigkeit) ist diejenige Strecke, ausgedrückt in Prozenten der ursprünglichen Stablänge, um die sich der überlastete Stab bis zum Augenblick des Zerreißens unter allmählicher Einwirkung der Zugkraft verlängert hat.

B. Einige nichtmetallische Baustoffe.

Auf einige weitere maschinentechnische Baustoffe, die, obgleich sie nichtmetallischer Natur sind, doch auch für den Maschinenbauer große Wichtigkeit besitzen, mag hier noch kurz hingewiesen werden.

Holz.

In der Modelltischlerei ist die Holzfrage eine sehr wichtige. Der Modelltischler muß die Eigenschaften der verschiedenen Hölzer genau kennen, um danach die Auswahl für ein Modell richtig zu treffen.

Jeder Holzstamm besitzt in der Regel zwei Sorten Holz: Kern- und Splintholz. Kernholz oder das aus der Mitte eines Stammes entnommene Holz besitzt größere Festigkeit, Härte und dunklere Farbe als das weichere und hellere Splintholz, das an den Außenseiten eines Stammes liegt.

Einige für Modellarbeiten gebrauchte Hölzer sind folgende:

Kiefernholz wird für mittlere und große Modelle verwandt; es quillt infolge seines reichlichen Harzgehaltes nur wenig und ist daher besonders für solche Modelle geeignet, die längere Zeit in feuchtem Formsand verbleiben müssen.

Fichten- und Tannenholz finden die gleiche Verwendung wie Kiefernholz, neigen aber etwas leichter zu Werfen und Krümmen.

Erlenholz wird meist für wertvolle Modelle benutzt, da es hohe Zähigkeit und große Haltbarkeit besitzt.

Birnbaumholz wird für feine verzierte Modelle verwandt, die zur Massenformerei dienen sollen. Gedämpftes Birnbaumholz quillt nicht. Die gleiche Verwendung findet auch Pflaumen- und Apfelbaumholz.

Lindenholz ist sehr weich, es wird höchstens für sehr stark verzierte Gegenstände gebraucht, vorwiegend findet es in der Holzbildhauerei Verwendung. Die Zeichenbretter des Konstrukteurs bestehen meist aus Lindenholz.

Ahornholz hat eine große Härte, es eignet sich gut zu Lagerschalenmodellen, neuerdings verwendet man es mitunter auch zu Holzlagerschalen, für den letzteren Zweck eignen sich jedoch noch besser gewisse harte tropische Holzarten (Pockholz).

Die äußeren Erkennungszeichen der verschiedenen Holzsorten lernt der Praktikant am besten bei der praktischen Arbeit in der Modelltischlerei, unter Leitung eines erfahrenen Modelltischlers, kennen. Neuerdings findet Holz auch als Konstruktionsmaterial im Luftschiff- und Flugzeugbau umfangreiche Verwendung. Die hierbei Verwendung findenden Holzarten (Eiche und andere feste Hölzer) müssen von Fall zu Fall gewählt werden.

In allergrößtem Maßstabe findet das Holz Anwendung im Baugewerbe und im Schiffbau. Die Kenntnisse der hierfür maßgebenden Eigenschaften der verschiedenen Hölzer sind Gegenstand besonderen Fachstudiums auf den Hochschulen.

Die Einwirkung der Faserrichtung auf das Werfen, die Kunstgriffe, das Werfen durch Verleimung von Hölzern mit verschiedenen Faserrichtungen zu verhindern usw. bildet ebenfalls ein Erfahrungsmaterial, dessen Kenntnis die Schreinerei dem Praktikanten besser vermittelt als ein Buch es könnte. Die mit der Herstellung von Luftpropellern verbundenen besonderen Erfahrungen werden, wo der Praktikant sie sammeln kann, von Nutzen sein, sind aber nur ein Sonderzweig, auf den deshalb hier nicht eingegangen werden soll.

Leder.

Leder wird im Maschinenbau in Scheibenform (als Dichtung zwischen Rohren und unter Deckeln), in Form von gepreßten Stulpen (als Stopfbuchsdichtung, z. B. für Hochdruckpumpen) und vor allem als Treibriemen verwendet. Trotzdem es als Kraftübertragungsmittel eigentlich im Reiche der Metalle und des Eisens an sich fremdartig anmutet, hat man doch bis jetzt trotz vielfacher Bestrebungen, es durch Stahlbänder, Stahldrahtseile usw. zu ersetzen, einen allgemeinen Ersatz für Ledertreibriemen nicht gefunden, da kein andrer Stoff die Vorteile der Dehnbarkeit, Geschmeidigkeit, des Haftens, einer gewissen Unempfindlichkeit gegen feuchte oder unreine Luft, leichten Auswechselns, leichten Auflegens und leichten Zusammenflickens, sowie der verhältnismäßigen Unempfindlichkeit gegen geringe Montage-Ungenauigkeiten zu einem so hohen Grade in sich vereinigt.

Der Wert und die Übertragungskraft eines Riemens hängt außer von Herkunft, Rasse, Geschlecht, Alter und Beschaffenheit des Rindes besonders von der Gerbung und Zurichtung der Haut ab (Chromleder). Der Praktikant lasse sich hierüber einmal vom Sattler einen kleinen Anschauungsunterricht geben, der sich auch auf die Merkmale für Fleischseite und Haarseite, auf die Gründe für Aufbringung möglichst der Fleischseite auf die Scheibe, auf die Leimung, sowie vor allem auf die sonstigen Endverbindungen, auf die Kunstgriffe zum Auflegen und Abnehmen und auf die Reinigung und Pflege der Riemen erstrecken sollte.

Elektrische Isolierstoffe.

Für den Bau elektrischer Maschinen ist die Frage der Isolierstoffe eine Lebensfrage. Da die elektrische Kraft in Zukunft aller Wahrscheinlichkeit nach in immer weitgehenderem Maße die Dampfkraft verdrängen oder ersetzen wird, so sollte auch der angehende Maschineningenieur dieser Frage weit mehr Beachtung schenken, als es bisher meist der Fall war; besteht doch schon jetzt kaum ein Betrieb, der nicht in der einen oder anderen Form elektrische Kraft verwendet.

Die wichtigsten Anforderungen, die man an gute Isoliermaterialien stellen muß, sind etwa folgende:

1. Hohes Isolationsvermögen und hohe Durchschlagsfestigkeit,
2. ausreichende Widerstandsfähigkeit gegen mechanische Beanspruchungen,
3. gute Biegsamkeit, auch darf der Stoff nicht brüchig sein oder mit der Zeit werden,
4. lange Lebensdauer,
5. Dichtigkeit gegen Feuchtigkeit, der Stoff darf nicht „hygroskopisch" sein,
6. Hitzebeständigkeit,
7. Unempfindlichkeit gegen Säuren,
8. keine Oberflächenleitung.

Es ist nicht möglich, einen Stoff zu finden, der alle Bedingungen gleichzeitig erfüllt, die beiden Forderungen 1. und 8. müssen jedoch für alle Stoffe gelten, wenn sie als Isolationsstoffe verwendet werden sollen. Es bleibt dann immer noch Sache des Konstrukteurs, bezüglich der anderen Anforderungen denjenigen Stoff zu wählen, der sich den besonderen Zwecken am besten anpaßt.

Während man früher meist das Isolationsvermögen eines Körpers durch den Isolationswiderstand in Megohm ausdrückte und das

Material für das beste hielt, das den höchsten Widerstand zeigte, verlangt man heute in der Regel von einem Material eine große Widerstandsfähigkeit gegen hohe Spannungen. Man bezeichnet die Spannung, bei der ein Material durchschlagen wird, als Durchschlagsspannung, und die auf eine bestimmte Materialstärke bezogene Durchschlagsspannung als „elektrische Bruchfestigkeit" oder „Durchschlagsfestigkeit".

Die verschiedenen Isolierstoffe haben recht verschiedene Durchschlagsfestigkeit, wie aus nachfolgender kleiner Zusammenstellung in Übersicht III hervorgeht.

Übersicht III.

Durchschlagsfestigkeit verschiedener Isolierstoffe.

Material	Durchschlagsfestigkeit als Verhältnis der Funkenlänge zur Dicke der Isolierschicht	Durchschlagsfestigkeit in Volt für 1 mm Dicke des Isoliermaterials
Reiner Hartgummi	20—77	10000—38500
Gewöhnliches Glas	16—18	8000—9000
Bleihaltiges Glas	11	5500
Weißes Alabasterglas	23	11500
Schwarzes Alabasterglas	17	8500
Gewöhnliches Tellerporzellan	15—19	7500—9500
Hartporzellan von Hermsdorf	18—21	9000—10500
Marmor	13	6500
Galalith	12—17	6000—8500
Stabilit	19—35	9500—17500
Homogener Glimmer	35—57	17500—28500
Kolophonium	22	11000
Wachs	23	11500
Paraffin	23	11500
Weichgummi	37	18500

Galalith und Stabilit sind Kunsterzeugnisse; außer diesen existieren noch eine Unzahl anderer Kunsterzeugnisse, denen die verschiedensten Namen beigelegt sind; näheres Eingehen darauf verbietet der enge Raum dieses Büchleins.

Der Verband Deutscher Elektrotechniker hat „Normalien, Vorschriften und Leitsätze" für den Elektrotechniker herausgegeben, die alles umfassen, was bei dem Bau elektrischer Anlagen zu berücksichtigen ist.

C. Einige Bemerkungen zur Auswahl der Baustoffe.

An verschiedenen Stellen dieses Buches ist bereits von Gesichtspunkten die Rede gewesen, welche die Wahl der Baustoffe für die jeweiligen Verwendungszwecke bestimmen. Unsere soeben abgeschlossenen Betrachtungen liefern uns nun genügenden Stoff, um im Zusammenhang diese wichtige Frage kurz zu überblicken.

Die Wahl eines bestimmten Materials für einen bestimmten Maschinenteil ist abhängig hauptsächlich von folgenden Gesichtspunkten: Verwendungszweck, Festigkeit, Herstellbarkeit, Bearbeitungsmöglichkeit, Preis, Gewicht, physikalische Eigenschaften. Je nach dem Überwiegen des einen oder andern Gesichtspunkts oder dem Zusammentreffen mehrerer wird die Auswahl von vornherein eine beschränkte sein. Man wird z. B. Kraftmaschinenkurbeln, hochbeanspruchte Wellenzapfen u. dgl. nur aus bestem Martinstahl oder Tiegelgußstahl herstellen können, da kein andrer Baustoff die bedeutenden Kräfte mit der gerade hier besonders wichtigen Sicherheit dauernd auszuhalten vermag. Anderseits wird es keinem Techniker einfallen, einen größeren Dampf- oder Gasmaschinenzylinder aus etwas anderem als Gußeisen zu konstruieren; denn wegen der verwickelten Formgebung dieses Herzens der Maschine ist die Herstellung nur durch Gießen möglich. Die gießbaren Kupferlegierungen sind 10 bis 15 mal so teuer wie Gußeisen, Stahlguß ist für verwickelte Gußstücke durch seine Zähflüssigkeit und andere Gründe ungeeignet, also bleibt nur Gußeisen als einzige Möglichkeit. So sehr ist dieser Baustoff für diesen Maschinenteil unumgänglich, daß der Großgasmaschinenbau erst lebensfähig wurde in dem Augenblick, wo man einen Weg gefunden hatte, die gewaltigen Festigkeitsansprüche der explodierenden Gasmischungen durch gußeiserne Zylinder betriebssicher zu erfüllen.

Bei weniger zwingenden Anforderungen vermag der Konstrukteur dann auch auf andere Gesichtspunkte Rücksicht zu nehmen, in erster Linie auf den Preis. Die Lagerschalen z. B. werden bei kleinen einfachen Lagern meist aus Rotguß ausgeführt, da dieser den Bedürfnissen schneller und leichter Bearbeitung, großer Oberflächendichte und guter Festigkeit gleichmäßig entspricht. Ein Ersatz für Rotguß ist das Weißmetall, das jedoch so bröcklig ist, daß es eine gußeiserne Fassung erhalten muß. Hierdurch wird die Anfertigung einer verhältnismäßig verwickelt gestalteten Lagerschale nötig, deren Guß nur nach einem ebenso verwickelten Holzmodell erfolgen kann. Die Kosten dieses Modells, des Eisengusses und des Ausgießens der gußeisernen Schale mit Weißmetall übersteigen aber zusammen bei kleineren Lagern die Kosten einer Lagerschale ganz aus Rotguß erheblich, obwohl Rotguß 10 bis 15 mal soviel kostet wie Gußeisen. Erst bei Lagern für Zapfen von mehr als etwa 100 mm Durchmesser steigen die mit dem Gewicht sich multiplizierenden Kosten des Rotgusses höher als die Lohnzuschläge für Anfertigung des verwickelteren Gußeisen-Weißmetallagers. Der Konstrukteur wird daher von einer bestimmten, von Fall zu Fall wohl zu erwägenden Grenze an die Konstruktion, statt für Rotguß, für Gußeisen mit Weißmetalleinlage zu gestalten haben. Hier ist also der Preis ausschlaggebend.

Ganz allgemein entschieden ist die Kostenfrage für den Bau eiserner Traggerüste und Einzelträger, wie sie etwa der Lasthebemaschinenbau braucht. Noch Mitte des 19. Jahrhunderts steckten Walztechnik und Kenntnis der Konstruktionsgrundlagen gewalzten Flußeisens so sehr in den Kinderschuhen und waren daher die Kosten der Walzeisenkonstruktion so hoch, daß häufig die Entscheidung zugunsten des Gußeisens fiel. Heutzutage kommt dieser Baustoff für Träger nicht mehr in Betracht. Versuchen wir an Hand unserer Übersichtstafeln, uns die Verhältnisse klarzulegen:

Selbstverständlich kann man eine Kraft, eine Last ebensogut durch einen gußeisernen Träger oder eine gußeiserne Säule aufnehmen, wie durch schmiedeiserne. Der Träger muß nur jeweils genügende Querschnitte aufweisen. Wir ersehen nun aus Übersicht II, daß die Festigkeit des Gußeisens sich zu der des Flußeisens ungefähr verhält, wie 1 : 3. Von zwei Trägern aus Guß- und aus Flußeisen, die beide dieselbe Kraft auszuhalten haben, wird also der gußeiserne dreimal so große Querschnitte in allen Teilen aufzuweisen haben wie der schmiedeiserne; der erste wird also mindestens dreimal so schwer ausfallen wie der zweite, ganz abgesehen von der an und für sich (aus Gußrücksichten) plumperen und weniger ausnutzbaren Formgebung gegossener Teile.

Es sind demnach 300 kg Gußeisen 100 kg Konstruktionseisen gegenüberzustellen.

Nach Übersicht I verhalten sich die Kosten von je 100 kg Gußeisen zu je 100 kg Konstruktionseisen etwa wie 3 : 5.

Das Kostenverhältnis der in gleich festen Trägern enthaltenen Rohstoffmengen ist demnach bei Verwendung von Gußeisen anstatt von Walzeisen wie 9 : 5.

Nun ist allerdings die Walzeisenkonstruktion bedeutend vielteiliger als die Gußeisenkonstruktion, denn die Walzeisenkonstruktion muß man mühsam aus den einmal gegebenen Profilen zusammenflicken, während man das Gußeisen nach Bedarf gießen kann. Doch ist die Verbindung der Einzelteile durch die billige Nietung nicht so kostspielig, daß sie den Preis der zusammengesetzten Träger auf das Anderthalbfache steigert. Selbst wenn sie es jedoch täte, so wären immer noch das große Eigengewicht und der beschwerliche Transport und Zusammenbau der Gußeisenträger starke Gründe zur Bevorzugung des Flußeisens.

Anders liegen die Verhältnisse für die Rahmen und Gestelle von Kraftmaschinen. Hier ist das bedeutende Gewicht der guß-

eisernen Kraftwiderlager gerade erwünscht. Die schwingende Maschine
muß auf einem möglichst gewichtigen Klotz befestigt sein, um die
nötige Standsicherheit zu besitzen. Auch stellen die rüttelnden,
schnell und unaufhörlich wechselnden Kräfte einer Kraftmaschine
bedeutend höhere Anforderungen an den Zusammenhang der Teile,
als die langsamen, gemessenen Bewegungen der Hebemaschinen. Die
billige Durchschnittsnietung ist daher für die Rahmen von Kraftmaschinen ungeeignet. Sie müßte mit besonderer Sorgfalt, d. h. auf
kostspielige Weise, angefertigt und zum Teil durch andere teuere
Verbindungen, wie Verschraubungen oder Zusammenschweißen der
Teile ersetzt werden, wollte man annähernd gleiche Dauerhaftigkeit
und Betriebssicherheit erzielen, wie die Rahmen „aus einem Guß"
sie ohne weiteres bieten. Nur in den Fällen entschließt man sich
daher für Lagerung von Kraftmaschinen auf flußeiserne Gerippe, wo
geringes Gewicht unerläßliche Bedingung ist: im Fahrzeug-, Loko-
motiv- und Schiffsmaschinenbau.

Aus diesen skizzenhaften Bemerkungen dürfte die Art und
Weise, wie der Ingenieur seinen Baustoff auswählt, ungefähr hervor-
gehen. Eigenes Nachdenken über die rings um ihn her arbeitenden
und entstehenden Maschinen wird dem Praktikanten weitere und
ausreichende Erläuterung liefern. In Zweifelsfällen werden intelligente Arbeiter, sowie Meister und Betriebsingenieure zu befragen sein.

D. Halbfabrikate.

Auch mit den Halbfabrikaten hat der Maschinenfabrikant als
mit gegebenen Baustoffen zu rechnen, etwa so wie der Baumeister
mit den Ziegeln und Balken.

Man versteht unter Halbfabrikaten der Eisenindustrie Rohstoffe,
die schon in festliegende Abmessungen gebracht sind, an sich jedoch
noch nicht fertige Maschinenteile darstellen. Man rechnet hierunter
vor allem: profilierte Schienen und Träger, Drähte, Bleche und Rohre.
Diese bezieht die Maschinenfabrik fertig von den meist mit den
Hütten unmittelbar verbundenen Walzwerken.

Es liegt also hier weitgehende Arbeitsteilung vor zwischen
Maschinenfabrik einerseits und Hütte und Walzwerk andererseits.
Die Herstellung derartiger Halbfabrikate kann nur mit Hilfe gewaltigen Aufwands an Maschinenkraft vor sich gehen, es handle sich
denn um ganz dünne Drähte oder Bleche, für deren Erzeugung
wiederum besonders feine Maschinen und geschulte Bedienungsmannschaft erforderlich ist. Keine Maschinenfabrik der Welt aber vermag
so große Menge dieser Baustoffe zu verarbeiten, daß sie einer derartigen Maschinerie ständig Beschäftigung gäbe. Da es äußerst un-

wirtschaftlich wäre, diese teuren Anlagen den größten Teil der Zeit stillstehen, Zinsen fressen und Platz wegnehmen zu lassen, so ergibt sich ganz von selbst das Erwachsen besonderer Werke, die lediglich diese Halbfabrikate erzeugen. Da ferner die Formgebung der Halbfabrikate fast stets in glühendem Zustand erfolgt, so ist es sehr vorteilhaft, diese Werke unmittelbar mit den Hütten zu verbinden und womöglich das soeben erzeugte Eisen noch warm gleich in das Halbfabrikat zu verwandeln.

Normalprofile. Liefert somit ein Walzwerk für eine große Anzahl von Abnehmern oder gar für den Weltmarkt, so ist eine, wie besprochen, typische Erscheinung der arbeitsteilenden Massenfabrikation ganz unausbleiblich: die Normalisierung. Hier ist sie insbesondere noch durch die außerordentliche Kostspieligkeit der erzeugenden Maschinen bedingt, welche für jede einzige Nummer des erzeugten Fabrikats besondere Vorrichtungen, bestimmte Walzen, Lehren usw. bedingen. Andererseits wird diese Unbequemlichkeit, abermals ein Kennzeichen wirtschaftlich arbeitender Massenerzeugung, durch gewaltigen Umfang der erzeugten Mengen und durch äußerst gleichmäßige Beschaffenheit des Erzeugnisses reichlich aufgewogen.

Die Normalisierung in Halbfabrikaten beschränkt sich zu einem überwiegenden Teil nicht auf bestimmte Werke oder Werkgruppen, sondern ist erfreulicherweise national und für Deutschland in der Hauptsache im „Deutschen Normalprofilbuch für Walzeisen" festgelegt. Eine besondere Kommission wacht ständig darüber, daß die Fortschritte der Technik in dieser Auswahl deutscher Walzwerkserzeugnisse zum Ausdruck kommen. Natürlich erzeugt jedes Walzwerk noch sozusagen seine „persönlichen" Sondererzeugnisse, so daß auch anormale Ansprüche jederzeit befriedigt werden können.

Es mögen an dieser Stelle die Hauptformen und Benennungen der profilierten Erzeugnisse kurz Erwähnung finden. Benannt werden die Profileisen stets nach der Form des Querschnitts (Profils), wobei der Vergleich desselben mit den römischen großen Buchstaben üblich ist.

Die Hauptprofile sind:

Stabeisen { ⊘ Rundeisen,   □ Vierkanteisen,
            ⬡ Sechskanteisen,   ⊏ U-Eisen,

▬ Bandeisen,   ⊥ Doppel-T-Eisen,

⊤ T-Eisen,   ⅂ Z-Eisen,

∟ Winkeleisen,   �⊥ Wulsteisen oder

◥ Quadranteisen.   Eisenbahnschienen.

Die in den vorstehenden Andeutungen senkrechten Erstreckungen der Profileisen heißen Stege, die wagerechten Flanschen. Bei der Eisenbahnschiene unterscheidet man Steg, Kopf und Sohle.

Ein Überblick über die verschiedenen Erzeugungswege der Halbfabrikate wird uns sofort die Unumgänglichkeit der Normalisierung vor Augen führen.

Alle Behandlungen des Rohstoffes zur Erzeugung profilierter Schienen und Träger, Bleche oder Drähte beruhen auf der Eigenschaft der Schmiedbarkeit. Es kommen also nur schmiedbares Eisen (Schmiedeisen und Stahl), Kupfer und die schmiedbaren Metalllegierungen, ·wie Deltametall, Phosphorbronze, Messing für die Verarbeitung in Halbfabrikate in Betracht.

Der hauptsächlich angewandte Erzeugungsweg, der auch den Werken den Namen gab, ist das Walzen. Es ist wohl unnötig, die Einzelheiten dieses Vorganges hier zu schildern. Das Walzen gehört ja zu denjenigen technischen Vorgängen, die durch ihren hohen künstlerischen Reiz u. a. einen Adolf v. Menzel begeisterten, und wegen der eindrucksvollen Entfaltung riesiger Kräfte und hoher Glut auch Kreisen bekannt sind, die der Maschinenfabrikation sonst durchaus fernstehen. Die Feinheiten der dabei verwendeten Maschinen, Herstellung der Walzen u. a. m. kennen zu lernen, muß dem Hochschulstudium vorbehalten bleiben.

Hier sei nur bemerkt, daß durch Walzen sowohl Profilschienen wie auch Bleche und Drähte erzeugt werden (und zwar teilweise in kaltem Zustand), und daß mit dem nachhaltigen Durchkneten der Stoffe eine außerordentliche Verbesserung ihrer Festigkeitseigenschaften eintritt.

Nicht minder veredelnd wirkt auf den Baustoff das „Ziehen". Vorgewalzte Stäbe werden durch konisch verengte Löcher in gehärteten Stahlscheiben (Zieheisen) mit Zangen hindurchgezerrt. Infolge der Querschnittsverminderung im Konus erfolgt Verlängerung, da der Körperinhalt konstant bleiben muß. Auf jedem Zieheisen sitzen eine Anzahl Löcher (nicht immer runder, auch kantiger), deren jedes enger ist als das vorhergehende. Je nach der Größe des endgültig erreichten Querschnitts sind die Erzeugnisse Stäbe oder Drähte. Auch Rohre von besonderer Vorzüglichkeit werden auf diesem Wege aus Bandeisen oder Metallen erzeugt. Für diese muß natürlich in das Loch ein konischer „Ziehdorn" hineinragen, der dann nur den Ringquerschnitt (das Rohrprofil) frei läßt. Das durcheinandergeknetete Material schweißt sich zu einem nahtlosen Ganzen.

Statt der vorn ziehenden Kraft kann man natürlich dieselbe Wirkung durch ein Pressen von hinten erzeugen. Füllt man einen

Walzen.

Ziehen.

Pressen.

Raum, der nur eine kleine Öffnung hat, mit heißem Metall, und übt auf dieses Metall einen gewaltigen Druck aus, so wird es aus der einzigen verbleibenden Öffnung heraustreten, wie etwa gehacktes Fleisch aus einer Fleischhackmaschine, und, zweckmäßig geführt, gerade Stangen oder Röhren ergeben, deren Profil der Gestalt des Loches kongruent ist. Diese Erzeugungsart ist nur bei Rohstoffen anwendbar, die bei Temperaturen weich werden, welche beträchtlich unter der Schmelztemperatur des Eisens liegen. Denn sonst würde bei der erforderlichen dauernden Berührung das Eisen der Presse schmelzen. Die Drücke, die für derartiges Pressen erforderlich werden, sind natürlich gewaltige und steigen bis auf 500 bis 700 kg/qcm und mehrere Millionen Kilogramm im ganzen. Das erzeugte Halbfabrikat bietet infolge der äußerst nachhaltigen Durcharbeitung den höchsten für den jeweiligen Rohstoff möglichen Festigkeits- und Gleichmäßigkeitsgrad.

Gesenkpressen. Die aus dem Physikunterricht bekannte bequeme Art, mittels hydraulischer Presse hohe Kräfte zu erzeugen und zu vervielfachen, wird noch auf andere Weise für die Herstellung von Halbfabrikaten benutzt. Gewann hier das Metall aus sich selbst, lediglich durch Passieren einer profilierten Öffnung seine Form, so wird ihm bei dieser zweiten Methode die Form durch stählerne Stempel aufgeprägt. Da hierbei das glühende Metall nur kurze Zeit mit Preßstempel und Unterlage (Matrize) in Berührung kommt, so ist dieses Verfahren auch für Herstellung eiserner und stählerner Halbfabrikate geeignet. Es bildet eigentlich nichts weiter als ein Schmieden in höchster Vollendung: durch einen einzigen, noch dazu stoßlosen Druck wird das weißglühende Eisen in recht verwickelte Form gebracht. Im Abschnitt „Schmiede" wird näher davon die Rede sein. An größeren Halbfabrikaten liefert die Presse vor allem die Dampfkesselböden und ähnliche Fassonbleche. Von den gepreßten Klein-Halbfabrikaten sind die Nieten für den Maschinenbau am wichtigsten.

Großschmiede. Schließlich spielt auch das gewöhnliche Schmieden in der Erzeugung von Halbfabrikaten eine Rolle, allerdings nicht für die normalisierten Massengüter, sondern für Sonderaufträge. Für Herstellung sehr großer oder hochwertiger Schmiedestücke pflegen die Maschinenfabriken keine ausreichenden Wärmöfen, Ambosse und vor allem genügend geschulten Arbeiter zu haben. Daher werden solche Stücke (große Kreuzköpfe, Wellen für Schiffe u. ä.) gleich fertig geschmiedet von den Hüttenwerken geliefert, bilden also gleichfalls Halbfabrikate.

Preise. Die Preise für Halbfabrikate hier zu nennen, würde zu weit führen. Für Metallhalbfabrikate gelten die in Übersicht I aufge-

führten Preise pro 100 kg als sogenannte „Grundpreise“, zu denen
für die einzelnen Marken je nach der Höhe der Walz-, Zieh- oder
Preßkosten Zuschläge, sog. „Überpreise“ treten, die in seltenen Fällen
(für Rohre) 100 % überschreiten. Für Eisenhalbfabrikate liegt der
Grundpreis etwa in der Höhe der für „Konstruktionseisen“ und
Flußeisen aufgeführten Werte.

E. Fertig bezogene Fabrikate.

An Rohstoffe und Halbfabrikate reihen sich als fertig für die
Maschinenfabrikation zur Verfügung stehende Bauteile eine große
Reihe von Fertigfabrikaten. Sie entstehen, teilweise selbständige
kleine Maschinchen bildend (Schmierpumpen usw.), unter Anwendung
sämtlicher maschinenbautechnischer Verfahren, und daher ist auch
ein Praktikant, der in einer Fabrik für solche Fertigfabrikate, etwa
Armaturen, arbeitet, in nicht minder guter Vorbereitung für seinen
Beruf, als ein solcher, der in einer eigentlichen Maschinenfabrik lernt.
Er ist im Gegenteil vielleicht diesem gegenüber im Vorteil, denn er
lernt die entwickeltste Form der Fabrikation: die Massenerzeugung,
durchaus kennen.

Nur Massenerzeugnisse werden naturgemäß von Maschinfabriken
fertig „von auswärts“ bezogen. Nur bei diesen bietet der Kauf
Vorteile, die groß genug sind, den Maschinenfabrikanten zu veranlassen, Teile der Erzeugung, d. h. Möglichkeiten des Geldverdienens,
aus der Hand zu geben. Nur wenige ganz große Werke sind z. B.
imstande, sich ihre Schrauben billiger selbst herzustellen, als eine
Schraubenfabrik sie ihnen liefert (welche noch daran verdient). Eine
Fabrik, die nur Schrauben herstellt, ist gerade so unerreichbar in
Schnelligkeit, Güte und Gleichmäßigkeit, und trotzdem Billigkeit der
Arbeit, wie ein Arbeiter, der jahraus, jahrein dasselbe Stück bear-
arbeitet. Beide haben sich die vorteilhaftesten Arbeitswege ausprobiert, beide sind mit den entsprechenden Maschinen versehen
und nützen sie aufs höchste aus. Es ist also ein wohlüberlegtes
Rechenexempel, und nicht etwa „Bequemlichkeit“, wenn die Maschinenfabrik diejenigen Teile fertig von auswärts bezieht, die sie selbst
keinesfalls billiger oder zweckentsprechender oder dauerhafter herzustellen vermag.

Die Ausbreitung der Massenfabrikation erweitert von Tag zu
Tag die Liste dieser nicht unterbietbaren Fertigteile. Ja, es ist z. B.
in der Fahrzeugindustrie schon so weit gekommen, daß einige fran-
zösische und amerikanische Automobilwerke lediglich zusammen-
stellende Arbeit leisten und jeden einzelnen Bestandteil, selbst die
Motoren, fertig von dritter Hand beziehen. Bei dieser Lage der Dinge

ist ein Überblick über die fertig bezogenen Massenfabrikate nicht möglich. Nur auf solche sei hier kurz hingewiesen, die wegen ihrer einheitlich nationalen Normalisierung erhöhte Aufmerksamkeit beanspruchen.

Schrauben. Hierzu gehören in erster Linie die Schrauben. Sie besitzen sämtlich (in ganz Europa) gleiches Gewinde, das nach seinem Erfinder benannte Whitworthsche Gewinde, so daß also auf eine deutsche 2″ (spr.: Zweizoll-)Schraube eine englische 2″-Mutter ohne weiteres paßt. Leider sind die Stufen, in denen sie hergestellt werden, nach Zollmaßen[1]) (dem jeweiligen Außendurchmesser des Gewindes) eingeteilt: Sie steigen von $^3/_{16}$″ an um je $^1/_{16}$″ bis zu 1″, hernach um je $^1/_8$″ bis zu 2″ und um je $^1/_4$″ bis 6″ Durchmesser. Die Störung, die dieser „Zopf" in die gesamte technische Rechnung hineinträgt, ist ganz unleidlich, und seit langer Zeit bemühen sich die größten Vereinigungen vergeblich, ein Millimetersystem, das sogenannte metrische System, einzuführen — mit anscheinendem Erfolg neuerdings die Werkzeugmaschinenfabriken mit dem Système International (S.-I.-Gewinde). Immer wieder scheitern die Bemühungen für eine metrische Welt-Einheitsschraube an dem mangelnden Anschluß Englands und der Vereinigten Staaten, sowie an den gewaltigen Kapitalien, die durch eine Änderung des bestehenden Zustandes entwertet würden.

Rohre. Ebenfalls nach Zollen „lichter Weite" geordnet sind die normalisierten Gasrohre mit ihren Paßstücken. Sie werden im Maschinenbau natürlich nur in seltenen Fällen tatsächlich als Fortleitungen von Gasen benutzt, schon deshalb, weil die Gase, mit denen der Maschinenbau arbeitet, meist so hochgespannte sind, daß die für Leuchtgas von atmosphärischem Druck bestimmten dünnen Normalrohre nicht fest genug wären. Aber wegen ihrer weitgehenden und bequemen Zusammenfügbarkeit (und nötigenfalls Biegsamkeit) werden sie in vielseitigster Weise als Wasser- und Ölleitungen, sowie als leichtwiegende Geländer u. dgl. mit Vorliebe benutzt. Es ist für den Praktikanten von besonderer Wichtigkeit, sich über die Art der Verwendung von Gasrohren, vor allem auch durch eigenes Mithelfen bei ihrer Einfügung in Maschinen, genau zu unterrichten. Denn es hält schwer, auf der Hochschule die Vorzüge dieses unscheinbaren Hilfsmittels und die Eigenart seiner Handhabung lehrend zu erschöpfen. Werkstattmäßige Kenntnis ist später große Erleichterung für die richtige und rasche konstruktive Einfügung der Gasrohre.

Die Gasrohre haben ein in seiner Gangzahl pro Zoll, nicht aber in seiner Gestalt abweichendes eigenes „Gasgewinde", für dessen Herstellung besondere einfache Schneidwerkzeuge dienen. Es wird des-

---

[1]) 1″ (1 englisches Zoll) = 25,3 mm.

halb auch gern an anderen runden Stangen, Wellen oder Löchern angebracht, selbst wenn ein Anschluß an Gasrohre nicht erfolgen soll. Das „Gasgewinde" vereint in seinen vielfachen, feinen und wenig tiefen Gängen die Vorzüge, das mit ihm versehene Material nicht erheblich zu verschwächen und gleichzeitig gegen gepreßte luftförmige Stoffe hervorragend gut abzudichten, besonders wenn es mit roter Mennige vor dem Einschrauben bestrichen wird.

Von Rohren werden ferner fertig bezogen: Siederohre für Dampfkessel, den Gasrohren ganz ähnlich und wie sie aus Schmiedeisen nach besonderen Verfahren gewalzt, dann Hochdruck-Stahlrohre, Kupfer- und Metallrohre. Von besonderer Wichtigkeit sind die für Dampf- und Wasserleitungen benutzten gußeisernen Röhren, die ebenfalls mitsamt ihren Verzweigungsstücken, sog. „Formstücken", normalisiert sind.

Am besten wird sich der Praktikant über die verschiedenen Rohrsysteme und Anschlußmöglichkeiten belehren, wenn er sich bemüht, in der Fabrik nach und nach mit eignen Augen zu sehen und kennen zu lernen die folgenden fachmäßig benannten Rohrformstücke:

Flanschen, Flanschringe, Blindflanschen.

Dichtungslinsen.

Flanschenröhren, Muffenröhren; Krümmer, T-Stücke, Kreuzstücke, Kniestücke, Abzweige, Doppelabzweige, Übermuffen.

Rohrmuttern, Rohrkontermuttern, Überwurfmuttern, Stöpsel, Kappen, Nippel an Gasrohren.

Galloway-, Field-Rohre, Wellrohre, Flammrohre, Siederohre und Rauchrohre in Dampfkesseln; Kompensationsrohre in Rohrleitungen.

Die wichtigsten Zubehörteile zu Rohrleitungen: Ventile (Eck-, Wechsel-, Schnellschluß-. Sicherheitsventile), Schieber, Hähne werden gleichfalls stets fertig von Spezialfabriken bezogen, es müßte denn sein, daß besonders verwickelte Aufgaben durch solche Organe zu erfüllen wären. Rohrzubehör.

Mit diesen Fertigteilen, die bereits ziemlich verwickelter Natur und Herstellung sein können, trotz aller Normalisierung, betreten wir das große Gebiet der vielteiligen Fertigfabrikate, das nun in den verschiedenen Maschinenfabriken je nach der Natur der fabrizierten Maschinengattung wechselt. Fast alle bedürfen der Anschaffung von fertigen Ölvorrichtungen, deren Preis durch scharfe Konkurrenz der Spezialfirmen so gedrückt und deren Mechanismus dank der vorgeschrittenen Schmierungstechnik so entwickelt ist, daß Eigenherstellung seitens der verbrauchenden Maschinenfabriken durchweg unlohnend geworden ist. Auch auf die Beachtung dieser oft unschein- Schmiervorrichtungen.

baren Vorrichtungen zum Schmieren sei hier mit allem Nachdruck hingewiesen. Auch die Anbringung und Gestaltung der Schmiervorrichtungen ist ein Gebiet, das im Hörsaal kaum gelehrt werden kann, und jedenfalls heute an keiner Hochschule als Sondergebiet gepflegt wird. Die Aneignung der Kenntnisse nach und nach bei den Konstruktionsübungen ist mühsam, zeitraubend und lenkt den Blick von den Hauptaufgaben leicht ab. Dem jedoch, der während des praktischen Jahrs den Einzelheiten der Schmierung die nötige Beachtung geschenkt hat, werden diese zeitraubenden und lästigen Schwierigkeiten erspart bleiben. Sicherlich ist die Schmierung eins der wichtigsten, wenn nicht schlechthin das wichtigste Nebengebiet des Maschinenbaus und obendrein mit vielen „Kniffen" verbunden, die ja·dem echten Ingenieur stets besondre Freude bereiten.

Schmiermittel. Als Abschweifung vom eigentlichen Thema möge hier nur angedeutet werden, daß es hauptsächlich drei Arten von Schmiermitteln gibt: 1. Die konsistenten, salbenförmigen — teils dem Pflanzen- oder Tierreich, teils dem Mineralreich entstammend; sie werden angewandt für untergeordnete Gelenke und Lager. 2. Die dünnflüssigen Mineralöle, die bei gewöhnlicher Temperatur leicht tropfen und für die Schmierung aller an freier Luft befindlichen Gelenke und Lager dienen. 3. Die schwerflüssigen Mineralöle, die ihren geeigneten Flüssigkeitsgrad erst bei der Wärme in den Kraftmaschinenzylindern annehmen und daher unter dem Namen „Zylinderöle" diesen wichtigsten Schmierstellen vorbehalten sind.

Auf die äußerst mannigfaltigen Vorrichtungen zum Hineinbefördern, Auffangen, Reinigen und Wiederverwenden des Öls kann hier nur aufmerksam gemacht werden. Eine moderne Kraftmaschine gleicht mit ihrer Zentralölung in der Tat unserem blutdurchströmten menschlichen Organismus. Auch hier seien die Namen einiger der wichtigsten Ölvorrichtungen aufgeführt und dem Praktikanten dringend empfohlen, sich über die Bedeutung dieser Fachbezeichnungen durch Augenschein und Frage zu unterrichten.

Tovote- und Staufferbüchse, Nadelschmierapparat, Federdruck- und Tropföler, Ölfänger, Abstreiföler, Teleskopöler, Dochtöler, Ölschalen, Ringschmierung, Schleuderölring, Schmiernuten (Verlauf? Querschnitt?), Hochbehälterölung, Preßölschmierung, Zentralölung, Ölpumpen (Mollerup).

Das Gebiet der für den Maschinenfabrikanten heutzutage fertig vorliegenden Baustoffe und Bauteile ist hiermit in der Hauptsache umschrieben. Wir gehen nunmehr dazu über, die Eigenerzeugung der Maschinenteile zu besprechen.

Vierter Teil.

Gießerei, einschließlich Modelltischlerei.

Gießerei und Modelltischlerei bilden sinngemäß ein einziges Ganze. Die einfachen Gründe der Feuersicherheit machen aber stets ihre Unterbringung in zwei vollständig getrennten, wenn auch benachbarten Gebäuden nötig. Leider verbindet sich hiermit für die Werke die Gepflogenheit, beide Betriebe und ihre Meister selbständig nebeneinander zu ordnen, statt, wie es besser für die Erzeugung wäre, die Modelltischlerei in allen Stücken der Gießerei unterzuordnen. Für den Praktikanten bringt die räumliche Trennung geringe Übersichtlichkeit mit sich. Jedenfalls ist das Treiben in der Modelltischlerei ohne ausgiebige Kenntnis des Formens nicht zu verstehen. Falls daher Anordnungen der Werkoberleitung den Praktikanten in der Modelltischlerei einstellen wollen, ohne daß er vorher in der Gießerei gearbeitet hat, so kann jedem Praktikanten nur der Rat gegeben werden, sich gegen diese Maßregel zu sträuben, soweit es in den Grenzen der Achtung vor der Oberleitung und bei bescheidenem Auftreten möglich ist. Andernfalls bleibt kein andres Mittel, als während der praktischen Tätigkeit in der Modellschreinerei soviel wie irgend möglich sich im Einverständnis mit Tischler- und Gießermeister in der Gießerei über die Anwendung der Modelle, Schablonen und Kernkästen durch den Augenschein zu belehren. Da dem Verfasser bekannt ist, daß vielfach die Gewohnheit herrscht, die Arbeit in der Modellschreinerei derjenigen in der Gießerei vorzuordnen, und da in manchen Werken, insbesondere Eisenbahnwerkstätten, Gießereien überhaupt fehlen, so soll im folgenden auf die Technik des Formens und Gießens etwas ausführlicher eingegangen werden. Den Augenschein zu ersetzen wird jedoch nicht einmal versucht werden.

Die Herstellung von Gußstücken setzt sich aus drei Hauptvorgängen zusammen: dem Herstellen der Form, dem Schmelzen und dem Gießen. In dieser Reihenfolge mögen sie besprochen werden.

Jeder Rohstoff, dem man durch Gießen eine bestimmte Form verleihen will, muß zu diesem Zweck in eine Form gegossen werden, die alle seine Erhöhungen als Vertiefungen, alle seine Höhlungen als Vollkörper, alle seine Wandungen als Hohlräume zeigt, also in allen Stücken sein „Negativ" ist. Die Regel ist, daß dieses Negativ in der Weise erzeugt wird, daß ein dem zu bildenden Gußstück kongruentes „Modell" aus (vorläufig) beliebigem Stoff in bildsamer Masse abgedrückt wird. Nach vorsichtigem Herausheben des Modells behält die „Form" ihre Gestalt und gibt, mit erstarrendem Rohstoff angefüllt, diesem die gewünschte Form. Eine derartige rein oberflächliche Vollfüllung eines nackt daliegenden, unüberdeckten Negativs hat natürlich zur Folge, daß die freie obere Fläche des mit der Fasson nach unten liegenden Gußstücks (der Flüssigkeitsspiegel des flüssigen Metalls) eben wird. Nur selten kann man sich mit solchem „Herd-guß" begnügen. Will ich dagegen beispielsweise eine Kugel gießen, so muß ich eine Modellkugel ganz um und um in bildsamer Masse einformen und herausheben. Ich habe dann eine Hohlkugel vor mir, die mit Gußstoff angefüllt, eine Kugel ergibt.

Bereits bei diesem einfachen Beispiel zeigt sich jedoch, daß die Sache nicht so rasch getan ist, wie gesagt. Wie soll man denn die Modellkugel aus dem Formstoff herausbringen, ohne diesen durch den größten Kreis der Kugel beiseite zu schieben und so das Negativ zu zerstören? Wir können uns nicht anders helfen, als dadurch, daß wir die Modellkugel durch Zerschneiden längs eines größten Kreises zweiteilig machen und zunächst die eine Hälfte mit der Ebene nach oben einformen. Hierbei wird die Halbkugel ganz in einen Rahmen mit Formmasse eingesenkt, so daß ihr größter Kreis und die Oberfläche der Form eine einzige Ebene bilden. Nunmehr legt man die zweite Halbkugel mit ihrem größten Kreis auf den der ersten und sorgt durch in Hülsen der einen Hälfte eingreifende Zapfen der anderen Hälfte (Dübel oder Düwel genannt), daß sie sich nicht seitlich verschieben kann. Umgibt man nun die obere Hälfte mit einem gleichen Rahmen wie die untere, und erfüllt ihn ebenfalls mit bildsamer Masse, stellt also sozusagen ein Spiegelbild des Unterrahmens her, so kann man nach vollendeter Füllung den oberen Rahmen mit Form und oberer Halbkugel von dem unteren abheben, sofern man vorher durch Bestreuen der Oberfläche der Unterrahmenform mit trocknem Sand dafür gesorgt hat, daß die Formmasse des oberen Rahmens sich nicht mit der des unteren verbindet. Die Oberebene des Unterrahmens hat dabei die Unterfläche des Oberrahmens gleichfalls als Ebene entstehen lassen. Legen wir jetzt den Oberrahmen auf den Rücken neben den Unterrahmen, so haben wir zwei genau gleiche Bilder vor uns: in jedem Rahmen steckt eine Halbkugel bis zu ihrem größten Kreis in Formmaterial mit ebener Oberfläche. Jetzt ist das Herausheben beider getrennter Halbkugeln ohne weiteres möglich, da der größte Kreis oben ist, also das Modell sich ständig nach unten „verjüngt". Nach dem Herausheben zeigen sich zwei Hohlhalbkugeln in dem Formmaterial. Legen wir wieder die zusammengehörigen Seiten der beiden Rahmen aufeinander, so decken sich jetzt, falls die Rahmen eine Vorrichtung besitzen, die ihre gegenseitige Lage immer wieder in gleicher Weise herstellt, alle Umrisse wie vorher, nur daß an Stelle des Modells ein leerer Raum getreten ist. Da dieser in der Mitte liegt, kann ich aber nun noch nichts hineingießen. Der Former hat also von vornherein einen Gießkanal bis zur Höhlung auszusparen, durch den er das Gußgut hineinzugießen vermag. Ferner muß ein zweiter, sogenannter „Steigkanal" oder „Steiger" vorgesehen werden, durch den die Luft entweichen kann und der seinen Namen daher führt, daß man aus dem Steigen des Metallspiegels in ihm beurteilen kann, wann das Gußgut die Form ganz erfüllt. Nach erfolgtem Guß wird die Form im allgemeinen zerstört und das Modell liegt frei, höchstens durch anhaftendes Formmaterial verunreinigt, das noch „abgeputzt" werden muß.

Wir sehen, daß selbst einfache Körper schon schwierig zu gießen sind. In der eben beschriebenen Tätigkeitsfolge haben wir das Urbeispiel aller Formerei, an dem wir uns bereits über fast alle Vorgänge in der Formerwerkstatt belehren können.

Folgende Einzelteile sind also zum Einzelguß unbedingt nötig: das Modell, der Formstoff und der Formrahmen, oder wie der Former sich ausdrückt: der Formkasten. Welche Bedingungen hat jedes von ihnen zu erfüllen und wie werden sie erfüllt?

Das Modell muß in der Regel zwei- oder mehrteilig sein. Die Teilung des Modells hat stets und unbedingt so zu erfolgen, daß von der Teilebene aus gerechnet sich alle Teile verjüngen. Geometrisch ausgedrückt bedeutet das: Der Umfang jeder zur Teilebene parallelen Ebene muß stets gleich oder kleiner sein als alle Umfänge der zwischen ihr und der Teilebene liegenden Parallelebenen und darf ihre Umrisse mit keinem Vorsprung überragen. Andernfalls würde solche Hervorragung beim Herausheben nach oben allen über ihr lagernden Formstoff mitnehmen und dadurch die Form entstellen oder zerstören. Die dritte Bedingung ist, daß beide (oder alle) Hälften oder Teile so beschaffen sind, daß sie sich in der Teilebene nicht gegeneinander verschieben können. Die vierte Anforderung entsteht aus der Notwendigkeit, das Halbmodell leicht aus dem dicht angeschmiegten Formstoff herauszuheben. Hierzu kommen die allgemeinen maschinentechnischen Anforderungen der Dauerhaftigkeit, Festigkeit, leichten Herstellbarkeit und Billigkeit.

Um bei der letzten Gruppe von Bedingungen anzufangen, so erfüllt das Holz sie alle aufs vortrefflichste und dient daher fast ausnahmslos als Rohstoff der Modelle. Die Maßnahmen für leichtes Herausheben aus der Form beginnen schon im Konstruktionsbüro, wo der entwerfende Ingenieur möglichst die rein prismatische oder zylindrische Form (Basis: Teilebene) in schwach pyramidale oder konische wandelt, so daß das Gesetz der ständigen Verjüngung stets ausgesprochen zur Geltung kommt. Liegt das Modell im Formstoff, so bietet es, nur in seiner Teilebene sichtbar, keinen Angriffspunkt zum Herausheben; der Tischler bohrt daher in beide Teilebenen mindestens ein Gewinde, in die der Former beim Herausheben Handgriffe einschraubt. Wird das Holzmodell noch mit Schellack bestrichen und werden alle Kanten sorgfältig „gebrochen" d. h. abgerundet, so hat damit der Schreiner alles getan, was in seiner Macht steht, um leichtes Herausheben aus der Form zu bewirken, wofür sich wiederum das Holz wegen seiner Leichtigkeit ganz besonders gut eignet. Der Former bestreut obendrein das Modell vor seiner Überdeckung mit Formstoff noch mit Graphit oder Bärlappsamen (Lykopodium), so daß es leicht „losläßt". Außer dem Gewinde für den Hebegriff bekommt die eine Hälfte in der Teilebene zwei vorstehende Stifte (Dübel) eingebohrt, die in zwei auf der anderen Hälfte eingelassene Dübelhülsen genau passend eingreifen, wenn die Konturen der Teilebenen sich genau decken. Hierdurch wird die dritte Bedingung der Unverschiebbarkeit erfüllt.

Kommen die Folgen dieser Bedingungen wesentlich nur in der Werkstatt zum Ausdruck, so haben wir in den Bedingungen für die Teilbarkeit des Modells solche vor uns, die bereits der Konstrukteur beim Entwurf berücksichtigen kann und berücksichtigen muß. Diese Fragen sind daher für jeden Ingenieur sorgsamsten Studiums wert. Die Gießereitechnik steht zwar heute auf einer solchen Höhe, daß schlechthin alles geformt und gegossen werden kann, aber mit welch verwickelten und kostspieligen Mitteln und mit welch geringem Grad von Zuverlässigkeit im Guß und im Betrieb! Die Summen, welche ein Ingenieur erspart, wenn er so konstruiert, daß seine Modelle immer möglichst einfach, zweiteilig gehalten werden können, sind um so beachtenswerter, als sie sich mit der Zahl der Abgüsse vervielfachen.

Die Teilung der Modelle sicher beurteilen zu können und über die Mittel nachzudenken, welche bei den verschiedenen typischen Maschinenteilen zu einfachster Teilung führen, ist die Hauptaufgabe des Aufenthalts in der Modellschreinerei und Gießerei. Es ist sehr dienlich, sich mit der seitens der Tischler gewählten Teilung nicht als mit der einzig möglichen zufrieden zu geben. Vielmehr versuche man stets herauszufinden, ob vielleicht eine andere Zerteilung vorteilhafter gewesen wäre, oder welche Gründe zwingend zu der Wahl der ausgeführten Teilung geführt haben. Fleißige Unterhaltung mit Tischlern, Meister und Ingenieur im Falle von Unklarheit über diese Gründe muß gepflogen werden. Kurz, der Praktikant soll kein Mittel unterlassen, sich über die Frage der Teilung der Modelle derart zu belehren, daß ihm im späteren Studium und Beruf die gußtechnische Anschauungsweise aller Gußkörperformen in Fleisch und Blut übergegangen ist.

Aus der Modelltischlerei gelangen wir bei der Frage des Form- Formmaterial. stoffs in die Formerei. Die vom Formstoff zu erfüllenden Bedingungen hängen, abgesehen von der nötigen Bildsamkeit, ausschließ- von dem Gußgut ab. Wir fassen hier vor allem Gußeisen als Gußstoff ins Auge. Denn die „Metall"- oder Gelbgießerei weicht nur in Nebenpunkten von der Eisengießerei ab und wird auch vielfach gegenüber den Praktikanten als verbotenes Gelände gewahrt. Gründe hierfür liegen in bestimmten Metallegierungen und Gießereikniffen, die häufig Fabrikgeheimnis sind, und in der Gesundheitsschädlichkeit des Betriebs, der vielfach Berufskrankheiten erzeugt. Die für die Eigenschaften des Formstoffes ausschlaggebenden Bedingungen sind also: Erstens hohe Temperaturbeständigkeit wegen der Hitze des flüssigen Metalls. Ferner hat flüssiges Eisen in ganz besonders hohem Maße die Eigenschaft aller Flüssigkeiten: gasförmige Stoffe zu absorbieren. Diese gibt es beim Erkalten wieder frei. Das Formmaterial muß also zweitens auch für Gase durchlässig sein. Hieraus erklärt sich, wieso die Wahl auf pulverförmige Körper als Formstoffe fallen muß, eine Wahl, die wegen der scheinbar geringen Haltbarkeit solcher Formen auf den ersten Blick befremdet.

Sand ist das beste Formgut für Eisenguß, insbesondere der nach Sand. den Erfahrungen von Generationen künstlich zusammengemischte feine Formsand. Er besteht im wesentlichen aus Kieselsäure (d. i. sozusagen chemisch reiner Sand), Tonerde, Kalk und Eisenoxyd; bisweilen erhält er Beimischungen geringer Mengen von Magnesia, Alkalien und organischen Substanzen (Pferdemist o. ä.). Die freie Kieselsäure macht ihn feuerbeständig, die Bildsamkeit rührt von dem Gehalt an Tonerde her, in Verbindung mit dem teils chemisch, teils mechanisch gebundenen Wasser. Bei der Berührung mit dem geschmolzenen Metall oder beim Brennen im Trockenofen tritt chemische Entwässerung der Kieselsäureverbindung und Verdampfung des mechanisch gebundenen Wassers ein. Hierdurch verliert der Formsand seine plastischen Eigenschaften, gewinnt jedoch an Gasdurchlässigkeit. Er wird dabei also nicht nur aus feuchtem Sand trockener Sand, sondern der Sand verändert auch seine chemische Beschaffenheit.

Eine Auffrischung durch Beimengung frischer Kieselsäure-Wasser-Verbindungen wird daher stets vonnöten sein. Auch dann ist benutzter Sand nicht beliebig oft wieder benutzbar. Seine „Lebensdauer" hängt hauptsächlich von seiner Feuerbeständigkeit ab. Diese gibt also ein Maß für den wirtschaftlichen Wert des Formsands. Sie beruht in dem Gehalt an freier Kieselsäure. Die chemische Prüfung des gekauften Formsands liefert also eine vorzügliche Grundlage des Werturteils. Wie bei der Markenbezeichnung des Gußeisens (siehe S. 100) finden sich auch im Formsandhandel an sich nichtssagende Benennungen, die nur dem Eingeweihten verständlich sind. Auch hier jedoch sind Bestrebungen im Gange, die chemische Analyse für die Kennzeichnung in wünschenswerter Weise zugrunde zu legen. Der Gattierung der Roheisensorten entspricht eine Zusammenstellung der Sandbestandteile bei seiner erstmaligen Mischung, die entweder von Hand oder schneller und besser durch Formsand-Mischmaschinen erfolgt, wie man sie in fast jeder größeren Gießerei heute antrifft.

Die Gebrechlichkeit derartiger reiner Magersandformen ist natürlich groß. Über die Mittel, sie widerstandsfähiger zu machen (Formstifte, Stampfen u. dgl.), muß sich der Praktikant durch Augenschein belehren. Die Wichtigkeit wohlabgerundeter Kanten, oder besser: die Unmöglichkeit, scharfe Kanten ausreichend gegen „Wegschwimmen" des Sandes zu sichern, muß er sich als unerläßliche Konstruktionsregel für Studium und Beruf selbst ausprobieren. Gußstücke dürfen nicht scharfkantig konstruiert werden. (Welche Ausnahmen?)

Masse. Bei größeren Gußformen kommt man schließlich mit magerem Formsand nicht mehr aus. Er vermag schwebend nicht mehr sein Eigengewicht, ruhend nicht mehr den Druck eingelegter Formteile auszuhalten. Man erhöht daher seinen Gehalt an Bindemittel: an Ton. So entsteht sehr fetter Formsand, sogenannte „Masse". Die „Masse" ist zwar widerstandsfähiger, so daß man selbst die größten Gußstücke in ihr formen kann, aber auch weniger gasdurchlässig als Magersand. Die flüchtige Erhitzung beim Eingießen des Eisens macht die Masse nicht schnell genug porös, die Gase können nicht schnell genug entweichen, die Form steht in Gefahr zu explodieren, das Eisen wird blasig, da es seines Gases sich nicht nach außen entledigen kann. Masseformen müssen daher stets stundenlang gleichmäßig getrocknet werden, was bei unbeweglichen Formen mit Stichflammen, bei verfahrbaren im Trockenofen geschieht. (Temperatur des Trockenofens? Dauer des Trocknens? Brennstoffaufwand? Möglichkeit der Verwendung der Abhitze des Gießofens?)

Lehm. Neben der Masse ist für große Gußkörper einfacherer Gestaltung die billigere Verwendung des Lehms üblich, der sich wegen seiner Porosität in getrocknetem Zustand und seiner hervorragenden

Bildsamkeit in nassem vorzüglich zu Gußformen eignet. Er bedingt gleichfalls ausgiebigste Warmtrocknung.

Die Aufgaben des Formmaterials werden vom Former in mannigfachster Weise unterstützt: so schafft er mittels des sogenannten „Luftspießes" millimeterfeine Kanälchen in kleinen Formen, mittels eingelegter, vor dem Guß entfernter runder Stäbe große Kanäle bei Großformen, um den massenhaft freiwerdenden Gasen besondere Auswege zu bieten. Die Dauerhaftigkeit wird erhöht durch nachdrückliches Stampfen und Zusammendrücken des Formsandes — eine Handhabung, die dauerhafteste Ausführung der darunter liegenden Modelle bedingt. Alle derartigen kleinen Handwerksmaßnahmen müssen der eignen Beobachtung durchaus überlassen werden. Immer wieder sei betont, daß eigenes Nachdenken hierbei besser ist als vorschnelles Fragen, — stets aber Fragen besser, als unverständliche Maßnahmen schweigend mit anzusehen.

Die Bedingungen, welche endlich die Formkästen erfüllen müssen, Formkästen. sind einfachster Natur und werden mit einfachsten Mitteln erfüllt. Durch zwei sorgsam passende Stifte- und Ösenpaare am Rande der (gußeisernen) Rahmen wird gewährleistet, daß sie stets abweichungslos übereinander zu liegen kommen. Größere Formkästen, die oft nur noch mit Kränen bewegt werden können, haben noch an der Innenseite senkrechte gegenüberliegende Nuten, zwischen denen Eisengitter mit Keilen befestigt werden. An ihnen findet die Formmasse willkommenen Halt.

Nachdem wir so an Hand der (wenn wir vom Herdguß absehen) einfachsten Abformung uns über die ersten Grundlagen des Formens klar geworden sind, müssen wir diese ergänzen, indem wir nunmehr an diejenige gußtechnische Aufgabe herantreten, die der Maschinenbau hauptsächlich an die Formerei stellt: die Erzeugung hohler Gußkörper.

Knüpfen wir an unser erstes Beispiel an: Wir wollen eine Hohlkugel gießen. Wie erzeugen wir die Form?

Es muß nichts weiter geschehen, als verhindert werden, daß Kerne. der ganze vorher geschaffene Raum voll Eisen läuft. Wir füllen also einfach den Raum, der fürs Eisen versperrt sein soll, ebenfalls mit Formsand aus: wir stellen einen „Kern" her, den wir in die ursprüngliche Form hineinlegen. Hieraus ersehen wir, daß es für die Herstellung eines Modells belanglos ist, ob der zu erzeugende Körper voll oder hohl ist. Das Modell liefert immer nur die Außenform. Ich kann in diese Außenform nach Belieben verschiedene Hohlräume hineingießen, je nach den Kernen, die ich in die hohle Form einlege.

Wie erzeuge ich einen solchen Kern? War die Form das Ne-

gativ des Modells, so ist der Kern das Positiv des sog. Kernkastens;
ich erzeuge ihn auf dieselbe Weise, wie einen vollen Gußkörper in
der Sandform, nur mit dem Unterschied, daß ich statt des Formsandes Holz, statt des hineingegossenen Metalls hineingestopften, fest-
gestampften Formsand treten lasse. Ein Kernkasten ist, volkstüm-
lich ausgedrückt, nichts anderes als die bekannten zweiteiligen Kuchen-
formen. In unserem gewählten Falle müßte ich also aus zwei Holz-
blöcken je eine hohle Halbkugel herausdrechseln, beide Blöcke mittels
der bereits bekannten Verdübelung aufeinanderpassen, so daß die
beiden größten Kreise genau kongruieren, und mir zu dieser in den
Kasten eingeschlossenen Hohlkugel durch Bohrung eines Loches den
Weg von außen bahnen. Nunmehr kann ich beide Hälften mit einer
Klammer oder Schraubzwinge zusammenhalten und die Hohlkugel
mit „Masse" erfüllen. Sand würde beim Einlegen des Kerns in die
Form oder schon beim Transport zerbröckeln. Durch das Zugangs-
loch hindurch wird die Füllung festgestampft (die Kernkästen müssen
deshalb äußerst dickwandig sein) und nach Auseinanderklappen der
beiden Hälften (wie Schalen einer Walnuß) der Kern herausgenommen
und im Ofen gebrannt. Er ist nun ziemlich fest und kann in die
Form eingelegt werden.

Kernstützen.   Jetzt taucht eine neue Schwierigkeit auf. Der Kern soll rings
von Eisen umspült werden, darf also die Wand der Form nirgends
berühren; und obenein soll der Hohlraum zwischen Kern und Wand
überall gleich weit sein. Wir könnten uns durch die vielfach verwendeten „Kernstützen" helfen. Diese bestehen aus zwei kleinen
viereckigen Stützblechen, die, durch zwei Distanzbolzen verbunden,
ihren Abstand denjenigen Teilen mitteilen, zwischen die sie geschoben
sind. Sie schmelzen mit ins Eisen hinein. Wir könnten also rings
die Kernkugel durch Kernstützen gegen die Hohlkugelwendung ab-
steifen und sozusagen in der Schwebe halten.

Kernlöcher.   Eine neue Schwierigkeit tritt jedoch auf. Gösse ich nun, so
erhielte ich eine Hohlkugel aus Eisen, aus der der Sandkern nicht
zu entfernen wäre. Wir sehen, daß es untunlich ist, einen allseitig
geschlossenen Hohlkörper zu gießen. Für das Ausräumen des Guß-
kerns müssen von vornherein Löcher gelassen werden, die so wichtigen Kernlöcher, die mit Vorliebe vom Neuling im Büro vergessen werden und ihm dem Gießereileiter gegenüber die Blöße un-
genügenden werkstattmäßigen Gefühls geben. Es sollte in der Tat
keinem Ingenieur zustoßen, der sich in der Gießerei auskennt. Muß
der Hohlraum unbedingt geschlossen werden (Kühlmäntel, Heizmäntel,
doppelwandige Deckel u. ä.), so müssen die Kernlöcher nachträglich
mit Gas-Gewinde versehen und durch einen „Gasstopfen", d. h. einen
Eisenpfropf verschraubt werden. Andernfalls läßt man sie einfach offen.

Was bedeutet nun dieses Kernloch für den Kern? Es zeigt sich am Kern als Positiv, d. h. der Kern bekommt einen runden (weil leicht auf der Drechselbank auszudrehenden) Fortsatz oder Zapfen, den wir gleich zwiefach verwenden könnten. Im Kernkasten ist das ein Hohlzylinder, ein Kanalansatz: wir können ihn als Zugangskanal für das Einfüllen und Stampfen ausnutzen. In der Form muß der Ansatz den ganzen Hohlraum durchsetzen, damit wirklich ein Loch in der Eisenwandung entsteht. Bringen wir an zwei gegenüberliegenden Stellen der Kernkugel je so einen Zapfen an, so bekommen wir einmal ein bequemes „Ausputzen" der gegossenen Hohlkugel vom Sand, der innen darin steckt, weil wir mit dem „Putzhaken" durch und durch fahren können; dann aber vor allem stützt sich nun der Kern durch die beiden Ansätze von selbst in der Hohlform ab, so daß wir der umständlichen Kernstützen entraten können.

Um dem Kern eine gesicherte Lage in der Form zu verleihen, Kernmarken. geht man endlich noch einen letzten Schritt weiter: man macht die Ansätze am Kern länger, als die Wandstärke der zu gießenden Hohlkugel beträgt, und sieht in der Hohlform von vornherein zwei zylindrische Löcher vor, die den gleichen Durchmesser haben wie der Kern, und in denen dieser, beiderseits hineingesteckt, sicher ruht. Zu diesem Zweck werden gleich an der Modellkugel zwei solche Zapfen angebracht, die sich dann in der Form selbsttätig mit abformen. Man nennt sie „Kernmarken", und sie werden von dem übrigen Modell durch besonderen Anstrich (meist schwarz oder rot)· als solche hervorgehoben. Jemand, der mit dem Formen und Gießen nicht vertraut ist, kann unmöglich in der Modelltischlerei ahnen, welchem Zweck diese „überflüssigen" Anhängsel dienen, und wieso es kommt, daß das fertige Gußstück sie nicht aufweist.

Bei dieser Gelegenheit sei auch noch eine Erklärung gegeben Arbeitsleisten. für die sog. „Arbeitsleisten". Sie bestehen in viereckigen Plättchen oder runden „Augen", die auf den glatten Modellkörper aufgesetzt werden. Es geschieht an allen den Stellen, die später glattes Widerlager bilden sollen und deshalb bearbeitet werden müssen, ohne daß das Material des Gußstücks geschwächt werden soll. Auch muß das glattschneidende Werkzeug (Hobelstahl, Stoßstahl usw.) allseitig freien „Auslauf" haben, so daß eine Erhabenheit der Arbeitsfläche über die Nachbarteile erforderlich wird. Ist dagegen eine gleichmäßige Bearbeitung der ganzen Oberfläche des Gußstücks in Aussicht genommen, so wird dies durch einen Zuschlag von meist 3 mm Material zum angegebenen Maß berücksichtigt.

Hiermit hätten wir alle kennzeichnende Begriffe der Durchschnittsformerei aufgezählt. Daß und wie sich mit den erläuterten

Kniffen die verwickeltsten Aufgaben durch richtige Zusammenwirkung lösen lassen, lehrt der Augenschein der Werkstatt. Gegenüber den scheinbar unverständlichsten Modellen und Kernkästen in der Werkstatt erlahme dennoch das Suchen nach Verständnis nicht: denn bis auf wenige besonders verschmitzte Hilfsmittel bilden alle Modelle und Formen lediglich das Ergebnis von Additionen oder Multiplikationen der erläuterten Grundbegriffe. Dem eingehenden und gerade in der Gießerei und Tischlerei so besonders fördernden Studium müssen alle weiteren Einzelheiten überlassen werden. Nichts fördert und entwickelt das dem Ingenieur unentbehrliche Raumanschauungsvermögen so sehr, wie das Nachdenken über die Modelle und Formen. In keiner Werkstätte lernt der junge Ingenieur so viele unmittelbar verwertbare Kenntnisse für das Konstruieren.

Schablonen.   Auf eine besondere Art des Formens muß hier noch hingewiesen werden: das Formen mittels Schablonen. Die große Vorliebe der Ingenieure für runde Formen, für Rotationskörper, beruht nicht auf ihrem Geschmack oder auf Herkommen, sondern in der außerordentlichen Bequemlichkeit und Billigkeit ihrer Erzeugung und Bearbeitung. Auch für die Herstellung eines Modells ist es von Wert, wenn es als Rundkörper entworfen ist und auf der Drechselbank rasch und leicht herzustellen ist. Unendlich augenfälliger aber ist die große Ersparnis durch Entwurf von Rotationskörpern dort, wo sie geradezu die Herstellung eines Modells ersparen. Es ist klar, daß man eine Rotationshohlform dadurch erzeugen kann, daß man auf geglättetem Grunde eine senkrechte Achse errichtet und diese als Drehmittelachse des Rotationsprofils benutzt. Eine Teilung der Form kommt in Fortfall, da auch Unterschneidungen der Parallelebenen durch radiales Zurückziehen des Profils nach vollendeter Rundform nicht wieder zerstört werden. Das Verfahren kann für Kern- wie für Formherstellung dienen. Es wird in der Lehmformerei fast ausschließlich, in der Masseformerei häufig, in der Sandformerei wegen der Lockerkeit des Magersands niemals angewendet. Genauere Belehrung liefert der Augenschein. Hier soll nur eine Andeutung gegeben werden, wozu diese hölzernen Bretter mit ausgesägten Profilen, „die Schablonen", die in der Tischlerei gefertigt werden, bestimmt sind.

Für die spätere Konstruktionspraxis von großem Wert ist es, bei der Betrachtung von Schablonen auf folgende unscheinbare „Hilfe" zu achten: der Modellschreiner bringt auf dem Schablonenbrett stets kleine Marken (Striche, Einschnitte, Klötzchen) an. Diese haben den Zweck, die richtigen Kontrolldurchmesser der fertigen Form gleich ohne weiteres mit dem „Taster" abgreifbar zu liefern. Denn je nachdem ich die Schablone (die zum Radius senkrecht steht) an einem längeren oder kürzeren Radius rotieren lasse, erzeugt ihr Profil eine umfangreichere oder weniger umfangreiche Form. Der Schablonenformer stellt die Schablone etwa richtig ein, läßt sie an zwei gegenüberliegenden Stellen des Kreises am Formmaterial anstreifen und mißt in verschiedenen Höhen den Abstand der so entstandenen Streifflächen mit dem Taster. Stimmen die Maulweiten des Tasters mit den Markenabständen auf der Schablone überein, so hat er erstens die Gewähr, daß der Radius stimmt, zweitens, daß Achse und Schablone senkrecht stehn. Außerdem hat dieses Verfahren den großen Vorteil, daß die zahlenmäßigen Maßablesungen mit ihren Fehlerquellen aus der Schablonenformerei fast völlig verschwinden und die Messung ohne weiteres auch für ungelernte, d. h. billige, Arbeitskräfte verständlich und durchführbar wird. Die Maße dieser Probierdurchmesser gibt am besten schon der Ingenieur dem Schreiner unmittelbar an die Hand, damit dieser sie nicht erst selber heraussuchen muß. Man unterrichte sich daher während der praktischen Lernzeit genau, an welchen Stellen diese gebraucht werden, damit man sie später auf den Studien- und Berufszeichnungen gleich richtig anzugeben vermag.

Der Praktikant sieht bald ein, daß die Formerei sich in einer Beziehung den neueren Fabrikationsgrundsätzen gegenüber spröde zeigt: nämlich in der Unentbehrlichkeit der handwerksmäßig geübten Handarbeit. Trotzdem macht auch hier die Einführung der Formmaschinen stete Fortschritte. Im Wesen der Formerei mit ihrem unendlich abwechslungsreichen Formenschatz liegt es jedoch begründet, daß hier die immer einseitige, anpassungsunfähige Formmaschine niemals ganz die Handarbeit verdrängen wird. Gerade um dieser Unterschiede willen ist jedoch die Formerei mit der Maschine und die Bedingungen, die für ihre Verwendung bei dem Entwurf der Gußkörper durch den Ingenieur berücksichtigt werden müssen, der eingehendsten Beachtung wert. Wir möchten diese Betrachtungen, die schon etwas technisches Verständnis voraussetzen, insbesondere solchen Praktikanten empfehlen, die nach Erledigung einiger Hochschuljahre einen zweiten Blick in die Werkstatt tun.

Zur Übersicht sei nur hervorgehoben, daß man unterscheidet: Hilfsformmaschinen (Zahnradformmaschinen), die mittels Modellteilen Teile der Form ohne vollständiges Modell herstellen helfen. Zu ihrer Bedienung gehört ein gelernter Former. Voraussetzung ihrer Anwendung ist ständige Wiederkehr einer Profilierung an der herzustellenden Form (Zähne am Zahnrad). Ihr Hauptvorteil beruht im genau senkrechten Aufheben des Modellteils. Die Kastenformmaschinen sind die am weitgehendsten die Handarbeit ersetzenden, insbesondere, wenn sie auch noch mit Druckwasser oder Druckluft,

Form-
maschinen.

statt von Hand betrieben werden. Man unterscheidet: Erstens Abhebemaschinen mit oder ohne „Wendeplatte". Zweitens Durchziehmaschinen. Abhebemaschinen ohne Wendeplatte eignen sich nur für flache, wenig profilierte Modelle, dagegen können solche mit Wendeplatte mittelhohe, Durchziehmaschinen sehr hohe und sehr profilierte Modelle abformen. Die Antwort auf das „Wieso"? muß der Augenschein lehren. Sollte übrigens, was meist der Fall sein wird, die Fabrik eine oder die andere Maschine nicht besitzen, so ist das für die Ausbildung des Praktikanten kein Unglück. Das sind Sondererzeugungen und Sonderkenntnisse, die, wenn auch sehr wünschenswert, so doch entbehrlich sind. —

Das Schmelzen.   Nachdem wir so einen kurzen Überblick über die Herstellung der Formen gewonnen haben, wenden wir uns der zweiten Vorbereitung des eigentlichen Gusses zu: dem Einschmelzen.

Schmelzöfen.   Das Einschmelzen geschieht in den Gelbgießereien noch heute in dem ursprünglichen Schmelzgefäß, dem Tiegel, der sich nur zum Tiegelofen entwickelt hat. In der Eisengießerei ist der sogenannte Kupolofen heute der durchaus vorwiegende. Neuerdings scheint sich jedoch auch die Verwendung des Flammofens für Gießereien auszubreiten. Bisher war dieser nur für das Einschmelzen von Qualitätsguß" mit schmiedeisenähnlichen Eigenschaften üblich.

Das Kennenlernen dieser Öfen geschieht besser durch Anschauung als durch ein Buch. Hier sind nur einige allgemeine Hinweise am Platze.

Der Kupolofen ist in allen wesentlichen Teilen lediglich eine Nachbildung des Hochofens (siehe Abb. 1 S. 93) in kleinerem Maßstabe. Im Unterschied vom Hochofen, der ununterbrochen betrieben wird, pflegt das Einsetzen in den Kupolofen täglich neu zu erfolgen. Der Flammofen ist ebenso ein getreues Abbild des Martinofens mit Regenerativheizung (siehe Abb. 4 S. 102). Lediglich die beim einfachen Einschmelzen naturgemäß geringere Schlackenmenge kennzeichnet äußerlich die Gießöfen. Hören wir, was ein Fachmann[1]) über ihre Verwendung sagt:

„Die Vorzüge des Kupolofens sind bekannt. Man kann in ihm große Mengen Roheisen schnell, mit wenig Abbrand[2]) und unter dem denkbar geringsten Aufwand an Brennmaterial schmelzen; zu seiner Bedienung sind keine besonders geschulten Arbeiter erforderlich und seine Instandhaltung erfordert nur geringe Kosten. Schließlich läßt er sich nötigenfalls leicht über die normale Leistung hinaus forcieren und paßt sich also allen Betriebserfordernissen ohne weiteres an.

---

[1]) Zeitschrift „Stahl und Eisen" 1907, S. 20.
[2]) Verluste durch Oxydation.

Im folgenden sei zunächst die Rede von den mit der Hand bzw. in freier Formgebung unter dem mechanischen (Dampf-, Feder-, Luft- usw.) Hammer ausgeführten Schmiedearbeiten. Diese werden aus den angegebenen Gründen seltener, während das Pressen, Gesenk- und Maschinenschmieden an Anwendungsmöglichkeiten gewinnen.

Das Schmieden von Hand (von der Kunstschmiede abgesehen) eignet sich nur zur Hervorbringung einfacher Formen. Die Erzeugung hohler Schmiedestücke von Hand ist stets mit Schwierigkeiten verbunden. Sie sind deshalb teurer, als wenn man sie (bei gleicher Festigkeit) schwerer, aber gußfähig konstruiert. Aber auch auf dem Felde der einfach geformten Körper wird der Guß häufig, ja fast stets billiger als das Schmieden von Hand, vor allem bei Stücken, die nachträglich bearbeitet werden sollen: Von den maschinellen Sonderverfahren abgesehen, bringt ja das Schmieden eine grobe, wenig genaue Form hervor. Will man daher sicher sein, daß die unvermeidlichen Ungenauigkeiten keine schmerzlichen Überraschungen in den mechanischen Werkstätten ergeben, so muß für das Schmieden von Hand der Bearbeitungszuschlag sehr groß gewählt werden. Beispielsweise also müßte das Rohschmiedestück eines Kreuzkopfs auf allen Seiten 5 bis 10 mm dicker werden als das fertig bearbeitete, weil eine Ungenauigkeit von 5 bis 10 mm beim Schmieden von Hand immerhin im Bereiche der Möglichkeit liegt. Dieser ganze Materialüberschuß muß also stets erst von solch einem Schmiedestück heruntergearbeitet werden. Da er beim Gußstück, wie wir sahen, nur 3 mm beträgt, so hat man das Gußstück schneller „auf Maß" als solch ein Schmiedestück. Dies bedeutet eine häufig recht wesentliche Verbilligung des gegossenen Stücks gegenüber dem handgeschmiedeten. Hierzu kommt, daß man so genau und glatt gießen kann, daß unbearbeiteter Guß in die Maschine ohne weiteres aufgenommen werden kann. Von Hand geschmiedete Flächen wird man dagegen höchst selten zulassen können, da sie durchschnittlich uneben und ungenau sind[1]).

Hieraus ergibt sich, daß man nur solche Stücke von Hand schmieden läßt, bei denen 1. allseitige Bearbeitung stattfindet, 2. einfachste Formgebung möglich ist, 3. die Festigkeits- oder technologischen Rücksichten das geschmiedete Material unbedingt erfordern und 4. der Bedarf an Zahl so gering ist, daß sich die Herstellung der kostspieligen Gesenke nicht lohnt. Solche Maschinenteile sind z. B. gewisse Wellen und Achsen an größeren, nur in wenigen Ausführungen gebauten Maschinen. Als drehende Maschinenteile müssen sie rundum abgedreht sein, ihre Form ist (mit Ausnahme der Kurbel-

---

[1]) Dies gilt nicht für im Gesenk geschmiedete Oberflächen.

Auftrieb.   Die Schwere des Gußguts ist eine unabänderliche Tatsache. Sie verhindert, daß man das Eisen einfach in die Form von oben hineingießen kann: infolge der Fallbeschleunigung schösse es mit solcher Wucht in die gebrechliche Form, daß alles darin zerschlagen würde. Deshalb führt man das Eisen auf Umwegen von untenher in die Form: vermittels eines seitlich angebrachten senkrechten Kanals gelangt es in eine kleine Erweiterung, die besonders fest gestampft ist und welche den Aufprall aufnimmt. Nunmehr fließt es ruhig durch einen wagerechten Kanal, den „Anstich", der Form möglichst am untersten Punkte zu. Immerhin steigt es nach dem Gesetz der kommunizierenden Röhren mit beträchtlichem Druck nach oben. Alle Kerne und Vorsprünge müssen daher sorgfältig gelagert und versteift sein, um dem Auftrieb des Eisens zu widerstehen. Der Deckel der Form wird mit Gewichten beschwert, um sein seitliches Austreten in der Teilfuge zu hindern. Sind Kanten oder Kerne ungenügend befestigt, so schimmen sie oben auf dem Eisen weg, setzen sich an der höchsten Stelle fest und ergeben „Ausschuß": unbrauchbaren Guß.

Zähflüssigkeit.   Weniger Veranlassung zu Ausschuß gibt die zweite unangenehme Eigenschaft des Gußeisens: die Zähflüssigkeit. Erstens hat man es in der Gießerei in bestimmten Grenzen in der Hand, das Eisen leichtflüssiger zu machen: einmal durch Erhöhung der Temperatur. Je weiter ein Körper über seinen Schmelzpunkt erhitzt wird, desto leichtflüssiger wird er. Dieses Mittel ist aber in der Gießerei ein zweischneidiges Schwert. Abgesehen von dem Mehraufwand an Brennstoff, den es bedingt, bringt es auch stärkere Gasabsorption, stärkeres Schwinden beim Erkalten mit sich — zwei Übelstände, die mit allen Mitteln bekämpft werden müssen. Das zweite Mittel ist chemischer Natur und kommt in der Gattierung zum Ausdruck. Phosphorbeimengung macht das Eisen dünnflüssig, leider auch weniger fest. Soll für ein einzelnes Stück besonders leichtflüssiges Eisen verwendet werden, so empfiehlt sich Hineinwerfen von Aluminiumbronzekörnchen in den Tiegel.

Zweitens hat bereits der Konstrukteur für Unschädlichkeit der Strengflüssigkeit des Gußeisens Sorge zu tragen, indem er alle Formen mit weichen, allmählichen Übergängen entwirft und für die notwendigen Kanten Abrundungen vorschreibt. Der Modellschreiner hat ihn hierbei zu unterstützen. So wird die Strengflüssigkeit des Eisens im allgemeinen ein unschädliches Übel.

Gas-
absonderung.   Wir kommen jetzt zu den beiden lästigsten und oft genug geradezu verhängnisvollen Eigenschaften des Gußeisens: der Gasabsonderung und dem Schwinden. Entstehen durch sie sichtbare, Fehler, so ist das Stück Ausschuß. Entstehen aber unsichtbare,

— so ist es noch das kleinere Übel, wenn bei der letzten Bearbeitung in den mechanischen Werkstätten die Löcher und Risse
zum Vorschein kommen und das oft mit großen Kosten bearbeitete
Stück weggeworfen werden muß; — das kleinere Übel trotz des
Ärgers der dadurch häufig verursachten verspäteten Lieferung. Viel
gefährlicher ist es, wenn das innerlich kranke Stück im Betrieb
bricht und womöglich (wie bei Schwungrädern) ganze Gebäude, oft
auch Menschenleben vernichtet.

Mehr also, als nur „kapitalistisches Interesse": der gute Ruf
des Werks und die sittliche Verantwortlichkeit zwingen den Former
zu kräftigster Bekämpfung der beiden feindlichen Eigenschaften.
Sorgfalt — vom Konstruktionsbüro bis in die Putzerei hinein —
ist das einzige Gegenmittel.

In die kalte Form fließt das glühende Eisen. An den Wänden *Abschrecken.*
kühlt es sich sofort ab und wird fest — zumal wenn diese feucht
sind, also durch Wasserverdampfung dem Eisen die Wärme kräftig
entziehen. Die Bildung einer festen Kruste verhindert das Aus-
strömen des Gases. Die Gefahr, daß es drinnen bleibt und das Eisen
schwammig macht, ja geradezu Höhlen bildet, ist also sehr groß.

Freilich ist das Entstehen der Kruste häufig an sich nicht unerwünscht. Diese sogenannte „Gußhaut" gibt eine harte Oberfläche,
weil bei dem plötzlichen Abschrecken die Kohle nicht Zeit findet,
sich graphitisch auszuscheiden. Häufig begünstigt man deshalb
geradezu die Wärmeabfuhr durch teilweis oder ganz eiserne Formen,
sogenannte Kokillen. Es muß daher mit der sofortigen Entstehung
der Gußhaut gerechnet werden, selbst wenn man sie durchschnittlich
vermeiden könnte: nämlich durch getrocknete Formen. Glücklicherweise hat die immerhin noch glühende Gußhaut noch die Fähigkeit,
durch Porosität und die aus dem Physikunterricht bekannte Osmose
den Gasen den Durchtritt zu gewähren. So sieht man denn noch
geraume Zeit nach dem Guß aus den mit dem Luftspieß gestochenen
Kanälen rings die Flämmchen der brennbaren, weil wasserstoffreichen,
Gasabsonderungen herauszüngeln. Immerhin ist besonders bei großen
Stücken Sorge zu tragen, daß die Gasbläschen an eine flüssige Oberfläche gelangen. Dies geschieht durch den „Anguß" oder „toten
Kopf", einen möglichst dicken Fortsatz, der vom höchsten Punkt
des Modells nach oben führt und möglichst lange durch Rühren
(„Pumpen") in flüssigem Zustand erhalten wird. Dieser Fortsatz
wird dann beim Putzen abgeschlagen.

Leider findet die Gasabsonderung einen Bundesgenossen im *Schwinden.*
„Schwinden" des Materials. Gußeisen dehnt sich, wie fast alle
Körper, bei Erwärmung aus, und da es sich hier um Temperatur-
unterschiede von fast $1\frac{1}{2}$ tausend Grad handelt, so ist die Aus-

wellen) rein zylindrisch, und Schmiedeisen oder Stahl sind die einzigen Eisensorten, die für sie geeignet sind: wegen ihrer Beanspruchung auf Verdrehung bedürfen sie des sehnigen Gefüges, wegen der Reibung in den Lagern dichte, durch Schmieden verdichtete oder obendrein gehärtete Oberfläche. Daher bildet das Schmieden schwerer Achsen und Wellen den „eisernen" Bestand aller Schmiedewerkstätten in den nicht ausschließlich auf Massenherstellung eingestellten Maschinenfabriken.

Ein fernerer Grund zum Ausschalten der Schmiede selbst bei Erzeugung schmiedeiserner Maschinenteile liegt in dem Aufschwung, den die Verwendung der Schnellstähle bei den Werkzeugmaschinen genommen hat. Mit diesen kann man gewaltige Mengen dicker Späne in so kurzer Zeit und im Verein damit so billig von den Stücken herunter„schruppen", daß man mehr und mehr dazu übergeht, die Maschinenteile „aus dem Vollen zu schruppen". Das will sagen: Es ist billiger und geht schneller, beispielsweise von einem Stück fertig vom Walzwerk bezogenen Rundeisens ringsherum 20 Millimeter auf eine bestimmte Länge auf der Drehbank herunterzuschälen, als durch Ausschmieden (Strecken) den Durchmesser um zweimal 20 Millimeter zu verkleinern. Diese Erwägungen richten sich natürlich nach den Preisen des Ausgangsmaterials (Stangen, Knüppel), — denn die beim Bearbeiten auf der Drehbank anfallenden Späne sind entwertet — und nach den Rücksichten beispielsweise auf die (sehr „edlen") Schmiedekohlen, die in der Zeit der Kohlennot häufig gar nicht in ausreichender Menge zu beschaffen, also mit allen Mitteln zu sparen sind. Im großen und ganzen kann man aber sagen: Durch den Schnellstahl ist die gleichmäßig rotierende Drehbank mit ihrer vergleichsweise kleinen Kraft leistungsfähiger geworden als der in Pausen schlagende Dampfhammer: ein Vorgang, der für die heutige Entwicklung der Maschinentechnik bezeichnend ist. Es ist der Sieg der rotierenden über die hin- und hergehenden Maschine, den wir auch bei den Dampfturbinen gegenüber den Dampfmaschinen beobachten.

Bei der Berechnung, was billiger wird: ein Stück vorzuschmieden oder vorzuschruppen, ist der Hauptpunkt: die Zeit. Daher ist es eine wichtige Aufgabe des Praktikanten, in der Schmiede sich ein möglichst genaues Urteil darüber zu bilden, wie schnell geschmiedet wird, wieviel „Hitzen" gebraucht werden, um das Stück fertigzustellen, usw.

Vor allem aber soll der künftige Konstrukteur sich das Gefühl dafür bilden, wie durch Benutzung der Abmessungen des Ausgangsmaterials, z. B. der handelsüblichen Stabeisenquerschnitte, Vorarbeiten und Brennstoffaufwendung in der Schmiede erspart werden können, diesen Betrag beim Erkalten aus der Schmelztemperatur zusammenzieht, so hat es schließlich die rechte Größe.

Damit ist es aber leider nicht abgetan. Das Eisen schwindet nämlich ungleich stark; je langsamer die Abkühlung vor sich geht, desto stärker schwindet es. Das Schwinden schwankt zwischen 3 und 5 $^0/_0$. Wir wissen, daß eine völlig gleichmäßige Abkühlung wegen der unvermeidlichen Hohlkanten unmöglich ist. Infolgedessen werden einzelne Teile sich zusammenziehen wollen, während andere ihnen nicht zu folgen vermögen. Es entsteht genau dasselbe wie bei der einseitigen Erwärmung eines Stücks Karton. Die erwärmte Schicht dehnt sich, die kalte folgt nicht mit, es entstehen innere Spannungen zwischen den Molekülen, die darin zum Ausdruck kommen, daß sich das Stück stark wölbt, „es zieht sich" oder „es wirft sich". Auch Gußeisen wirft sich, doch selten wahrnehmbar. Aber die Spannungen sind da, und keine geringen. Mitunter sind sie so groß, daß sie die Festigkeit des Gußeisens übersteigen; dann zerspringt das Gußstück mit lautem Knall, oft noch in der Form. Meist sind sie geringer und unerheblich. Oft genug tritt aber der verhängnisvolle Fall ein, daß die „Gußspannung" nahe an die Grenze der Festigkeit herankommt. Dann springt der Körper nicht von selbst — aber bei der ersten namhaften Betriebsbeanspruchung. Diese Gefahr zwingt daher zu so vorsichtiger Bemessung der Gußkörper und zu so geringen Zumutungen an ihre Festigkeit.

Das einzige, was der Konstrukteur zu tun vermag, ist die ängstliche Beobachtung folgender beiden Regeln:

1. Alle Hohlkanten mit großem Radius abrunden.
2. Gleichmäßige Materialstärke über das ganze Stück hin beibehalten.

So ist einigermaßen die Gewähr für gleichmäßig schnelle Abkühlung, für „spannungsfreien Guß" gegeben.

Die Werkstatt kann in Fällen, wo dem Konstrukteur in dieser Richtung die Hände gebunden sind, ihn wirksam unterstützen, indem die dicken, wärmeaufspeichernden Teile gleich nach eingetretenem Erstarren von Sand befreit werden. Der kühlende Einfluß der bewegten Luft läßt sie dann etwa gleich schnell sich abkühlen, wie die im Sand geborgenen dünnen Teile.

Im vorstehendem wurde versucht, Hauptgesichtspunkte zu geben[1]). In das technische Gefühl und vollkommene geistige Eigen-

---

[1]) Solchen Praktikanten, die in Werkstätten arbeiten, bei denen sich keine Gießerei befindet, kann übrigens auch die durch Abbildungen veranschaulichte und etwas ausführlichere Darstellung der Gießereihantierungen in dem kleinen Band „Mechanische Technologie" (Bd. I) von Prof. Lüdicke aus der „Sammlung Göschen" empfohlen werden. Er ist handlich und preiswert.

tum den überreichen Anschauungsstoff der Modelltischlerei und Gießerei zu übermitteln, das vermag die Buchform überhaupt nicht, dazu bedarf es aufmerksamen, verständnisvollen Schauens und eigenen Handanlegens.

Im Anschluß an den zusammenhängenden Text dieses und der folgenden Kapitel wird je eine Anzahl Hinweise, meist in Frageform, gegeben werden, die den Praktikanten bei seiner Werkstatttätigkeit auf einige Hauptpunkte aufmerksam machen wollen, die für gewöhnlich leicht übersehen werden oder besondere Beachtung vor allem verdienen. Besonders gegen den Schluß der jeweils in einer Werkstätte verbrachten Arbeitszeit wird dieser Kreis von Fragen als eine Art Maßstab empfohlen, an dem der Leser selbst zu beurteilen vermag, wie weit er den Wahrnehmungsstoff nunmehr beherrscht.

Putzerei.   Hier sei noch im Anschluß an den Zusammenhang darauf hingewiesen, daß häufige Besuche der Putzerei während der Arbeitszeit in der Gießerei von großem Nutzen sind. Die größere oder geringere Schwierigkeit und dem Zeitaufwand proportionale Kostspieligkeit des Entfernens der Sandkerne aus dem Gußstück ergibt manche Lehre für zweckmäßige Konstruktion der Kerne und vor allem Kernlöcher. Besonders von Vorteil ist die Gegenwart beim Aussondern des Ausschusses. Wie wir an den Fehlern stets am meisten lernen, so auch hier. Vor allem übt sich das Auge, die feinen, oft kaum wahrnehmbaren Zeichen kranken Gusses aufzufinden, eine Fertigkeit, die auch dem außerhalb des Betriebs stehenden Ingenieur vonnöten ist.

Beobachtungswinke.

A. Modelltischlerei.

Bei jedem fertig daliegenden Modell frage man sich oder den Verfertiger: Aus welchen Einzelteilen ist es zusammengesetzt? Welche Maße braucht man zu ihrer Herstellung? Wie entstand es?

Welche Maße sind insbesondere zu geben, um die Lage des Kerns zur Form eindeutig zu bestimmen?

Bedeutung des häufig losen Zusammenhangs zwischen Augen, Nasen, Flanschen, Arbeitsleisten mit dem übrigen Modell?

Wie wird eine beliebig gekrümmte Fläche in Holz oder anderem Modellmaterial erzeugt (Turbinenschaufeln, Zahnflanken, Propellerschrauben)?

Wie werden Hohlkantenabrundungen und wie solche erhabener Kanten erzeugt, und welches Maß ist dafür anzugeben?

Wozu dienen die folgenden

Tischlerwerkzeuge:

Feilkolben	Krauskopf	Wolfszahnsäge	Texel
Bankzwinge	Zentrumsbohrer	Stockzahnsäge	Ziehmesser (Gerad-
Hirnholzschere	Schneckenbohrer	Hinterlochte Säge	eisen und Krumm-
Lochbeitel	Öhrbohrer	Schränkeisen	eisen)
Nutenhobel	Löffelbohrer	Fuchsschwanz	Hohleisen
Falzhobel	Stangenbohrer	Quersäge	Geißfuß
Simshobel	Drillbohrer	Rückensäge	Kugeltaster
Profil- oder	Rollenbohrer	Stichsäge	Streichmaß
Fassonhobel	Drillbogen	Bogensäge	Anschlagwinkel
Rauhbank	Winkel- oder	Örtersäge	Kreuzwinkel
Raspel	Eckbohrer	Schweifsäge	Schmiege

B. Gießerei.

Welche Mittel stehen (außer den im Text erwähnten) der Formerei zur Verfügung, um trotz ungleichmäßiger Materialverteilung im Gußstück einigermaßen spannungsfreien Guß zu erzielen (Schreckplatten)?

Welcher Mittel bedient sich der Kernmacher zur Versteifung des Kerns?

Man versuche ein Urteil zu gewinnen, bis zu wie geringem Querschnitt im allgemeinen ein Kern konstruiert werden darf, um Wegschwimmen zu verhindern und seine Entfernung beim Putzen noch zu ermöglichen.

Welche Mittel hat der Putzer, um die ausgeleerte Höhlung auf etwaige Formsandreste zu prüfen?

Welche Mittel stehen dem Former zur Verfügung, um bei dicht überdeckenden Kernen den Zwischenraum zwischen Kern und Form auf durchgehende Gleichmäßigkeit und Vorschriftsmäßigkeit zu prüfen? Und besonders bei gekrümmten Wandungen?

Welche Mittel stehen für Untersuchung eines äußerlich tadellosen Stücks auf etwaige Risse oder blasige Stellen zur Verfügung?

Welches ist die Zusammensetzung des Formsandes in der betr. Fabrik?

Abschätzung des Gewichts und Belehrung über die Lohnkosten besonders großer Gußstücke? In welcher Weise werden diese vom Meister „kalkuliert", d. h. vorher angesetzt?

Welche Regeln gelten für die Temperatur des Eisens beim Gießen?

Woran erkennt der Former, daß sein Eisen die rechte Temperatur zum Eingießen hat?

Woran erkennt der Kernmacher, daß der im Ofen trocknende Kern „gar" ist?

Wie werden „Schwalbenschwanz"-Lagerschalen (zu späterem Ausgießen mit Weißmetall bestimmt) im Modell gefertigt und abgeformt?

Welche Rücksichten sind für das „Anstechen" des Eingusses zu beherzigen, und welche Folgen hat ein Einmünden an falscher Stelle?

Welchen Zweck verfolgt das Schwärzen getrockneter Formen?

Welchen Einfluß hat die Lage, in der ein Gußstück gegossen wird, auf die Güte des Erzeugnisses?

Welche Mittel werden zum Wiederverschließen der Kernlöcher im fertigen Stück angewendet?

Wie groß muß etwa das Kernloch sein im Verhältnis zu dem Hohlraum, zu dessen Ausräumung es dienen soll?

Wo werden die Kernlöcher am geeignetsten angebracht?

Was versteht der Gießer unter Kaltschweißen?

Abschnitt 11.

Schmiede.

A. Die Grobschmiede.

Die Bedeutung der Gießerei im Rahmen der Maschinenfabrik wächst von Jahr zu Jahr. Die Vervollkommnung der Verfahren, die steigende Übung der Veredlung des Gußeisens bis zu Schmiedeisen- und Stahleigenschaften, die Fortschritte im Erzeugen von Spezialguß erweitern ständig ihr Liefergebiet. Zwar hat auch die Schmiedetechnik durch Ausbildung des Gesenkschmiedens und der Stauchmaschinen in den letzten Jahren sehr beachtliche Fortschritte gemacht. Und ferner bietet das geschmiedete Stück infolge der Durchknetung und der an sich größeren Zähigkeit des Schmiedeisens für viele Zwecke so erhebliche Vorteile, daß die Schmiede stets ein wichtiger Teil der Maschinenfabrik bleiben wird. Immerhin nimmt sie durch die Möglichkeit, Stücke mit Schmiedeiseneigenschaften billig durch Gießen zu erzeugen, sowie durch die Anwendung der Schnellstähle in der mechanischen Werkstatt, eher an Bedeutung ab.

Durch die Schwierigkeit, Lehrlingsnachwuchs für das Schmiedehandwerk heranzuziehen, stellt sich der Schmiedebetrieb mehr und mehr vom Hand- auf den Maschinenbetrieb um. Es ist daher ganz besonders wichtig, daß sich der Praktikant in der Schmiede über die Gesichtspunkte klar wird, die der Konstrukteur berücksichtigen muß, um seine Anforderungen den maschinellen Hilfsmitteln der Schmiede anzupassen, damit gut und billig geschmiedet werden kann.

Im folgenden sei zunächst die Rede von den mit der Hand bzw. in freier Formgebung unter dem mechanischen (Dampf-, Feder-, Luft- usw.) Hammer ausgeführten Schmiedearbeiten. Diese werden aus den angegebenen Gründen seltener, während das Pressen, Gesenk- und Maschinenschmieden an Anwendungsmöglichkeiten gewinnen.

Das Schmieden von Hand (von der Kunstschmiede abgesehen) eignet sich nur zur Hervorbringung einfacher Formen. Die Erzeugung hohler Schmiedestücke von Hand ist stets mit Schwierigkeiten verbunden. Sie sind deshalb teurer, als wenn man sie (bei gleicher Festigkeit) schwerer, aber gußfähig konstruiert. Aber auch auf dem Felde der einfach geformten Körper wird der Guß häufig, ja fast stets billiger als das Schmieden von Hand, vor allem bei Stücken, die nachträglich bearbeitet werden sollen: Von den maschinellen Sonderverfahren abgesehen, bringt ja das Schmieden eine grobe, wenig genaue Form hervor. Will man daher sicher sein, daß die unvermeidlichen Ungenauigkeiten keine schmerzlichen Überraschungen in den mechanischen Werkstätten ergeben, so muß für das Schmieden von Hand der Bearbeitungszuschlag sehr groß gewählt werden. Beispielsweise also müßte das Rohschmiedestück eines Kreuzkopfs auf allen Seiten 5 bis 10 mm dicker werden als das fertig bearbeitete, weil eine Ungenauigkeit von 5 bis 10 mm beim Schmieden von Hand immerhin im Bereiche der Möglichkeit liegt. Dieser ganze·Materialüberschuß muß also stets erst von solch einem Schmiedestück heruntergearbeitet werden. Da er beim Gußstück, wie wir sahen, nur 3 mm beträgt, so hat man das Gußstück schneller „auf Maß" als solch ein Schmiedestück. Dies bedeutet eine häufig recht wesentliche Verbilligung des gegossenen Stücks gegenüber dem handgeschmiedeten. Hierzu kommt, daß man so genau und glatt gießen kann, daß unbearbeiteter Guß in die Maschine ohne weiteres aufgenommen werden kann. Von Hand geschmiedete Flächen wird man dagegen höchst selten zulassen können, da sie durchschnittlich uneben und ungenau sind[1]).

Hieraus ergibt sich, daß man nur solche Stücke von Hand schmieden läßt, bei denen 1. allseitige Bearbeitung stattfindet, 2. einfachste Formgebung möglich ist, 3. die Festigkeits- oder technologischen Rücksichten das geschmiedete Material unbedingt erfordern und 4. der Bedarf an Zahl so gering ist, daß sich die Herstellung der kostspieligen Gesenke nicht lohnt. Solche Maschinenteile sind z. B. gewisse Wellen und Achsen an größeren, nur in wenigen Ausführungen gebauten Maschinen. Als drehende Maschinenteile müssen sie rundum abgedreht sein, ihre Form ist (mit Ausnahme der Kurbel-

---

[1]) Dies gilt nicht für im Gesenk geschmiedete Oberflächen.

wellen) rein zylindrisch, und Schmiedeisen oder Stahl sind die einzigen Eisensorten, die für sie geeignet sind: wegen ihrer Beanspruchung auf Verdrehung bedürfen sie des sehnigen Gefüges, wegen der Reibung in den Lagern dichte, durch Schmieden verdichtete oder obendrein gehärtete Oberfläche. Daher bildet das Schmieden schwerer Achsen und Wellen den „eisernen" Bestand aller Schmiedewerkstätten in den nicht ausschließlich auf Massenherstellung eingestellten Maschinenfabriken.

Ein fernerer Grund zum Ausschalten der Schmiede selbst bei Erzeugung schmiedeiserner Maschinenteile liegt in dem Aufschwung, den die Verwendung der Schnellstähle bei den Werkzeugmaschinen genommen hat. Mit diesen kann man gewaltige Mengen dicker Späne in so kurzer Zeit und im Verein damit so billig von den Stücken herunter„schruppen", daß man mehr und mehr dazu übergeht, die Maschinenteile „aus dem Vollen zu schruppen". Das will sagen: Es ist billiger und geht schneller, beispielsweise von einem Stück fertig vom Walzwerk bezogenen Rundeisens ringsherum 20 Millimeter auf eine bestimmte Länge auf der Drehbank herunterzuschälen, als durch Ausschmieden (Strecken) den Durchmesser um zweimal 20 Millimeter zu verkleinern. Diese Erwägungen richten sich natürlich nach den Preisen des Ausgangsmaterials (Stangen, Knüppel), — denn die beim Bearbeiten auf der Drehbank anfallenden Späne sind entwertet — und nach den Rücksichten beispielsweise auf die (sehr „edlen") Schmiedekohlen, die in der Zeit der Kohlennot häufig gar nicht in ausreichender Menge zu beschaffen, also mit allen Mitteln zu sparen sind. Im großen und ganzen kann man aber sagen: Durch den Schnellstahl ist die gleichmäßig rotierende Drehbank mit ihrer vergleichsweise kleinen Kraft leistungsfähiger geworden als der in Pausen schlagende Dampfhammer: ein Vorgang, der für die heutige Entwicklung der Maschinentechnik bezeichnend ist. Es ist der Sieg der rotierenden über die hin- und hergehenden Maschine, den wir auch bei den Dampfturbinen gegenüber den Dampfmaschinen beobachten.

Bei der Berechnung, was billiger wird: ein Stück vorzuschmieden oder vorzuschruppen, ist der Hauptpunkt: die Zeit. Daher ist es eine wichtige Aufgabe des Praktikanten, in der Schmiede sich ein möglichst genaues Urteil darüber zu bilden, wie schnell geschmiedet wird, wieviel „Hitzen" gebraucht werden, um das Stück fertigzustellen, usw.

Vor allem aber soll der künftige Konstrukteur sich das Gefühl dafür bilden, wie durch Benutzung der Abmessungen des Ausgangsmaterials, z. B. der handelsüblichen Stabeisenquerschnitte, Vorarbeiten und Brennstoffaufwendung in der Schmiede erspart werden können, und welche Mittel und Wege der Schmied anwendet, um die Ziele, die der Konstrukteur ihm gesteckt hat, zu erreichen. Es wird z. B. bei den Bremswellen der neueren Lokomotiven der Staatsbahnen verlangt, daß Bremshebel und -welle aus einem Stück hergestellt werden. Es ist für den Praktikanten besonders lehrreich zu beobachten, welche umständlichen Maßnahmen in der Schmiede getroffen werden müssen, um dieses konstruktive Ziel zu erreichen, d. h. wie teuer, vielleicht: wie verschwenderisch dieser konstruktive Gedanke ist. Solche Beispiele finden sich in fast jeder Schmiede.

Ein Ingenieur kann sehr leicht, etwa bei Leitung einer Aus- Handfertigkeit. wärtsmontage, in die Lage kommen, sich selbst mal ein Werkzeug o. ä. schmieden zu müssen. Auch in den andern Werkstätten, die er noch zu erledigen hat, ist dem Praktikanten etwas Handfertigkeit im Schmieden von Nutzen. Diese wird er sich besser in der meist an die Grobschmiede angeschlossenen „Werkzeugschmiede" aneignen. Der Grobschmied arbeitet heute mit einem solchen Stab von Hilfskräften und Hilfsmaschinen, daß seine Geschicklichkeit vor allem in der guten Anordnung der Arbeit, im Abpassen der geeigneten Hitze, Vermeiden von Abbrand u. dgl. beruht. Derartige Künste wird der Ingenieur stets dem fachkundigen Schmiedemeister überlassen müssen. Sie beruhen auf jahrelanger Erfahrung.

Nur auf eine kunstvolle Verrichtung des Schmiedens sei hier Schweißen. noch etwas ausführlicher eingegangen: das Schweißen. Der Ingenieur kann immerhin leicht in die Lage kommen (bei Auswärts-Zusammenbau von Maschinen u. dgl.), selbst eine Schweißung vornehmen oder leiten zu müssen. Vor allem aber braucht er das Urteil über Zustandekommen, Kosten und Festigkeitswert einer Schweißung zur Berücksichtigung beim Konstruieren. Auch hier muß die Beobachtung vor allem lehren. Da es jedoch erfahrungsgemäß an Erläuterung aus dem Munde eines gebildeten Fachmanns zu fehlen pflegt, so sei hier mit einigen Bemerkungen auf die „wissenschaftliche" Seite der Vorgänge hingewiesen.

Das Schweißen besteht in einer Näherung der Moleküle zweier getrennter Körper auf so große Nähe und unter so vollkommener Ausschaltung von Fremdkörperteilchen, daß die Kohäsionskräfte, die die einzelnen Schichten eines homogenen Körpers untereinander verbinden, auch zwischen den beiden Schweißoberflächen wirksam werden. Die erforderliche, im molekularen Maßstab gemessen innige Annäherung hat zwei Voraussetzungen: Jede Oberfläche, und mögen wir sie noch so glatt schleifen, bleibt doch, im mikroskopischen Größenmaß betrachtet, uneben. Infolge dessen berühren sich zwei solche „genauen Ebenen" nur mit ihren Gipfeln, nur mit einzelnen Punkten. Adhäsionskräfte treten wohl auf, aber Kohäsion entsteht

noch nicht. Infolgedessen muß man die Oberflächen bildsam machen
und fest aufeinanderdrücken; dann platten sich die Berge ab und
die Unebenheiten greifen ineinander. Auf Eisenverhältnisse übertragen heißt das: wir müssen die beiden Schweißflächen hochgradig
erwärmen und aufeinander unter Presse oder Hammer aufpressen.
Aber selbst dann gelingt das Unternehmen nur, wenn wir einen
Stoff von an sich hervorragend starker Kohäsion, zu deutsch: Zähigkeit, vor uns haben. Somit schrumpft die Auswahl der schweißbaren
Stoffe zusammen auf Schmiedeisen und die weicheren, d. h. kohlenstoffarmen Stahlsorten.

Denn einmal beeinflußt, wie wir wissen, der Kohlenstoffgehalt
die Schmiedbarkeit und Zähigkeit des Eisens. Dann aber auch
scheint es, als ob bei diesem feinfühligen Verfahren bereits der
Kohlenstoff als „Verunreinigung“, als Trennungskörper der Eisen-
moleküle empfunden wird. In viel höherem und für das Gelingen der
Schweißung gefährlicherem Maße aber stört die Anwesenheit der unvermeidlichen Eisen-Sauerstoffverbindungen. Jedes hoch erhitzte Eisen,
und mag es vorher noch so sorgsam gereinigt, ja abgebeizt sein,
„beschlägt“ dennoch bei der kürzesten Berührung mit dem Luftsauerstoff
mit Eisenoxyd oder -oxydul, dem sog. Hammerschlag oder Glühspan.

Schweißpulver. Das einzige Mittel, diese Bestandteile für die Schweißung unschädlich zu machen, ist neben der Vorbedingung an sich gesäuberter
Schweißfläche und schnellsten Vollzugs der Kniff, daß man sie dünnflüssig macht, so daß sie beim Aufeinanderpressen der beiden Oberflächen seitlich herausgespritzt werden. Bei der Temperatur, die für
das Schweißen die einzig brauchbare ist (für Schmiedeeisen Weißglut,
für Stahl Gelbglut), sind nun leider die Oxyde noch fest. Deshalb
ist notwendige Zutat jeder halbwegs soliden Schweißung ein pulver-
förmiger Stoff, der bei der Schweißhitze sich mit Eisenoxydul zu
einer flüssigen Verbindung chemisch verbindet.

Diese „Schweißpulver“ bestehen deshalb in der Hauptsache aus
Kieselsäure (Quarzsand); meist nimmt man überhaupt nur reinen
Sand. Die Erfahrung zeigt, daß die sich mit diesem „Zuschlag“
(ganz wie im Hochofen!) bildende „Schlacke“ um so dünnflüssiger
wird, je mehr verschiedene Basen gleichzeitig in ihr enthalten sind.
Deshalb enthalten die vielfach geheimnisvoll benannten Schweißpulver neben den Silikaten u. a.: Borax, Potasche, Soda, Kochsalz,
Salmiak, Flußspat, Braunstein, Glas. Andere Beimengungen verfolgen,
genau wie beim Hochofenprozeß, den Zweck, den Sauerstoff der sich
„unter dem Hämmern“ bildenden Eisenoxydule an Kohle zu binden,
so das Kohlenstoff abscheidende Blutlaugensalz. Um ferner den
äußeren Schichten der Schweißstelle den infolge „Abbrands“ bei der
großen Hitze verloren gegangenen Kohlenstoffgehalt zu ersetzen, um-

gibt man sie gern mit „Härtemitteln" (siehe S. 175), wodurch man nebenher auch noch den Vorteil erreicht, die Stelle luftdicht abzuschließen, also vor fernerer Oxydation zu schützen.

Die verschiedenen neuzeitlichen Schweißverfahren unterscheiden sich von dem ursprünglichen fast alle nur durch die Art der Erwärmung der Schweißstelle. Für diese nimmt man Knallgas oder den elektrischen Strom zu Hilfe. Erledigt Knallgas die Erwärmung so schnell, daß die Oxydation auf ein Geringstes beschränkt wird, so ist es mit Hilfe des elektrischen Flammenbogens oder der elektrischen Widerstandswärme der selbst stromdurchflossenen Eisenenden sogar möglich, praktisch unter Luftabschluß zu arbeiten. Besonders die elektrischen Schweißverfahren nehmen im Maschinenbau neuerdings einen immer größeren Umfang an, dank der Sauberkeit und Zuverlässigkeit des Verfahrens, vor allem aber auch, wo die Schweißarbeiten in großer Menge ausgeführt werden, wegen der damit verbundenen bedeutenden Kohlenersparnis. (Die elektrische Schweißung erfordert Wärmeentwicklung nur im Augenblick des Schweißens, während das Schmiedefeuer ständig brennen muß!) Die elektrische Widerstandsschweißung wird als Punktschweißung zur Vereinigung blechartiger Stücke, die Stumpfschweißung zur Vereinigung stabartiger Stücke verwendet.

Sonder-
Schweiß-
verfahren.

Vereinigung beliebiger Stücke gestattet die Lichtbogenschweißung. Desgleichen können mit Hilfe der letzteren gebrochene Stücke repariert, Gußfehler beseitigt und Gußlöcher ausgefüllt werden, wo es Festigkeitsrücksichten noch zulassen. Manches wertvolle Gußstück, das sonst zum Ausschuß wandern müßte, kann oft noch auf diese Weise gerettet werden.

Einen grundsätzlich neuen Weg, den der chemischen Wärmeentwicklung und Schweißung, schlug Dr. Goldschmidt in Essen mit seinem schnell über die Welt verbreiteten patentierten Schweißverfahren ein. Sein Hilfsmittel, das „Thermit", ist ein Gemisch von Eisenoxyd mit zerkleinertem Aluminium und läßt sich mit einem Streichholz entzünden. Es entwickelt bei der Verbrennung eine Temperatur von etwa 3000^0 C., die aber dem Eisen nichts schadet, da es, vor Luft geschützt, ganz in „Thermit" eingebettet liegt. Es erfolgt hier eine chemische Umsetzung: aus Aluminium $+$ Eisenoxyd wird Eisen $+$ Aluminiumoxyd (Tonerde). Das sich bildende kohlefreie Eisen verschmilzt mit den Schweißenden zu einem Ganzen. Wegen der flüssigen Form des Eisens ist kein Hämmern nötig.

Ähnlich nimmt das „Blaugas"-Schweißverfahren die chemische Reduktion der von der Flamme beleckten Eisenoxyde durch Bestandteile des Gases zu Hilfe und erreicht so eine Schnellschweißung selbst bei ungereinigten Schweißflächen. Auch hier fällt durch die hohe Temperatur des Schweißvorgangs die Schweißbearbeitung fort.

Mit der Kenntnis der physikalischen und chemischen Vorgänge beim Schweißen ist die Grundlage verständnisvollen Schauens gegeben. Für dieses selbst mögen die Fragen nach bestgeeigneter Form der Schweißstelle, nach Dauer und Stärke des Hämmerns nach Art der Abkühlung und so weiter dem Leser zu eigener Beantwortung vorbehalten bleiben. Einige Worte über daß Schweißen finden sich auch noch weiter unten im Abschnitt „Kesselschmiede" im Zusammenhang mit Blecharbeiten.

Mit der Nennung des Goldschmidtschen und des elektrischen Schweißverfahrens sind wir auf das Gebiet der Hilfsmittel gelangt, die in der zeitgemäßen Schmiede die Menschenkraft unterstützen und ablösen. Das Biegen von Profileisen, Radreifen u. a. m. geschieht fast ausschließlich mit Maschinen oder mit Schablonen (Anteil und Zweck der Nachhilfe von Hand, des sogenannten Kümpelns?). Das so wichtige Geraderichten von Stangen und Blechen, nachdem sie dem Feuer ausgesetzt waren, wird im Gegensatz zum mühsamen und kunstvollen Richten von Hand jetzt vorwiegend mit Richtmaschinen geübt.

Gesenk-schmieden. Ganz im Gegensatz zum Schmieden von Hand erlaubt das Schmieden im Gesenk[1]) oder mittels der Stauchmaschine die Ausführung auch recht verwickelter Formen und ergibt mindestens so saubere Oberflächen wie der beste Guß. So stellt man im Automobilbau z. B. vorwiegend „gekröpfte" (d. h. mit mehrfachen Kurbelschleifen verlaufende) Kurbelwellen im Gesenk her und läßt sie bis auf die Lagerstellen vollständig roh. Kettenglieder für verwickelt geformte Patentketten, Steuerhebel, die große Sicherheit bieten müssen usw. werden im Gesenk fertig zum Gebrauch geschmiedet und häufig nicht einmal in den Bohrungen bearbeitet.

Wichtig sind aber für die konstruktive Verwendung dieser Maschinenschmiedearbeit hauptsächlich zwei Gesichtspunkte: Erstens folgt aus der Schwierigkeit, d. h. Kostspieligkeit der Herstellung der Gesenke, daß sie sich nur lohnt, wenn die im Gesenk geschmiedeten Teile in sehr großer Zahl hergestellt werden müssen, damit die Gesenkkosten sich auf möglichst viele Stücke verteilen. Zweitens — und das gilt insbesondere für die Stauchmaschinenarbeit — verbilligt sich die Arbeit sehr erheblich, wenn der Konstrukteur möglichst weitgehend die Maße benutzt, die das Ausgangsmaterial (Stangen, Knüppel) besitzt, das ja, als Handelsmassenware, weitgehend normalisiert ist.

Auch in der allgemeinen Formgebung ist die genaue Kenntnis der Vorgänge beim Maschinenschmieden Vorbedingung für sach-

---

[1]) Siehe hierzu: Schweißguth, Plaudereien aus der Gesenkschmiede, Sonderabdruck aus der Zeitschrift des Vereins deutscher Ingenieure, Teil 1 (Jahrgang 1919) und Teil 2 (Jahrgang 1921), Verlag des Vereins deutscher Ingenieure, Berlin NW. 7.

gemäßes Konstruieren. Beispielsweise ist bei auf dem Gesenk herzustellenden Stücken die Anhäufung von Material um eine zentrale Aussparung herum unzulässig, da sonst Schwierigkeiten beim „Loslassen" des erkaltenden und sich zusammenziehenden Stückes vom Gesenk auftreten. Bei der Konstruktion maschinengeschmiedeter gekröpfter Wellen, die im wesentlichen unbearbeitet bleiben sollen, darf der Konstrukteur nicht verlangen, daß die Ecken an den Kröpfungen scharf ausgeprägt werden, weil beim Herumbiegen des Werkstoffes naturgemäß das Material fortgezogen und die Ecke nicht scharf wird.

Alle diese Maßnahmen, die dem Konstrukteur, will anders er werkstattgerecht, d. h. billig und gut entwerfen, in Fleisch und Blut übergegangen sein müssen, lernt der junge Ingenieur durch verständnisvolles Schauen und Fragen. Es ist nicht nötig, sie hier im einzelnen zu beschreiben. Dagegen wäre es falsch, wenn der Praktikant seine Aufmerksamkeit allzusehr auf die Einzelheiten der Maschinen, statt auf die der Vorgänge lenken würde.

Von den Hilfskräften, die der Schmiede heut in so eindrucksvoller Weise Gefolgschaft leisten, dienen Preßluft und Dampf zur Betätigung der Hämmer, Preßwasser treibt die Pressen. Es sei allgemein hervorgehoben, daß die Hervorbringung und Regelung dieser Kräfte nicht in das notwendige Lerngebiet des Praktikanten fallen. Die Einrichtung aller dieser Maschinen lehrt ihn später bei geschultem technischen Verständnis das Buch und der Unterricht schneller und ausgiebiger, als es jetzt die mühevollen ersten eigenen Forschungen vermögen. Es ist schließlich höchst gleichgültig für die Erkenntnis des Werkstattvorgangs, ob Dampf oder Luft, Daumenräder oder Riemen den Hammer treiben. Und wenn auch ein aus gesunder Neigung zur Technik folgendes Interesse für die Maschinen dem Praktikanten von selbst innewohnen wird, so muß doch davor gewarnt werden, die maschinentechnische Erkenntnis während der Werkstattspraxis über die werkstattstechnische zu stellen.

Mechanische Hämmer.

Immerhin sei hier kurz ein Blick auf die Maschinengruppe geworfen, die zum Betrieb der Wasserdruckpressen dient. Sie zerfallen in die Krafterzeuger (meist Dampf- oder elektrische Pumpen), Kraftsammler oder Akkumulatoren (nicht zu verwechseln mit den elektrischen Sekundärbatterien gleichen Namens), Kraftregler oder Steuerapparate und Kraftverbraucher (Pressen).

Pressen.

Die Zwischenschaltung der Akkumulatoren zwischen Krafterzeuger und Kraftverbraucher hat den Zweck, den Aufwand gewaltiger Energiemengen während kurzer Augenblicke durch ständige Hervorbringung kleinerer Energiemengen und ihre Ansammlung zu bestreiten. Die Akkumulatoren sind gewichtbeschwerte Kolben, unter die die Pumpe das Wasser preßt und so die Gewichte hebt. In den hochgehobenen Gewichten ist der Arbeitsvorrat verkörpert. Bei Entnahme von Druckwasser unterhalb des Kolbens für die Pressen sinkt das Gewicht und bewirkt so ganz gleichmäßigen Wasserdruck bei beliebig schneller und umfangreicher Verwendung von Wasser. Durch Zusatz von Gewichten kann in beschränkten Grenzen der Wasserdruck gesteigert werden . — soweit ihn nämlich die Pumpmaschine hergibt, die bei wachsendem Widerstand langsamer läuft (beziehungsweise, bei Antrieb durch den stets gleich schnell umlaufenden elektrischen Drehstrommotor, diesen stärker belastet) und schließlich stehen bleibt oder in Gefahr gerät, zu zerbrechen. Der Gesamtraum der Akkumulatoren muß so groß sein, daß sämtliche Pressen der Schmiede gleichzeitig ihren Wasserbedarf aus ihnen decken können, die Gesamtlieferung der Pumpe so groß, daß sie ihn in einer bestimmten Zeit, die von der Dauer der im Werk ausgeübten Preßvorgänge abhängt, wieder ergänzen kann.

Die Lenkung oder „Steuerung“ der Presse erfolgt durch Ventile oder profilierte Kolben, die durch Handhebel verstellt werden. Nach den hydraulischen Gesetzen ist der Wasserdruck (gemessen in kg pro qcm) in Pumpe, Akkumulator und Presse gleich groß. Die Druckkraft, die erzeugt wird, hängt also nur von der Größe der verwendeten Kolben ab. Der mit ihrer Hilfe erzeugte Preßdruck (gemessen in kg pro qcm) am Werkstück hängt abermals ab von dem Verhältnis der Dicke des Preßstempels zum Durchmesser des Preßkolbens.

In dieser fast unbegrenzten Möglichkeit, kleine Dauerleistungen in riesige Augenblicksleistungen zu potenzieren, liegt der Grund zum Siegeslauf der Schmiedepresse, in ihrer geräusch- und erschütterungslosen Arbeitsweise die Bedingung ihrer Alleinherrschaft für eine große Anzahl von Betrieben.

Die Technik des Pressens ist heute zu hoher Vollendung gediehen: das Verfahren liefert meist völlig maßgenaue Stücke, verbessert den Rohstoff durch gediegenes Durchkneten, erspart Material und ist ungemein leicht zu handhaben, so daß die kostspielige Verwendung gelernter Arbeiter fortfällt. Es ist nur erforderlich, daß der Meister auf Grund genauer Berechnungen angibt, wieviel Eisen nötig ist, um gerade die gewünschten Körper herzustellen (worin auch beim Gesenkschmieden und -pressen die Kunst liegt). Denn alles überflüssige Material muß ja mühsam heruntergeschnitten werden. Schwierigkeiten liegen auf dem Gebiet der Herstellung von Stempeln und Matrizen. Ihr gelte daher vor allem die Aufmerksamkeit des Praktikanten.

B. Die Kesselschmiede (und Eisenkonstruktionswerkstatt).

In der Kesselschmiede tritt die Handarbeit noch weiter zurück. Verschwinden
Sie beschränkt sich lediglich auf das Setzen von Nieten, Verstemmen der Handarbeit.
mit dem Meißel, ab und an Schweißen oder Ausschmieden eines Blech-
stoßes und das Umbördeln oder Einwalzen von Siede- oder Rauch-
rohren. Aber auch diese Handtätigkeiten sind in schneller Abnahme begriffen. Das Schweißen wird elektrisch oder mit Thermit
oder Blaugas, Knallgas, Azetylen o. ä. besorgt, das Ausschmieden
durch Auswalzen oder Dünnhobeln ersetzt. Von Hand genietet wird
nur dort, wo die Maschinennietung oder das Schweißen nach der
örtlichen Lage der Verbindungsstelle durchaus nicht möglich ist.
Hieraus folgt wieder, daß der Konstrukteur so zu konstruieren hat,
daß solcher Niete möglichst wenige vorkommen. Voraussetzung hierfür ist das nur in der Werkstätte erlernbare Urteil, wieviel
freien Raum die Anwendung der Nietmaschine erfordert.

Die Maschinennietung erfordert Preßluft oder Preßwasser als
Kraftträger. Viele ziehen die Preßwassernietmaschinen im Interesse
solider Nietung vor. Sie besitzen jedoch den Nachteil, daß sie so
gut wie unverrückbar an die Preßwasserzuführungsleitung gebunden
sind, also das Werkstück zu ihnen gebracht werden muß, was sich
bei schweren oder sperrigen Stücken häufig von selbst verbietet oder
zu teuer wird. In dieser Beziehung ist ihnen die Preßluftnietung
mit ihrer Energiezufuhr durch biegsame Schläuche überlegen, ohne
dabei, halbwegs sorgfältige Handhabung vorausgesetzt, minder gute
Arbeit zu liefern.

Die Wirksamkeit eines Nietes beruht nämlich auf folgendem: Nieten.
Der glühende Niet ist beträchtlich länger als der erkaltete, wegen
der Wärmeausdehnung. Wird nun der Nietkopf aus dem glühenden
Eisen gebildet und so lange durch Hämmern oder Preßdruck ge-
festigt, bis er kalt und verhältnismäßig unnachgiebig geworden ist,
so tritt folgendes ein: Der Schaft des Nietes erkaltet allmählich und
hat also das Bestreben, sich zusammenzuziehen, kürzer zu werden,
d. h. die Nietköpfe einander zu nähern. Zwischen diesen liegen aber
die zu verbindenden Bleche; sie können nicht näher zusammen. Die
Folge ist, daß die beiden vom Schaft aufeinander zu gezerrten Nietköpfe die Bleche mit großer Gewalt zusammenpressen. Diese Kraft
hält also die Bleche unverschieblich und untrennbar zusammen.

Es ist hiernach klar, daß beim Nieten das Hauptgewicht darauf Niet-
zu legen ist, daß der frischgebildete Niet so lange von der ihn maschinen.
bildenden Kraft unter Druck gehalten wird, bis beide Köpfe nicht
mehr glühen, also nicht mehr nachgiebig sind. Diese Bedingung
erfüllt die etwas schwerfällige, nach Einschaltung des Wasserdrucks

nur langsam wieder lösbare Preßwassernietvorrichtung besonders gut, insbesondere, da das stets durch kleine Undichtheiten austropfende Wasser den Kopf benetzt und zu seiner raschen Abkühlung und einer gewissen Härtung der Oberfläche beiträgt. Die Hammer- oder Preßluftnietung hat eine gleich solide Wirkung nur dann, wenn sie lange genug ausgeübt wird. Hier ist man also von der Achtsamkeit und Geduld der Leute abhängig.

Zudem werden bei der Preßwassernietmaschine alle Kräfte im Bügel aufgefangen, während bei der (kleinen) Preßluftnietmaschine die Menschenkraft das Gegendrücken besorgen muß, eine den ganzen Körper durchschütternde Arbeit. Auch diese Unbequemlichkeit trägt dazu bei, daß der Nietende möglichst bald mit dem Nieten aufhört. Trotzdem erklärt sich die ausgedehnte Verwendung der Luftnietmaschinen aus ihrer außerordentlichen Handlichkeit. Die Preßlufttechnik hat zudem in den letzten Jahren auch Preßluft-Bügelnietmaschinen geschaffen, die in der Tat den Preßwassernietmaschinen kaum noch in irgendeinem Punkte nachstehen.

Preßluft und Preßwasser finden noch weitere ausgedehnte Anwendung in der Kesselschmiede. So die Preßluft mittels eines der Nietmaschine ganz gleichen Apparats auch zum Verstemmen der Nietköpfe und Nietnähte behufs Abdichtung, zum Antrieb tragbarer Bohr- und Rohreinwalzmaschinen, auch wohl zum Antrieb von Hebevorrichtungen. Preßwasser findet neben dem Antrieb durch Riemen oder Zahnräder Verwendung zum Betätigen von Blechscheren, Lochstanzmaschinen, Richte- und Biegemaschinen, und gleichfalls für Hebevorrichtungen. Daneben findet selbstverständlich die elektromotorische Kraftübertragung auch hier ein weites Feld.

Ein großer Fortschritt der letzten Jahre ist in der weitgehenden Verwendung des Schneidens dicker Bleche mittels Sauerstoff zu erblicken. Die Möglichkeit, mit dem Sauerstoffgebläsestrahl auch verwickeltere Linienzüge durchzuführen, hat den Konstrukteur gegen früher in vieler Hinsicht sehr viel freier gemacht. Auch hier aber gibt es Grenzen, die der Augenschein sehr bald lehrt.

Alle diese Maschinen und Vorrichtungen zu beschreiben und zu erläutern, ist nicht die Absicht dieses Buchs. Sie erklären sich dem Schauenden entweder von selbst, oder ihre Wirkungsweise kann leicht erfragt werden. Mit derartigen Fragen wendet sich der Praktikant übrigens meist besser an den Betriebsingenieur. Es ist keineswegs ausgeschlossen, daß er seitens der Arbeiter über Maschinen falsche Auskünfte erhält.

Blech-Anreißen. Von den Vorgängen, deren Beobachtung für den späteren Ingenieur hier besondere Bedeutung hat, seien folgende hervorgehoben: Erstens ist große Aufmerksamkeit dem „Anreißen" der Blechplatten

zu schenken, d. h. den Mitteln, deren sich die Vorarbeiter oder Anreißer bedienen, um auf dem Blech die Marken festzulegen, nach
denen es geschnitten, gebohrt, gestanzt, gefräst werden soll. Das zu
wissen ist später beim Zeichnen von größtem Nutzen, da man dann
von vornherein über die richtigen Maße im klaren ist, die man anzugeben hat und die von vornherein festgelegt sind. Auch die
Reihenfolge, in der die Maße nacheinander auf dem Bleche markiert
werden, ist beachtenswert. Insbesondere präge man sich ein, auf
welche Weise der Kesselschmied die in seiner Werkstatt besonders
oft vorkommenden flachen Bögen (mit großen Radius) festlegt.
Der Ausdruck „richtige" Maße bezieht sich übrigens nicht nur auf
die in der Werkstatt anzureißenden, sondern auch auf die der Bestellung von Teilen zugrunde zu legenden, die von auswärts bezogen
werden, wie gepreßte Kesselböden, Flammrohre usw. Beispielsweise
muß bei Bestellung von Böden für Wellrohrkessel und den dazu
gehörigen Wellrohren genau darauf geachtet werden, daß die Ab.
messungen vom Konstruktionsbüro so festgelegt werden, daß das
Wellrohr ohne große Nacharbeiten in den Hals des Bodens paßt-
Hierbei treten die sogenannten „Rollmaße" auf, deren Angabe auf
der Zeichnung und Anwendung in der Werkstatt man sich einmal
bei Ausführung solcher Arbeiten selbst angesehen haben muß, um als
Konstrukteur richtig mit ihnen umzugehen. Man unterhalte sich
bei dieser Gelegenheit auch einmal mit dem Schmied, Meister, oder
noch besser, Betriebsingenieur über die aus der Werkstattstechnik
allein nicht ohne weiteres verständlichen Einzelheiten dieser Kessel-
arbeiten. Es besteht nämlich gerade bei Anpaßarbeiten zwischen
Böden und Flammrohren die Gefahr, daß bei ungenügender Erwärmung („Blauwärme") Mängel entstehen, die sich erst im späteren
Betrieb des Kessels herausstellen und, abgesehen von der Gefahr
für seine Betriebssicherheit, zu größten Unkosten für das liefernde
Werk führen.

Die Bohrmaschinen, insbesondere solche mit vielen gleichzeitig
bohrenden Bohrern, und deren gegenseitige Einstellung nach Maß,
ebenso die Blechbiegewalzen und die Hervorbringung und Prüfung
der beabsichtigten Krümmungen sind der genauen Beobachtung und
Erfragung zu empfehlen.

Eine ganz besondere Art Arbeiten, der meist wegen ihrer Un-
auffälligkeit viel zu wenig Aufmerksamkeit geschenkt wird, sind die
Rohrarbeiten. Durch den Bau der Überhitzer hat dieser Zweig der
Kesselschmiedarbeiten erhöhte Bedeutung erfahren. Das Biegen der
Rohre und die Mittel zur Erhaltung des kreisförmigen Querschnitts
auch an der Biegestelle, ihre Befestigung in Wänden oder Flanschen
durch Einwalzen oder Umbördeln muß dem in die Hochschule Ein-

tretenden genau vertraut sein, will er nicht vor den alltäglichsten
Aufgaben ratlos dastehen und durch stundenlanges Bücherwälzen
oder bloßstellende Fragen sich mühsam die Kenntnisse verschaffen,
deren Aneignung ihm in der Werkstatt häufig nur ein paar Minuten
des Zuschauens kostet.

Stehbolzen.

Hierher gehören auch die Fragen, die mit der Anbringung der
sogenannten „Stehbolzen" verknüpft sind, wie sie zur Versteifung der
durch viele Löcher geschwächten großen Hochdruckflächen in Loko-
motiv-, Wasserrohr- und Schiffskesseln gebraucht werden. Die Anfertigung der Stehbolzen — die Gründe für die Wahl so kostbaren Materials wie beispielsweise Phosphorbronze —, die Schwierigkeiten, die
darin bestehen, die Steigung des Stehbolzengewindes mit der des
Stehbolzengewindebohrers in Übereinstimmung zu bringen —, die
daraus folgende Art und Weise des Schneidens des Stehbolzengewindes —, das Einziehen der Stehbolzen und ihre Vernietung —, alles
dies sei hier nur als Anreiz zu richtigem Schauen und Fragen erwähnt.
Bei dieser Gelegenheit sei nochmals darauf hingewiesen, daß es wünschenswert ist, daß der Praktikant die Kesselschmiede erst nach der
Dreherei durchmacht, da erst dann gerade die letzterwähnten wichtigen Fragen ihm ganz klar und ihre Lösung ganz verständlich
werden können.

Zeit und
Kosten.

In weitestem Maße bietet die Kesselschmiede Gelegenheit zur
Selbstbelehrung über die Zeit, die man zu den verschiedenen Arbeiten
braucht, und demzufolge über das Kostenverhältnis, in dem sie zueinander stehen. Mit der Uhr in der Hand kann man beobachten,
wie lange Zeit die Fertigung einer Nietreihe von 100 Nieten, die
Verstemmung eines Meters Nietnaht, das Bohren von 50 Löchern
von bestimmtem Durchmesser und Lochlänge dauert. Nicht minder
wertvoll ist die Beobachtung der Zeit, die für die Zurichtung der
Stücke zur Bearbeitung: Anreißen, passend Hinlegen usw. angerechnet
werden muß. Bei dieser Gelegenheit sei schließlich noch darauf hingewiesen, daß sich der Praktikant vollkommen klar darüber wird,
welche Schwierigkeit der Zusammenbau eines Kessels, z. B. allein das
Einbringen eines Bodens in einem Rundkessel, bedeutet. Auf die
Zusammenbauschwierigkeiten wird im allgemeinen auch im Hochschulunterricht noch zu wenig Wert gelegt. Um so wichtiger ist die
in der Werkstatt gewonnene Anschauung. Wenn es sich ermöglichen
läßt, daß der Praktikant einmal eine Woche oder zwei dem Einbau
eines neuzeitlichen Röhrenkessels am Verwendungsorte beiwohnen
kann, sollte er nicht versäumen, die Betriebs- oder Werksleitung zu
bitten, ihm diese Vergünstigung zu gewähren.

Eisen-
konstruktions-
werkstätten.

Für den späteren Maschinenbauer von nicht so unmittelbarer
Wichtigkeit, dennoch aber höchst belehrend ist die Tätigkeit in den

Eisenkonstruktionswerkstätten, die die Zusammensetzungen von Walzeisen zu Gerüsten und Brücken vornehmen. Die Summe der hier auftretenden Verrichtungen ist trotz der Verschiedenheit des Zweckes von denen in der Kesselschmiede wenig verschieden, da es sich in beiden Werkstätten um die Verbindung von Walzeisenteilen durch Nieten handelt. Aus diesem Grunde und wegen des immerhin loseren Zusammenhangs dieser Werkstätte mit dem allgemeinen Maschinenbau soll daher auf ein besonderes Eingehen auf die Eisenkonstruktionswerkstatt hier verzichtet werden.

C. Werkzeugschmiede und Härterei.

Es wurde bereits darauf hingewiesen, wie geeignet der Aufenthalt in der Werkzeugschmiede für die Erlernung des Handschmiedens ist. Er hat den weiteren Vorteil, den Praktikanten mit einer großen Anzahl gebräuchlicher Werkzeuge bekannt zu machen, vor allem mit den Eigenschaften des Stoffs, aus dem sie bestehen. In vielen Fabriken sind die Werkzeugschmiede und die Härterei räumlich verbunden. Wo dies nicht der Fall ist, sollte der Praktikant während des Aufenthalts in der Werkzeugschmiede auch in der Härterei ein ständiger Gast sein. Denn beide Werkstätten hängen sinngemäß eng zusammen, selbst wenn in der Härterei auch andere Gegenstände gehärtet werden als Werkzeuge. Die Vorgänge beim Werkzeugschmieden dürften im allgemeinen einer besonderen Erläuterung nicht benötigen. Desto weniger entbehrlich wird solche für die unzähligen Feinheiten der Kunst des Härtens. Einige Grundlagen seien im folgenden gegeben.

Zunächst erwächst die Frage nach dem Zweck des Härtens. Wir wiesen schon darauf hin, daß er ein zweifacher sein kann: erstens Verringerung des Verschleißes von Oberflächen; diesen Zweck haben die meisten Härtungen, die an Maschinenteilen (und einzelnen Werkzeugen: Hämmern u. ä.) vorgenommen werden. Zweiter Zweck ist, dem Stahl durch Härtung die Fähigkeit zu verleihen, in weichere Körper einzudringen und Späne von ihnen herunterzuschälen: die Aufgabe der Werkzeugstähle. Man sieht von vornherein, daß fast ausnahmslos an gehärtete Körper neben der Hochwertigkeit ihrer Oberfläche auch besonders große Festigkeitsanforderungen (in bezug auf ihren ganzen Querschnitt) gestellt werden. Es ist daher die erste Bedingung einer guten Härtung, daß sie erfolgt mit der geringstmöglichen Herabsetzung der Festigkeit und Elastizität des Körpers.

Solche Härtungen lassen sich nur vornehmen an höchstwertigen Stahlsorten. Vor allem ist ein durchaus gleichmäßiger Stahl erforderlich: gleichmäßig insofern, als er an jedem Punkte seines Inhalts gleichartiges Gefüge zeigt, aber auch insofern, als er stets wieder in absolut genau derselben Beschaffenheit vom Stahlwerk geliefert wird. Denn sachgemäßes Härten hängt in lästig hohem Grade von den jeweiligen Eigenschaften des gerade vorliegenden Materials ab. Hervorragend geeignet für die Werkzeugherstellung ist der Tiegelgußstahl, der nur in kleinen Mengen auf einmal erzeugbare Aristokrat unter den Stählen. Natürlich ist er demgemäß kostbar. Er kostet das 3- bis 5fache, und die sogenannten Edel- (Wolfram-, Chrom-, Molybdän- usw.) Stähle kommen sogar bis auf das 50- bis 100fache des Preises für gewöhnlichen Maschinenbaustahl. Trotzdem bleibt die Verwendung nur des teuersten Stahls meist das Sparsamste, denn ein besserer Stahl liefert dauerhaftere Werkzeuge, wodurch der Verbrauch an Stahl sinkt. Allgemein aber steigt die Leistung einer Werkzeugmaschine und des Arbeiters durch die Verwendung guter Werkzeuge bedeutend; ganz unverhältnismäßig sogar in den mechanischen Werkstätten. Die Maschine kann bedeutend höher ausgenutzt werden, wenn der sie bedienende Werkmann nicht alle Viertelstunde das Schneidzeug auswechseln und neu schleifen muß, und wenn er nicht ständig in Angst schwebt, daß der Stahl „anläuft" und weich wird.

Die soeben angedeuteten äußerst hohen Preise der höchstwertigen Werkzeug-Edelstähle haben dazu geführt, die Schneidwerkzeuge nicht durch und durch aus diesen Werkstoffen herzustellen, sondern die Schneiden aus Edelstahl in Stahlhalter oder -Köpfe einzusetzen oder zu löten, wie den Glasschneide- oder Schleifdiamanten in seinen Griff. Auch in dieser Hinsicht ist zu einem großen Teil der Krieg, während dessen wir lange Zeit vom Bezug der seltenen Bestandteile der Edelstähle, wie Vanadium, Wolfram usw. abgeschnitten waren, unser Lehrmeister gewesen. Heute behält man die teilweise recht verwickelten Schneideköpfe, zusammengesetzten Fräser usw., die unter dem Zwange der Not Eingang fanden, aus Sparsamkeitsrücksichten bei.

Neben dem erstklassigen Stoff bedingt Ersparnis trotz des hohen Preises seine sachgemäße Behandlung. Wie zwei verschiedene Gärtner aus demselben Trieb ungleichwertige Pflanzen erzeugen, so können geschickte Werkzeugschmiede und Härter denselben Stahl zu einer Höhe der Brauchbarkeit entwickeln, die in einer weniger gut besetzten Werkstatt einfach für ausgeschlossen gilt. In einer gut geleiteten Maschinenfabrik wird daher die Belegschaft dieser Werkstätten eine Auslese darstellen.

Theorie des Härtens. Die Grundlage des Härtungsvorgangs ist ja eine sehr einfache Die größere Härte des gehärteten Stahls beruht in dem solideren molekularen Aufbau einer Lösung von Kohlenstoff in Eisen gegenüber der mechanischen Eisenkohlenstoff-Mischung.

Der Kohlenstoff ist im flüssigen Eisen in Lösung enthalten. Flüssiges Eisen vermag eine sehr erhebliche Menge Kohlenstoff aufzulösen. Die Lösungsfähigkeit sinkt, genau wie beim Wasser, mit der Temperatur. Erstarrendes Eisen hat bedeutend geringere Lösungskraft als flüssiges, und mit weiterem Erkalten nimmt sie immer mehr ab. Die Folge ist die Ausscheidung von vorher gelöst gewesenem Kohlenstoff. Dieser tritt im erkalteten Eisen, wie wir bereits sahen, in Form von Graphitblättchen rein auf, zwischengelagert zwischen die Moleküle der Eisenkohlenstofflegierung. Wir wissen aber auch bereits, daß er sich nicht immer, oder nur teilweise als Graphit ausscheidet. Er kann es selbstverständlich nicht, wenn überhaupt kein überflüssiger Kohlenstoff vorhanden, also der Gesamtgehalt an Kohlenstoff so gering ist, daß er auch im kalten Eisen noch vollkommen aufgelöst existieren kann (Schmiedeisen, Stahl). Er kann es aber auch im Roheisen nicht, wo er doch reichlich überflüssig vorhanden ist, wenn Mangan anwesend ist. Die Nachbarschaft der Manganatome vor allem verleiht nämlich dem Kohlenstoff die Fähigkeit, mit dem Eisen bei etwa 700^0 C. eine chemische Verbindung einzugehen, das sog. Karbid (etwa Fe_3C). Somit enthält Manganroheisen nach dem Abkühlen einesteils Moleküle von Eisenkohlenstofflösung, anderenteils Karbidmoleküle. Diese sind netzartig im Eisen verteilt und besitzen große Widerstandskraft. Sie bewirken die Härte weißen Roheisens, aber auch gleichzeitig seine Sprödigkeit, da ihr Netzwerk den gleichförmigen Zusammenhang der Lösungsmoleküle immerfort unterbricht[1]).

Alle diese Abscheidungsvorgänge bedürfen jedoch einer gewissen Zeit zu ihrem Vollzug. Läßt man ihnen diese nicht, sondern kühlt das glühende Eisen plötzlich ab, so haben wir vor uns (soweit der Einfluß der Abkühlung sich genügend schnell geltend machte) einen durch und durch gleichmäßigen Aufbau gleichartiger Moleküle, die lediglich aus Eisenkohlenstoff-Lösung bestehen. Diese Moleküle besitzen eine ungeheure Widerstandsfähigkeit.

Erfolgt die Abkühlung nicht in unendlich kurzem Zeitraum, sondern braucht sie eine wenn auch kleine Zeit, so tritt stets Karbidbildung ein, die mit der Langsamkeit der Abkühlung zunimmt. Je höher der Kohlenstoffgehalt war, den das heiße Eisen in Lösung hatte, desto härter wird das abgeschreckte Eisen. Man hat also im Gesamtgehalt des Eisens an gelöster Kohle ein Maß für seine Härtungsfähigkeit und nennt deshalb die Kohle in dieser Form Härtungskohle.

---

[1]) Übrigens haben Chrom, Wolfram, Nickel, Vanadium u. a. ähnliche Wirkung wie Mangan. Hieraus erklärt sich ihre Beimengung zu hochwertigen Werkzeugstählen.

Zur Klärung fassen wir kurz zusammen:

Manganarmes Roheisen (graues, weiches Roheisen).

Härtungskohlengehalt mehr als 2,6 $^0/_0$. Beim Erstarren sondert sich der Kohlenüberschuß krystallinisch als Graphit ab.

Mangan-Roheisen (weißes, hartes Roheisen).

Härtungskohlengehalt mehr als 2,6 $^0/_0$. Beim Erstarren verbindet sich die überflüssige Kohle mit dem Eisen chemisch zu Karbidkohle.

Stahl.

Härtungskohlengehalt 0,5 bis 2,3 $^0/_0$. Beim langsamen Abkühlen bilden sich Karbid- und auch wohl Graphitkohle. Der abgekühlte Stahl ist verhältnismäßig weich.

Beim Abschrecken bleibt aller Kohlenstoff in Form von Härtungskohle in Lösung. Ein Kohleüberschuß kann sich nicht oder nur in kleiner Menge als Karbid frei machen.

Schmiedeisen.

Härtungskohlengehalt kleiner als 0,5 $^0/_0$. Beim Abkühlen, sei es schnell oder langsam, kann nie Kohleüberschuß frei werden, weil der geringe Härtungskohlengehalt auch im kalten Zustand noch in Lösung verbleibt.

Hiernach dürfte klar sein, daß für die Härtung nur Stahl in Frage kommt, sowie daß der Stahl um so härter, aber auch spröder wird, je größer sein Gehalt an Härtungskohle ist.

Zu dieser chemischen Härtung kommt noch eine mechanische hinzu. Denn die Abkühlung durch irgendeine Flüssigkeit, in die der Stahl gehalten wird, ist außen plötzlicher als innen. Infolgedessen haben sich die Außenschichten des Stahls stärker znsammengezogen als der Kern und drücken diesen zusammen. Diese Kompression äußert sich jedoch nur bis zu einem gewissen Grade als Härte; größer und weniger erwünscht ist die entstehende innere Spannung, die die Elastizität vermindert und den Stahl spröde macht.

(Natürlich erfolgt die Zusammenziehung oder das Schrumpfen in allen 3 Dimensionen, also auch — bei zylindrischen Körpern — der Länge nach. Dieser Umstand ist besonders wichtig beim Härten von Gewindebohrern. Beispielsweise ist bei der Herstellung der Stehbolzengewindebohrer (siehe oben S. 166) zunächst durch Versuche festzustellen, um welchen Betrag für die Länge dieses Werkzeugs sich der in Aussicht genommene Werkzeugstahl beim Härten zusammenzieht. Dementsprechend muß dann auf der Drehbank, mit der die Gewinde der noch ungehärteten Stehbolzengewindebohrer geschnitten werden, der Gangvorschub eingestellt werden, um zu erreichen, daß der Stehbolzengewindebohrer in seiner Steigung später dem Stehbolzengewinde genau entspricht.)

Wir ersehen schon aus den bisherigen Angaben, daß ein einfaches Erhitzen des Stahls und Abschrecken im Wasser keineswegs gute Härtung liefern kann; der Stahl wird zwar sehr hart, man sagt: „glashart", aber für durchschnittliche Verwendung viel zu spröde.

Man bedient sich deshalb eines Berichtigungsverfahrens und nimmt nach dem Abschrecken dem Stahl wieder einen Teil seiner Härte, indem man ihn abermals erwärmt, aber nicht bis zur Glut, sondern nur bis etwa 200 bis 330° C. Dadurch kann sich ein Teil der zwangsweise in Lösung gehaltenen Härtungskohle nachträglich ausscheiden, so daß die Härte sich mindert und gleichzeitig durch die Anwesenheit freier oder Karbidkohle der Stahl elastischer wird. Man nennt diesen Vorgang das „Anlassen". Zugleich wird durch die nachträgliche Erhitzung der Druck der äußeren Schicht und somit die innere Spannung aufgehoben und die Sprödigkeit beseitigt.

Verfolgen wir nunmehr einmal eine Härtung im einzelnen.

Härtungs-
verfahren.

Der fertig vorgeschmiedete Stahl wird zunächst auf die Härtetemperatur erhitzt. Diese wechselt mit den geforderten Festigkeitseigenschaften des Stahls. Die Härtung muß ja um so wirksamer vor sich gehen, je höher der Temperatursturz des Abschreckens ist. Aber man soll nie das unerläßliche Mindestmaß überschreiten. Denn dem Temperatursturz proportional ist ja die Zusammenziehung, und der durch sie erzeugte Druck im Kern kann so gewaltig werden, daß die ihn hervorbringenden Fasern einreißen wie ein zu eng geschnallter Gürtel: so entstehen die gefürchteten Härterisse.

Die Härtungstemperatur des Stahls liegt etwas tiefer als seine Schmiedetemperatur und wird an der Glühfarbe erkannt. Das Glühen des Stahls beginnt zwischen 500 und 600° C und ist zunächst wie ein dunkelbraunroter Anflug, sodann folgen die Farben:

Glühfarben.

dunkelkirschrot bei etwa	800° C
hellrot „ „	900° C
gelbrot bis höchstens	1000° C
gelb bei	1000—1200° C
mattes Weiß bei	1200—1300° C
blendendes Weiß bei	1500—1600° C

Hier ist der Schmelzpunkt erreicht. Die Härtungstemperatur liegt bei 700—800° C, also bei Beginn der Rotglut. Wird diese innegehalten, so hat die kräftige Umklammerung des Kerns von der Außenschicht denselben wohltätigen Einfluß wie die Schmiedung oder Pressung: das Material nimmt an Elastizität und Festigkeit sogar zu.

Ausglühen.

Es läge nun nahe, nach den wärmewirtschaftlichen Grundsätzen des Eisenhüttenwesens auch bei der Werkzeugherstellung gleich die Schmiedeglut als Härtungsglut zu gebrauchen. Das Werkzeug würde bei Gelbglut geschmiedet, erkaltete dabei allmählich bis auf dunkelkirschrote Glut und würde dann abgeschreckt. Der große Fehler wäre dabei der, daß die Spannungen, die durch örtliche Verdichtung, Biegung usw. beim Schmieden in den Stahl kommen, darin bleiben und im abgeschreckten Zustand ein krumm und schief gezogenes Werkzeug liefern würden. Der geschmiedete Stahl muß daher erst mit all seiner inneren Spannung abkühlen und verliert diese dann bei erneuter Erwärmung zur Dunkelrot-Wärme und folgender ganz allmählicher Abkühlung. Diese läßt man zweckmäßig in Holzkohle vor sich gehen, damit die Außenschicht die durch das vielfache Erhitzen eintretenden Verbrennungsverluste an Kohlenstoff wieder eindecken kann. Diesen vorbereitenden Vorgang nennt man das „Ausglühen". Es wird um so unentbehrlicher, je verwickelter die Schmiedeform ist. Das Ausglühen muß sich peinlich gleichmäßig über den ganzen Körper verteilen. Man benutzt deshalb zur Erhitzung häufig die eigens dazu geschaffenen Glühkästen und vollzieht sie sehr allmählich. Damit bei dieser langen Dauer ein „Abbrand" vermieden wird, vollzieht man die Erwärmung unter Luftabschluß. Auf das langsame Erhitzen folgt ein ebenso langsames Abkühlen.

Nunmehr erfolgt das endgültige Erhitzen zur Härtungstemperatur, wobei man das Stück zu gleichmäßiger Erwärmung und tunlichem Luftabschluß ganz ins Schmiedefeuer vergräbt. Teile, die nicht mit gehärtet werden sollen, werden durch Umhüllung mit Lehm vor dem jähen Temperaturwechsel geschützt.

Abschrecken.

Das Ablöschen oder Abschrecken darf die so mühsam erzielte Gleichmäßigkeit der Erwärmung und Spannungsfreiheit nicht gefährden und muß daher äußerst gleichmäßig, trotzdem aber so rasch geschehen, daß die größte Härte erzielt wird. Die Handgriffe und Mittel, um gleichmäßige Kühlung zu erzielen, muß der Praktikant dem Härter absehen. Was die Schnelligkeit der Abkühlung anlangt, so hängt diese von den augenblicklichen und bleibenden Eigenschaften der Härteflüssigkeit ab: ihre augenblickliche Temperatur, dann ihr Wärmeleitungsvermögen, die Wärmeaufnahmefähigkeit der selbst wärmer werdenden Flüssigkeit, die Wärmemenge, die sie verschluckt, um Dampf zu bilden (latente Wärme), ferner die Schnelligkeit, mit der der Siedepunkt erreicht ist, und schließlich sogar das spezifische Gewicht (d. h. die wärmesaugende Masse), — das alles sind Punkte, die bei der Wahl der jeweiligen Härteflüssigkeit berücksichtigt werden müssen. Es ist nicht möglich, auf diese Fragen hier näher einzugehen. Genannt seien nur einige der üblichsten Flüssigkeiten:

Vor allem Wasser, teils zum Eintauchen, teils mittels Spritzen [Härteflüssigkeiten.] angewandt. Lösungen von Kochsalz, Salmiak, Salpetersäure oder Schwefelsäure (2 bis 4 %) steigern die Härtefähigkeit des Wassers. Schwächere oder stärkere Zusätze von Kalkmilch, Seife, Gummi, Spiritus mildern die abschreckende Wirkung. Sehr beliebt ist Öl als Härtemittel, und, wie sich durch neuere Versuche ergeben hat, sehr mit Recht, weil es die Wärme in gleichmäßigster Weise abnehmen läßt. Es wirkt milder als Wasser und ist vor allem bei verwickelter Körperform wegen der natürlichen Gleichmäßigkeit seiner Wärmeabfuhr dem Wasser stets vorzuziehen. Schließlich sind noch flüssiges Zinn (230° C), Zink (400° C) und Blei (330° C) zu erwähnen, die eine sehr milde Härtung ergeben.

In neuzeitlichen Härtereien erfolgt die Erwärmung der Stähle durch elektrisch erwärmte Öfen, bei denen als Wärmeübertragungsmittel Chlorbarium oder Chlorkalium benutzt wird, dessen Temperatur vermöge der sehr feinen Regulierfähigkeit durch elektrische Widerstände sehr genau und sehr gleichmäßig gehalten werden kann. Auf das Abschrecken folgt unmittelbar die Härteprobe. An verschiedenen Stellen des gehärteten Körpers wird versucht, ob die Feile einen Span abnimmt. Tut sie das nicht, so ist die Glashärte vorschriftsmäßig. [Härteprobe.]

Das Anlassen geschieht nun auf folgende Weise: Ein Teil der Oberfläche wird mit Schmirgel, Glaspulver oder Sand blank gescheuert, d. h. von seinem Oxydbelag befreit. Wird nun der Körper erwärmt, so zeigen sich auf dem blankgescheuerten Teil ausgesprochene Farben, die ein genaues Maß der dort herrschenden Temperatur darstellen. Und zwar zeigen an — die Farben: [Anlassen.]

Hellgelb	die Temperatur von		**220—230°** C
Dunkelgelb	„	„	„ 240° C
Braungelb	„	„	„ 255° C
Braunrot	„	„	„ 265° C
Purpurrot	„	„	„ **275°** C
Blaurot	„	„	„ 285° C
Kornblumenblau	„	„	„ **295°** C
Hellblau	„	„	„ 315° C
Graublau	„	„	„ 330° C

Die Ursache der Farben ist in den Interferenzerscheinungen der Lichtreflexion auf dem blanken Metall zu suchen, die durch mikroskopisch dünne Oxydschichten beeinflußt wird. Will man nun in der oberflächlichen Anlauffarbe tatsächlich das Maß der im ganzen Querschnitt herrschenden Temperatur haben, so ist sehr gleichmäßige und langsame Erwärmung notwendig, — abgesehen [Anlaßfarben.]

davon, daß diese durch die Beseitigung der inneren Spannungen geboten ist.

Je höher die Temperatur ist, bis zu der angelassen wird, desto weicher und elastischer wird der Stahl. Man kann daher etwa folgende Anlaßregel aufstellen:

Die blauen Anlaßfarben sind zu erreichen bei Werkzeugen, die vor allem zäh sein müssen, die aber keine sehr dauerhafte Schneide brauchen (Sägen).

Die roten Anlaßfarben sind einzuhalten bei Schneidewerkzeugen, die stoßend wirken (Stoßstähle, Stanzen, Hobelstähle).

Die gelben Anlaßfarben sind für Werkzeuge, die eine feine harte Schneide besitzen, aber keinen Stößen ausgesetzt sind (Drehstähle, Fräser).

Hat der Stahl die vorschriftsmäßige Anlaßfarbe erreicht, so wird durch rasches Ablöschen weitere Temperatursteigerung verhindert und die erwünschte Härte fixiert. Das Werkzeug ist nunmehr fertig gehärtet und bedarf nur noch des Schliffs, falls es Schneidewerkzeug ist.

Gebrochene Härtung. Vielfach ist bei den Handwerkern die sogenannte „gebrochene Härtung" üblich, d. h. der Stahl wird nur eine kurze Zeit in die Härteflüssigkeit gehalten, bis seine Oberfläche erkaltet ist. Nun wird schleunigst mit dem Schmirgelholz eine blanke Stelle an der Schneide geschaffen und gewartet, bis vermöge der dem Kern noch innewohnenden Wärme die Oberfläche wieder heiß wird und die Anlaßfarben zeigt. Sodann wird endgültig abgelöscht. Das Verfahren ist nicht schlechthin zu verwerfen, da immerhin die Gewähr gleichmäßiger Wärme im ganzen Querschnitt groß ist. Denn die Wärme äußert sich ja von innen her. Deshalb kann ein besonders geschickter und geübter Mann wohl brauchbare Ergebnisse durch gebrochene Härtung erzielen. Erfolgt diese aber nicht ganz sachkundig, so kann sich der Leser nach den bisherigen Angaben ein Bild von den Folgen machen.

Bearbeitung gehärteter Stücke. Die Härtung der Stahlstücke erfolgt bei den meisten im „vorgearbeiteten" Zustand. Die letzte feinste Form erhalten sie erst nach dem Härten — aus leicht ersichtlichen Gründen. Sie kann dann natürlich nicht mehr auf dem gewöhnlichen Wege: durch Bearbeitung mit Werkzeugstählen geschehen. Denn diese sind ja höchstens ebenso hart, schneiden also nicht. Deshalb kann ein gehärteter Gegenstand nur mehr geschliffen werden, da die kleinen Korund- und Karborundum-Schleifscheiben härter sind als gehärteter Stahl.

Man kann jedoch nicht etwa, der größeren Sicherheit guten Härtens zuliebe, die Form nur roh vorarbeiten, dann härten und nunmehr durch Schleifen die verwickelten Formen herausarbeiten.

Ausführbar wäre das bei unserer hochentwickelten Schleiftechnik nahezu in allen Fällen. Aber man würde ja dabei stellenweise die gehärtete Oberfläche wegschneiden. Selbst wenn dies nichts schadete und das Innere gleichmäßig hart sich zeigte, so würde dadurch die innere Spannung teilweise ausgeschaltet, und die spannungsbefreiten Teile würden von den noch gespannten schief und krumm gezogen.

Auch bei der Naturhärte der härtbaren Stähle ist die Bearbeitung durch Stähle schon recht schwierig. Um, besonders bei verwickelten Formen, schnellere, also billigere Vorbearbeitung zu erzielen, wählt man weiche, d. h. kohlenstoffarme Stahlsorten zur Herstellung, und führt diesen nach der Vorbearbeitung, aber vor dem Härten künstlich Kohlenstoff zu. Dieser Weg heißt Einsatzhärtung.

Die kohlenstoffarmen Stähle werden nämlich in Substanzen eingebettet, die stark kohlenstoffhaltig sind und vor der feinstgepulverten Holzkohle den Vorzug haben, daß in ihnen der Kohlenstoff erst bei Erhitzung in geradezu molekularer Feinheit aus seiner Verbindung frei wird. Einsetzen.

Durch den Druck gleichzeitig entstehender Kohlenwasserstoffgase wird die entstehende Kohle innig dem zu kohlenden Stahl mitgeteilt. So sind alle Bedingungen der Gleichförmigkeit erfüllt. Hier besonders ist lange, oft tagelange Dauer des Vorgangs am Platze.

Über die technischen Einzelheiten des Einsetzens muß der Augenschein aufklären. Der Schleier des Geheimnisses sei nur noch von den „Härtemitteln" gezogen, deren Zweck aus dem Gesagten ja ersichtlich ist. Sie bestehen aus anorganischen und (wegen der feinen Verteiltheit des Kohlenstoffs) mit Vorliebe organischen kohlenstoffhaltigen oder die Kohlenstoffwanderung begünstigenden Stoffen, meist in besonderer und eifersüchtig geheim gehaltener Mischung. Hier seien genannt: Härtemittel.

Kochsalz, Cyankalium, doppelt chromsaures Kali, Glas, Kalisalpeter, Blutlaugensalz, Salmiak, Ton, Ziegelmehl, Kreide, Holzkohle, Lederkohle, Gummi arabicum, Aloeharz, Kolophonium, Tischlerleim, eingetrockneter Tierharn, Hornabfälle, Chinarinde, ja sogar schwarze Seife und Lebertran!

Diejenigen Teile, die an dem Einsetzen und Härten nicht teilnehmen sollen, werden mit Lehm umkleidet.

Für die spätere Konstruktionspraxis hat man sich bei Betätigung in der Härterei ein Urteil zu bilden, welche Formgebung jeweils die geringste Gefahr verunglückter, rissiger oder verzogener Härtestücke bietet. Wird nach solchem Gesichtspunkt entworfen, so ist Verteuerung durch „Ausschuß" oder Härteschwierigkeiten ausgeschlossen. Auch dieses „Gefühl" kann nur **das** verständnisvolle Sehen und tätige Mithilfe vermitteln.

Beobachtungswinke.

Man schätze grundsätzlich das Gewicht jedes Schmiedestücks und vergleiche den Schätzwert mit dem genauen.

Welche Nachteile hat das Stauchen des Eisens?

Welche Biegeproben muß gutes Schmiedeeisen aushalten?

Wie groß ist der durchschnittliche Abbrand im Schmiedefeuer?

Kann man auch zwei verschiedene Eisensorten, beispielsweise Eisen und Stahl, zusammenschweißen, und wenn ja, unter welchen Vorbedingungen? Welchen Zweck hat es?

Wie zeigt sich „Verbrennen des Eisens" am erkalteten und warmen Stück?

Wie kann man die Gesundheit einer Schweißstelle erkennen?

Gibt es äußere Beurteilungsmerkmale für gute oder schlechte Nietung und Verstemmung?

Welche Gewähr ist bei tragbaren Bohrmaschinen für die Genauigkeit der Bohrung gegeben?

Welche Vorteile und Nachteile hat a) das Stanzen und b) das Bohren der Nietlöcher?

Einnietung und Versteifung von Flammrohren?

Wie wird beim Biegen von Rohren die Aufrechterhaltung überall kreisförmigen Querschnitts erzielt?

Mit welcher Genauigkeit können Biegungen eines Rohres in mehreren verschiedenen Ebenen ausgeführt werden, und wie oft muß man sie durchschnittlich anpassen, ehe sie stimmen? Wie kann man gleichartige Biegungen durch Zusammensetzen von Normal-Rohrstücken erzielen?

Urteil über Kostenverhältnis der beiden letzteren Verfahren!

Inwieweit erlaubt die Wasserdruckprobe fertiger Kessel oder Kesselteile ein Urteil über ihre Dichtheit im Betrieb?

Welche Rücksichten müssen wegen der Transportmöglichkeit in Entwurf und Aufbau von Eisenkonstruktionen genommen werden?

Welche Möglichkeit besteht, beim Härten verzogene Stücke nachträglich gerade zu richten, und empfiehlt es sich, es zu tun?

Wie schmiedet man in ein massives Stück ein Loch nach Fasson, und wann ist Bohren billiger?

Welche Proben der Härtung gibt es außer der Feilprobe?

Bei welcher Mindestglut muß das Schmieden eingestellt werden, und welche Nachteile erzeugt Schmieden zu kalten Eisens?

Welchen Einfluß übt wiederholtes Härten und Ausglühen auf den Stahl aus?

Welche Verrichtungen erfüllen die folgenden

Schmiedewerkzeuge:

Flachzange	Amboßhorn	Flachhammer	Warm- und Kalt-
Rundzange	Sperrhorn	Kreuzfinnen-	schrotmeißel
Kugelzange	Angel	hammer	Löschspieß
Schiebzange	Bankhorn	Kugelfinnen-	Herdhaken
Drahtschneider	Stöckel	hammer	Löschwedel
Beißzange	Spitzstöckel	Schlichthammer	Kreuzmeißel
Kneifzange	Umschlageisen	Ballhammer	Handmeißel
Nagelzange	Bördeleisen	Kugelhammer	Bankmeißel
Drückzange	Boden- oder	Treibhammer	Durchschlag (Hand-
Ziehzange	Kesselamboß	Pinnhammer	und Bank-)
Stock- oder	Polierplatte	Schellhammer	Lochscheibe
Bockschere	Gesenkplatte	Lochhammer	Locheisen
Tafelschere	Streckhammer	Kesselstein-	Lochzange
Parallelschere	Kreuzschlag-	hammer	Lochlehre
Rahmenschere	hammer	Gesenkhammer	Blechlehre
Lochschere	Schlägel	Holzhammer	Drahtlehre
Drahtschere	Spitzhammer	Setzeisen	

Abschnitt 12.

Die mechanischen Werkstätten.

A. Allgemeines.

Alle Fortschritte in der Erzeugung höchstwertigen maschinen-technischen Baustoffs, alle Vervollkommnungen in Gießerei und Schmiede finden ihre Bekrönung in der mechanischen Bearbeitung der Maschinenteile. Ohne die staunenswerte Entwicklung, die dieser Zweig der Werkstattstechnik in den letzten Jahrzehnten erlebte, wären wir heute nicht imstande, die Vorteile vervollkommneter Rohstoffe und Vorarbeiten angemessen auszunutzen. Dabei steht, wie überall in der Technik, naturgemäß auch diese Entwicklung in Wechselwirkung mit den Fortschritten der Rohstofferzeugung. Denn ohne die in den letzten Jahren allgemein eingebürgerten Schnellstähle hätte wiederum der Werkzeugmaschinenbau bei weitem nicht so kräftigen Anstoß zur Weiterentwicklung erhalten. Und die heutige Werkzeugmaschine an sich bietet wiederum ein so hochvollendetes Erzeugnis der Technik, wie es ohne vorzüglichstes Material und beste Bearbeitung nicht denkbar wäre.

So ist denn in zwiefacher Hinsicht der Aufenthalt in den mechanischen Werkstätten die hohe Schule der praktischen Tätigkeit. Einmal lernt der Praktikant hier die verfeinerten Arbeits- und Meßmethoden kennen, die unserem Maschinenbau sein gegen früher so verändertes Gepräge verleihen. Und dann kommt er hier — wenigstens in zeitgemäß eingerichteten Werken — in ständige Berührung mit Maschinen, die zu den höchststehenden Erzeugnissen der heutigen Technik zu rechnen sind.

Es wäre sehr wenig angebracht, den Versuch zu machen, in dem hier gewählten Rahmen auch nur ein annähernd erschöpfendes Bild der Vorgänge und der Maschinen in den mechanischen Werkstätten zu geben. Abgesehen davon, daß es nicht Zweck und Absicht dieser Zeilen ist, das Schauen zu ersetzen, würde hier die Beschreibung nur langweilen, noch dazu neben dem anregenden Vielerlei der Umgebung.

Unter ausdrücklichem Verzicht auf Vollständigkeit sollen daher im folgenden in zwangloser Form ein paar Bemerkungen gemacht werden, die etwa den Standpunkt kennzeichnen sollen, auf den sich der Lernende hier am vorteilhaftesten stellt. Sie werden an die Werkzeugmaschinen anknüpfen und einige Rücksichten betonen, die beim Entwerfen von Maschinenteilen auf die Eigenart des Arbeitens der Werkzeugmaschinen zu nehmen sind.

Denn mit den heutigen Werkzeugen und Baustoffen erstklassige Maschinen herzustellen, ist an sich kein Kunststück. Die Schwierigkeit liegt darin, sie billig und konkurrenzfähig zu erzeugen, unbeschadet der höchsten Vollendung. Der Schlüssel liegt im Ausnutzen der Fähigkeiten der Maschinenarbeit. Billigere Maschinenarbeit muß wachsende Löhne ständig wettmachen. Deshalb muß die an den Stücken vorzunehmende Arbeit von vornherein vom Konstrukteur für die Maschine zugeschnitten werden. Die vollkommensten Maschinen nutzen der Fabrik nichts, wenn sie nicht ausgenutzt werden. In der Anpassung der Zweckform des Maschinenteils an die Arbeitseigentümlichkeit der Werkzeugmaschinen, die ihn herstellen, liegt der Anteil des Konstrukteurs an dieser Ausnutzung. Und in zweckmäßiger Verteilung der Arbeit, so daß nie eine Maschine unbeschäftigt dasteht und jede Arbeit auf der Maschine ausgeführt wird, die sie am billigsten ausführt, darin beruht die Kunst des Betriebsleiters. Beide wirken darin zusammen, daß der Maschinenbau zur Maschinenfabrikation, das teuere Einzelstück zur billigen Vielfachausführung wird.

Voraussetzung der geeigneten Form der Maschinenteile ist somit die Kenntnis der Arbeitsweise der Maschinen. Sie allein genügt nicht. Es muß dem Ingenieur in gleichem Maße wie dem Betriebsleiter auch in jedem einzelnen Fall die Entscheidung möglich sein, welche Art Maschinen die betreffende Arbeit am billigsten leistet.

Dieser Maschine muß er seinen Entwurf anpassen. Vor seinem
geistigen Auge muß hierfur der gesamte Arbeitsvorgang stehen, wie
ihn das Stück an jeder einzelnen Maschine durchmacht, und die
Reihenfolge, in der die einzelnen Bearbeitungsabschnitte an einer
oder mehreren Werkzeugmaschinen vor sich gehen.

Der erste Vorgang, der mit dem zu bearbeitenden Rohguß-
oder Rohschmiedestück statthat, ist seine „Aufspannung" auf der
Spannplatte der Werkzeugmaschine. Daß der Transport dorthin so
billig als möglich geschieht, dafür trägt der Betriebsleiter und der
Erbauer des Werks die Verantwortung. Aber das „Aufspannen" ist
wesentlich abhängig von der Geschicklichkeit des Konstrukteurs. Da
das Stück bei der Bearbeitung sehr erheblichen Kräften gegenüber
völlig unbeweglich sein muß, so muß von vornherein Sorge getragen
werden, daß es möglichst ausgedehnte Flächen besitzt, mit denen
es auf der festen Spannplatte der Werkzeugmaschine ruhen kann.
Auch muß es so widerstandsfähig in sich sein, daß es nicht Gefahr
läuft, durch die Kraft der Befestigungsschrauben zerstört, dauernd
oder vorübergehend verbogen zu werden. Denn auch eine vorüber-
gehende Formänderung muß für genaue Arbeit verhängnisvoll werden:
eine Fläche, die am eingespannten Stück genau zylindrisch oder
eben war, wird oval oder uneben werden, falls „Verspannung" vorlag, d. h. falls Formänderungen beim Aufspannen hervorgerufen
waren, die beim Ablösen zurückfedern. Für das Aufspannen insbesondere länglicher, schmaler oder dünner Stücke kommt neuerdings
die elektromagnetische Einspannung sehr in Anwendung, bei der das
Stück einfach auf der Spannplatte, die den Pol eines Elektromagneten bildet, bei Einschaltung des Stromes „kleben" bleibt. Gleichstrom ist erforderlich. In Fabriken mit Wechsel- oder Drehstrom
muß ein Gleichrichter vorgeschaltet werden, der unter Umständen
die Anlage unzulässig verteuert.

Der Konstrukteur wird sich danach zu richten haben, ob ihm
für das Einspannen die bequemen Einspannvorrichtungen etwa der
Drehbank oder die verhältnismäßig rohen der Hobelmaschine zur
Verfügung stehen. Immer wird er bestrebt sein müssen, so zu konstruieren, daß die übliche Aufspannung leicht möglich ist. Vollkommenste Vertrautheit mit den üblichen Hilfsmitteln und Hand-
werksgewohnheiten beim Aufspannen ist daher erste Voraussetzung
für späteres gewandtes Konstruieren.

Nur notgedrungen wird man auf die einfachen Einspannungen
verzichten. In solchen Fällen muß sich die Werkstatt helfen, wie es
eben geht, solange es sich um die Anfertigung weniger Stücke handelt. Bei Massenfabrikation zahlt es sich jedoch allemal aus, für
schwierig aufzuspannende Stücke eine Sonderaufspannvorrichtung

12*

herzustellen, deren Entwurf dann ebenfalls genaueste Kenntnis der Bearbeitungsvorgänge erfordert und vielfach sogar erst nach eingehender Beratung mit dem betreffenden Arbeiter entsteht. Denn entschließt man sich einmal zu einer Sondervorrichtung, so will man sie auch zu möglichst vielen Erleichterungen und Beschleunigungen der Arbeiten gleichzeitig ausnutzen. In der Tat bieten Sondervorrichtungen zum Aufspannen so hohe Vorteile, daß man sie häufig auch für solche Stücke baut, die recht wohl in normaler Weise aufgespannt werden könnten.

Denn der Kernpunkt beim Aufspannen und Herrichten des Werkstücks zur Bearbeitung ist ja der, daß während der ganzen Zeit, die es beansprucht, die Maschine notgedrungen stillstehen muß. Jede Minute, die für Aufspannen verbraucht wird, ist verlorene Zeit, verlorenes Geld. Vielfach herrschen bei den Ingenieuren völlig unklare Begriffe darüber, ein wie hoher Prozentsatz der gesamten Bearbeitungsdauer denn eigentlich auf das Aufspannen zu rechnen ist. Der Praktikant wird sehr gut tun, möglichst oft bei geschickten Arbeitern mit der Uhr in der Hand zu verfolgen, wieviel Zeit für Aufspannen und Umspannen draufgeht und wieviel Zeit die eigentliche Maschinenarbeit beträgt. Derartige Feststellungen (die man übrigens möglichst wenig auffallend vornehmen soll — niemand liebt es, wenn man seine Arbeiten mit der Uhr kontrolliert) bilden allmählich das Urteil heraus und werden vermutlich einen erschreckend hohen Prozentsatz der „toten" Arbeitszeit ergeben. Erst bei dieser Erkenntnis wird es klar, wieviel sich durch Konstruieren auf leichtes Einspannen hin, und erforderlichenfalls durch Herstellen von Sonderaufspannvorrichtungen ersparen läßt. Man befrage nur einmal den Betriebsingenieur, um wieviel schneller dies oder jenes mit Sondervorrichtungen aufgespannte Stück sich heute „gegen früher" herstellen läßt. Berücksichtigt man dann noch, daß durch geschickt eingerichtete Vorrichtungen z. B. Entfernungen und Durchmesser von Bohrungen usw. gleich festgelegt werden können, also Messungen erspart und Irrtümer ausgeschlossen sind, so wird man begreifen, einen wie hohen Wert ihre geschickte Anwendung für billige Erzeugung hat, und ihnen die gebührende eingehende Beachtung schenken. Denn die unscheinbaren Gestelle bleiben sonst leicht unbeachtet.

Schnellarbeit. Wird mit den Überlegungen des sparsamsten Vorgehens schon bei diesen Vorbereitungen begonnen, wieviel mehr werden die Köpfe angestrengt, um die Maschinenarbeit selbst zu vereinfachen und zu verbilligen! Vor allem war man von je bedacht, so schnell wie möglich zu arbeiten. Aber die obere Grenze der Schnelligkeit ist rasch erreicht. Sie liegt in unzulässiger Erwärmung von Arbeitsstück, wie von Werkzeug. Da es nicht durchführbar ist, die Temperatur an der Schneide ständig zu messen, so muß sogar schon die bloße Gefahr übermäßiger Erwärmung zwingen, von der Höchstgrenze der Schnellarbeit immer noch ein gut Stück abzubleiben.

Die Erwärmung des Arbeitsstücks bringt die große Gefahr mit sich, daß es sich „wirft". Denn mit der Erwärmung ist naturnotwendig Dehnung verknüpft. Die starre Befestigung des Stücks auf der Spannplatte verhindert aber die Dehnung. Es bleibt dem Werkstück nichts anderes übrig, als sich zwischen den starren Befestigungspunkten irgendwie so zu krümmen, daß die krumme Linie gegen die gerade um so viel länger ist, wie die Temperaturdehnung beträgt. Die Folgen sind dieselben wie bei „verspanntem" Stück. Die am krummgezogenen Stück kreisrund oder eben erzeugten Flächen zeigen sich am erkalteten als oval oder windschief. Bei der Genauigkeit von weniger als 0,1 mm, welche in den heutigen Maschinenwerkstätten Durchschnitt ist, hat solche Ungenauigkeit sehr leicht „Ausschuß" zur Folge.

Aber es gibt ein Mittel, abzuhelfen. Man kann ja durch einen Wasserstrahl kühlen. Das würde aber den Stahl verderben. Denn er würde leicht bei vorübergehendem Aussetzen des Kühlens heiß werden und dann bei Wiedereintritt des Wasserstrahls abschrecken, so daß sich ziemlich schnell die Sprödigkeit bis zum Bruch steigern würde. Auch dieses Hindernis kann überwunden werden: es gibt Flüssigkeiten, die die Härtung vermeiden. Wir sahen schon im Abschnitt „Härterei", daß Zusatz von Seife zum Wasser seine härtende Wirkung mildert. Gesättigte Seifenlösung ist nun völlig ohne Härtwirkung und dieses billige Mittel wird daher an jeder Werkzeugmaschine zur Kühlung verwendet.

Das Seifenwasser hat noch einen anderen Zweck. Es „schmiert" die Schnittstelle. Die Schmierung hat allgemein bei den Maschinen den Zweck, den Verschleiß und die Wärmeentwicklung durch Reibung trockner Oberflächen zu vermeiden. Das Schmiermittel tritt infolge der aus dem Physikunterricht bekannten Kapillarkräfte zwischen die beiden reibenden Stellen und verhindert so die unmittelbare Berührung von Metall mit Metall. Eine ähnliche Rolle spielt das Seifenwasser beim Schneiden der Metalle, und es werden auch bei bestimmten Arbeiten und Metallen statt Seifenwasser genau die Schmiermittel verwendet, die allgemein dafür dienen: Pflanzen-(Rüb-) und Mineralöle. Übrigens hat man, durch den Seifenmangel gezwungen, während des Krieges Ersatzmittel geschaffen, die sich zu einem Teil so gut bewährt haben, daß man sie beibehalten dürfte. Wenn die dünne Schmierschicht das Schneiden natürlich nicht hindert und ja auch nicht hindern soll, so verhindert sie doch eine Aufrauhung der soeben geschnittenen heißen Fläche durch die der Schneide unmittelbar benachbarten pressenden Flächen des Schneidwerkzeugs, wodurch eine schöne glatte, häufig spiegelblanke Oberfläche entsteht. Und dann nimmt sie die Wärme unmittelbar beim Entstehen von Stahl und Stück fort. Deshalb sind an allen Seifenwasserberieselungen Vorrichtungen, um die Tropfen genau auf die Schnittstelle zu richten, und bei stärkeren Schnitten und widerstandsreichen Stoffen findet sogar ständige Bespritzung mittels winziger Räderpumpen statt, die aus tiefergelegenen Sammelstellen das abgeflossene Schmiermittel immer wieder im Kreislauf hochfördern. So wird auch hier mit dem geringsten Verbrauch an Schmier- und Kühlmitteln die größtmögliche Wirkung angestrebt.

Sekundliche Schneidleistung. Kann man sich auf diese Weise der Grenze der gefährlichen Erhitzung sehr weit nähern, so ist immerhin die Schneidleistung per Sekunde begrenzt. Der Werkzeugmaschinenbauer mißt sie durch die folgenden drei Größen: Die Schnittgeschwindigkeit, das ist die Strecke, um die sich die augenblickliche Schnittstelle nach einer Sekunde von der Schneide (in der Richtung des Schneidens) entfernt hat. Zweitens der Vorschub, d. h. der seitliche Abstand zweier benachbarter Schnittfurchen. Und drittens die Spantiefe, ein wohl ohne weiteres verständlicher Begriff. Schnittgeschwindigkeit (Länge) mal Vorschub (Breite) mal Spantiefe (Höhe) ergeben ohne weiteres den Körperinhalt der sekundlich abgeschälten Metallmenge. Mit gewöhnlichen guten Stählen erreicht man beispielsweise beim Bedrehen von Flußeisen:

Schnittgeschwindigkeit 90 mm/sek
Vorschub 1,5 „
Spantiefe 7 „

Also sekundlich abgeschältes Eisenvolumen:

$$90 \cdot 1,5 \cdot 7 = 945 \text{ cmm} = 0,945 \text{ ccm}$$

Gewicht des sekundlich abgeschnittenen Eisens:

$$0,945 \times \text{spez. Gewicht} = 0,945 \times 7,8 = 7,37 \text{ g}$$

Stündliche Schneidleistung:

$$7,37 \times 60 \times 60 = \text{rund } 26\,500 \text{ g} = 26,5 \text{ kg Flußeisenspäne.}$$

Bei solcher Leistung tritt an der Schneide des Stahls trotz aller Kühlung schon eine Temperatur von etwa 200° C auf, was auch äußerlich in der leichten Dampfentwicklung an der Schneidstelle sichtbar wird. Da bei 220° C schon unsere Anlaßtemperatur liegt, so ist ersichtlich, daß hiermit die Grenze erreicht ist.

Schnellstähle. Ein weiterer Fortschritt in der Schneidleistung war also nur möglich dadurch, daß es gelang, Stähle herzustellen, die höher erhitzt werden, ohne an Härte einzubüßen. Dies gelang in den achtziger Jahren des 19. Jahrhunderts, wenn es auch bis zur Einführung der zunächst noch unvollkommenen Erzeugnisse in die breiteste Praxis ein breiter Weg war. Seit Beginn des 20. Jahrhunderts erst sind sie Allgemeingut der Maschinenfabriken geworden. Ihre Unempfindlichkeit gegen Hitze bis etwa 500° C (also schwache Braunglut) rührt von den Zusätzen an Chrom, Wolfram usw. her, die dem Eisen eine hohe Lösungsfähigkeit für Härtungskohle verleihen und die Karbidbildung hintanhalten.

Mit den besten Schnellstählen sind Dauerleistungen von 450 kg Eisenspäne pro Stunde erreicht worden, d. h. eine Leistungssteigerung auf das 18fache. Durchschnittlich kann auf 3—4fache Leistung gegenüber gewöhnlichen Stählen gerechnet werden. Trotzdem die Stähle selbst etwa zehnmal so teuer sind wie Gußstahl, und trotzdem sie voll ausnutzbar nur durch sehr kräftige Schnellstahlmaschinen sind, die eigens für sie angeschafft werden mußten, so ergibt sich dennoch aus dieser außerordentlichen Leistungssteigerung eine ungeheure Verbilligung durch den Schnellbetrieb bei der Bearbeitung.

Wesentlichen Einfluß auf die Schnelligkeit und Leichtigkeit des Schneidens hat die Verfassung, in der sich das Schneidzeug befindet, und diese liegt zum großen Teil in der Hand des Arbeiters, der die Maschine bedient. Die in den mechanischen Werkstätten übliche Akkordentlohnung gibt zwar dem Arbeiter ein großes Interesse daran, daß er sein Werkzeug richtig schleift, härtet, einstellt usw. Immerhin wird der Stahl ganz anders abgenutzt, wenn er nicht in wünschenswertem Zustand ist, selbst wenn der Arbeiter schnell mit ihm arbeiten kann. Es liegt daher sehr im Sinne sparsamen Werkstattbetriebs, wenn man auch hier die Arbeitsteilung verfeinert, indem man dem Maschinenarbeiter die Fürsorge für das richtige Schleifen, Härten und Einstellen der Schneidwerkzeuge möglichst abnimmt. So bürgert sich immer mehr die Einrichtung einer besonderen Abteilung der Werkzeugmacherei ein, in der von bestimmten, eingearbeiteten Leuten und mit Anwendung genau arbeitender Schleifmaschinen die Werkzeuge geschliffen werden. Durch planmäßige, geradezu wissenschaftliche Untersuchung hat man für die meisten vorkommenden Fälle die jeweils günstigsten „Schneidwinkel" erforscht. Die Winkel, die von Bauch und Rücken der Schneide gegeneinander, von ihrem Rücken gegen das Werkstück und von ihrer Flanke gegen die Vorschubrichtung gebildet werden, sind nämlich so wichtig für vollkommenes Schneiden, und auch nur geringes Abweichen von dem besten Wert ergibt sofort so bedeutend schlechteres Schneiden, daß selbst der geschickteste Dreher nicht mehr nach Augenmaß und „Gefühl" sie richtig treffen kann. Die Gesetze, denen diese Winkel unterliegen, wird der Studierende auf der Hochschule kennen lernen. Ihre Erläuterung würde hier viel zu weit führen. Es empfiehlt sich jedoch sehr, besonders geschickte Arbeiter (am besten Werkzeugmacher) über ihre Handwerkskenntnisse hierin zu befragen. Denn ihre Ausdrucksweise vermittelt durch Anschaulichkeit am besten das Gefühl für die richtige Schneidengestalt, das als notwendige Unterlage später in der Hochschule vorausgesetzt werden muß. Vielfach sind die Schneidenformen genau normalisiert und in Schablonen festgelegt, von denen der Schleifer mechanisch die Winkel genau abnimmt. Auch hier zeigt sich die nicht unbedenkliche Folgeerscheinung der Arbeitsteilung, daß sie die handwerksmäßig zu erlernende Geschicklichkeit ausschaltet.

Nicht minder wichtig als die Form der Schneide ist ihre Härte. Im Abschnitt „Härterei" ist gezeigt, in wie hohem Grade sie von Schulung der Härter und guten Öfen abhängt. Auch die Härtung ist daher in den neuesten Werkstätten dem Arbeiter abgenommen worden.

Nur das richtige Einstellen der Stähle an der Maschine wird wohl stets dem geschulten Maschinenarbeiter verbleiben. Der Praktikant wird durch selbständiges Arbeiten sehr bald merken, welche Bedeutung ihm zukommt. Vielfach versucht man, durch besonders konstruierte Stahlhalter und Stichelhäuser auch hier den Einfluß der Geschicklichkeit des Arbeiters auszuschalten, bisher aber mit wenig Erfolg. Denn etwas schieben und drehen läßt sich stets, und schon das „Etwas" macht sehr viel aus. Mehr Erfolg hat die Einrichtung, daß ein gelernter Arbeiter für eine Reihe ungelernter die Einstellung an deren Maschinen vornimmt. Die Ersparnis ist einleuchtend.

Spanbildung. Einen großen Einfluß auf Schnelligkeit des Arbeitens, Abnutzung der Stähle, Anstrengung und Verschleiß der Maschinen haben die Bearbeitungseigenschaften des Werkstoffs der zu bearbeitenden Stücke. Je fester, hauptsächlich aber je härter und spröder ein Werkstoff ist, desto langsamer muß er bearbeitet werden, und desto schneller stumpft er alle Schneiden ab. In der am Schluß dieses Abschnittes gegebenen Tafel der Schnittgeschwindigkeiten kommt das deutlich zum zahlenmäßigen Ausdruck. Hartguß muß 10 bis 20mal so langsam bearbeitet werden wie Kupfer, und 5 bis 10mal so langsam wie Schmiedeisen. Einen viel lehrreicheren Einblick in dieses technologische Verhalten der Metalle liefert jedoch die Spanbildung. Auch für den Laien springt der Unterschied zwischen den trockenen, brockigen Gußeisenspänen, den langen zähen Locken der schmiedbaren Stoffe und dem kurzen, gebogenen Span der Kupferlegierungen sofort ins Auge. Ein erfahrener Fachmann vermag aus der Betrachtung der Bearbeitungs-, insbesondere der Drehspäne die Festigkeits-, Elastizitäts- und Härteeigenschaften fast so genau anzugeben, wie nach einer Prüfung mit wissenschaftlichen Instrumenten. Ja, viele Praktiker geben erst dann ein abschließendes Urteil über ein ihnen unbekanntes Material ab, wenn sie seinen Drehspan gesehen haben. Hier bietet sich dem Neuling ein reiches Lerngebiet, dessen Bedeutung für Ausbildung des technischen Gefühls gar nicht hoch genug angeschlagen werden kann. Natürlich muß dieses Buch diese reine Anschauungsbelehrung ganz der Praxis und dem erfahrenen Praktiker überlassen. Es kann nur eindringlichst das Studium der Spanbildung dem Praktikanten empfehlen.

Der Ingenieur wird bei der Wahl des Baustoffs natürlich nach Formgebung. Möglichkeit auf seine Bearbeitbarkeit auf den Werkzeugmaschinen Rücksicht nehmen. Im großen und ganzen wiegen jedoch die Festigkeitsrücksichten und die Bedingungen der Rohbearbeitung (Gießen, Schmieden, Walzen usw.) vor. Volle Berücksichtigung der Eigenart der Maschinenarbeit ist nur möglich auf dem Gebiete der Formgebung und allgemeinen Wahl der konstruktiven Mittel. Die Erlernung dieser Kunst ist der Hauptinhalt der konstruktiven Seite des Studiums überhaupt. Es wäre verfehlt, hier von den ihr zur Verfügung stehenden Mitteln zu sprechen. Dies muß den Konstruktionsübungen auf der Hochschule völlig vorbehalten bleiben. Dem Neuling würde auch diese Besprechung schwerlich verständlich sein. An dieser Stelle liegt einer der Hauptvorteile der Wiederholung praktischen Arbeitens nach Erledigung einiger Hochschulsemester. Dann achtet der Student ganz von selbst auf alle diesen Fragen und bringt ihnen um so mehr Verständnis entgegen, je mehr er beim Konstruieren gemerkt hat, „wo's fehlt".

Hier sei nur auf eine allgemein beachtenswerte Eigentümlichkeit der Werkzeugmaschinen hingewiesen, deren Berücksichtigung in erster Linie unumgänglich ist. Das ist die starke Komplikation, die jedes anscheinend geringfügige Abweichen von den Grundbewegungsrichtungen und Grundformen mit sich bringt. Der rechte Winkel, die geradlinige Flanke und der kreisförmige Querschnitt: das sind die Grundlagen, von denen nie ohne triftigen Grund abgewichen werden darf. Man beobachte daher genau, welche Verstellung an den Maschinen, welche Hilfsvorrichtungen und welches schwierige Messen erforderlich werden, wenn, etwa bei Herstellung eines Keiles, eine Flanke gegen die andere um einen spitzen Winkel geneigt ist, oder wenn an der Drehbank eine konische Fläche erzeugt werden soll. Die Bearbeitung von prismatischen Körpern mit krummlinig begrenzter Grundfläche macht meist besondere Vorrichtungen (Kopierfräser, Stoßschablonen usw.) nötig, die Erzeugung „geschnittener" (d. h. bearbeiteter) Zähne an Zahnrädern oder Schnecken mit krummen Flanken erfordert bereits die verwickeltsten Sondermaschinen. Die Herstellung von Körpern mit elliptischem Querschnitt ist auf einer normalen Drehbank ausgeschlossen.

Anderseits sind einige verwickelt erscheinende Formen mit der Maschine ohne weiteres herstellbar, so vor allem die Schraubenflächen. Der Grund liegt darin, daß sie durch Zusammenfügen der rein drehenden Bewegung mit geradliniger Verschiebung entstehen. Was der Praktikant also vor allem auf die Hochschule mitbringen muß, das ist die Unterscheidungsfähigkeit, ob eine Körperform im werkstattstechnischen Sinn einfach oder verwickelt ist, d. h. ob sie leicht und schnell herstellbar ist oder nicht. In diesem Sinn ist das Wort: „technisches Formgefühl" und „technisches Formempfinden" zu verstehen. Der geschulte Ingenieur denkt und entwirft nur noch in Formen, die werkstattstechnisch einfach sind, und diese innige, wesentliche Verknüpfung der Form mit ihrer Herstellung durch einfachste Mittel unterscheidet das Formgefühl des Ingenieurs so völlig von dem des Malers oder Architekten, das man besser „Stilgefühl" nennen würde. In dieser aus der Entstehung herausgeborenen Einheit von Form, Zweck und Entstehung beruht das unbewußte Empfinden von Harmonie beim Anblick gut durchkonstruierter Maschinen. Da nach den Lehren der Ästhetik der ästhetische Eindruck in dem Empfinden einer verborgenen Gesetzmäßigkeit besteht, so ist die Ästhetik der maschinentechnischen Formgebung auf die festeste Grundlage gegründet. Sie bedarf keiner Stilregeln, denn sie ist von selbst „stilvoll", ästhetisch aus sich selbst. Und daraus erklärt sich der völlige Sieg dieser Ästhetik der „Konstruktivität" auch in der heutigen gewerblichen Kunst.

Dies nebenbei. Wichtig ist also, daß der junge Ingenieur, wenn er auf die Hochschule kommt, vertraut ist mit den Entstehungswegen der Formen. Ungemein übend ist hierbei die ständige Überlegung beim Betrachten der umherliegenden fertig bearbeiteten Stücke, wie sie eingespannt gewesen sind, und wie ihnen die Formen verliehen wurden, die sie nunmehr innehaben. Ganz besonders lehrreich ist die Vertiefung in die Herstellungsvorgänge der Werkzeuge selbst, also z. B. der Spiralbohrer, der Fräsköpfe mit oder ohne „Hinterdrehung" usw. Allerdings wird man vielfach diese Entstehungsart nur in Werkzeug- und Werkzeugmaschinenfabriken, öfters aber auch in gut eingerichteten größeren Werkzeugmachereien der Maschinenfabriken verfolgen können. Von den Werkzeugen abgesehen, findet man ja aber meistens das Stück in der Nähe der Werkzeugmaschine, die es bearbeitete, und kann sich sofort davon überzeugen, ob man sich die Bearbeitungsweise richtig vorgestellt hat, da man vermutlich noch ein unvollendetes Stück in Arbeit beobachten kann. Hierin liegt der unersetzliche Wert und die so bald nicht wiederkehrende Lerngelegenheit der praktischen Arbeitszeit.

Den „praktischen Blick" sehr bildend ist die Beobachtung, auf welche einfache Weise sich der Maschinenarbeiter häufig durch kleine Hilfsvorrichtungen Zeit spart und bessere Ausnutzung der Maschine erzielt.` Besonders sei hingewiesen auf die kleinen Schaltvorrichtungen: „Faulenzer", „Schwärmer" u. ä., und auf die kleinen Marken, die sich der Arbeiter auf den Verstellkurbeln anbringt, um nach vorübergehender Verrückung später immer wieder sofort auf denselben Punkt einstellen zu können. *Hilfsvorrichtungen.*

Diese Vorrichtungen hängen schon zusammen mit einem sehr wichtigen Kapitel: der Behandlung der Werkzeugmaschine. Hier liegt ein Gebiet zur Entfaltung des persönlichen Geschicks und der Verstandesfähigkeiten, das die Entwicklung der Maschinenbearbeitung nicht nur nie dem einzelnen abnehmen, sondern im Gegenteil ständig mehr in die Hand geben muß. An Stelle der Meisterschaft in handwerksmäßigen Fertigkeiten tritt die nicht minder schwierige vollendete Beherrschung einer Werkzeugmaschine. Je empfindlicher und verwickelter die Werkzeugmaschinen werden, desto größer wird der Einfluß, den die jeweils gute oder unsorgfältige Behandlung auf tadelloses, rasches Arbeiten hat. Und darum kann. eines ständigen wirtschaftlichen Antriebsmittels, wie des Akkord- oder besser Prämienlohns, immer weniger entraten werden, um den Mann zu veranlassen, seine Maschine gut zu pflegen. Er erhöht dadurch die Schnelligkeit seiner Arbeit und folglich seinen Verdienst, und das Unternehmen hat die Möglichkeit, die Tilgungsfrist für das in den Maschinen steckende Anlagekapital lang zu bemessen und so die Bilanz zu verbessern. *Behandlung der Maschine.*

Für den Praktikanten hat die Übung in vorschriftsmäßiger Behandlung der ihm zum Lernen überwiesenen Werkzeugmaschine den hohen Wert, ihm den großen Einfluß der sachgemäßen Wartung eines Mechanismus auf seine Nutzbarkeit handgreiflich zu zeigen. Er lernt auch, jede Maschine als ein besonderes Einzelwesen mit Sonderlaunen und Sonderfehlern zu erkennen. So wird er davor bewahrt, später allzusehr beim Konstruieren zu theoretisieren. Er möge ferner darauf achten, welche Teile Ölung brauchen, welche nicht, wo und mit welchen Vorrichtungen jeweils am angemessensten Schmierung zugebracht wird usw. Solcher Grundstock technischer Kenntnisse wird später sehr angenehm von ihm empfunden.

Auf alle Fälle sollte man versuchen, während des Aufenthalts in den mechanischen Werkstätten einer vollkommenen Werkzeug- *Zusammenbau der Werkzeugmaschine.*

maschinenzerlegung oder noch besser, der Aufstellung einer neu angekauften Maschine beizuwohnen. Die in der Montagehalle durchgeführte Montage von Fertigfabrikaten der Fabrik erstreckt sich in der Mehrzahl der Fälle ja nur auf ein vorläufiges Zusammenstellen. Die eigentliche betriebsfertige Aufstellung geschieht mit allen Feinheiten erst an Ort und Stelle. Bei der Aufstellung von neuen Werkzeugmaschinen in den Werkstätten liegt nun dieser letztere Fall vor. Und zwar bietet gerade die Werkzeugmaschine ein Prachtbeispiel genauer Montage, sorgfältigster Aufstellung, und vor allem bietet sich hier Gelegenheit zur späteren Beobachtung im Betrieb: wo sich hier das Fundament „sackt", dort der Rahmen nachträglich „verzieht", und so fort. Zudem ist bei mittleren Größen und Durchschnittstypen auch dem konstruktiv und wissenschaftlich noch nicht ausgebildeten Praktikanten die Übersicht über das Ineinandergreifen aller Teile erleichtert. Es wird ihm sofort, und spätestens beim Beginn des Arbeitens der neuen Maschine klar, welchem Zweck jeder Einzelteil dient. Diese oder jene technische Aufgabe ist bei der neuen Maschine vielleicht anders gelöst als bei den alten Typen in derselben Werkstatt. So wird die Anregung zu vergleichendem, verständnisvollem Schauen in passendster Form gegeben. Auf keinen Fall versäume daher der Praktikant, vorkommendenfalls seinen Meister zu bitten, daß er ihm Teilnahme an einer solchen Aufstellung gestattet. Es lohnt auch durchaus um einer solchen Neuaufstellung willen, falls sie nicht gerade in derselben Werkstätte stattfindet, wo man gegenwärtig arbeitet, diese auf ein paar Tage zu verlassen.

Genauigkeit.   Der größte Vorteil dabei ist die Erkenntnis, welchen Grad von Genauigkeit man bei derartigen Aufstellungen innehalten muß und — kann. Durch die hierbei zu verwendenden empfindlichen Instrumente, wie Wasserwagen, Präzisionswinkel und -lineale, bekommt man erst einen Einblick in die erheblichen Schwierigkeiten, die die Formänderung des Maschinengestells und der Einzelteile bei Aufstellung und Inbetriebsetzung machen, und über die vollendete Herrschaft des heutigen Werkzeugmaschinenbaues über diese Schwierigkeiten.

Die Genauigkeit der Maschine ist ja die erste und unerläßliche Vorbedingung für die Verbindung der heute notwendigen raschen Maschinenarbeit mit Genauigkeit der Erzeugnisse. Man kann schließlich auch mit ungenauen, klapprigen Maschinen genaue Arbeit liefern. Vermutlich werden die meisten Leser dieses Buches selbst die Gelegenheit haben, das festzustellen, da man den Praktikanten unmöglich die besten und neuesten Maschinen zum Lernen zur Verfügung stellen kann. Aber auch der Geschickteste braucht an einer schlechten Werkzeugmaschine ungleich mehr Zeit zur Erzeugung guter Ware und wird leichter „Ausschuß" liefern, als der Durchschnittsarbeiter an einer tadellosen Maschine. Die Maschinengenauigkeit verteuert selbstverständlich die Werkzeugmaschine. Aber ohne sie wäre derart galoppierendes Arbeitstempo, wie es der Schnellstahl mit sich bringt, gar nicht möglich; so zahlt sich das höhere Anlagekapital einer guten Maschine durch volle Ausnutzung der wirtschaftlichsten Arbeitsgeschwindigkeit stets aus.

Die Hauptpunkte, wo diese Genauigkeit zum Ausdruck kommt, sind: vollkommen ebene Aufspannfläche, starre Führung der Werkzeuge oder des bewegten Werkstücks, Vermeidung „toten Gangs" in den Verstellspindeln („Zügen"), genaues Zusammenfallen der Achsen gegenüberliegender Teile (Löcher oder Zapfen), die völlige Genauigkeit aller rechtwinkligen Neigungen und genaue Entfernungsgleichheit paralleler Flächen.

Mit der Genauigkeit der Maschine Hand in Hand geht die Genauigkeit des Messens an den Arbeitsstücken. Diese Frage ist von solcher Wichtigkeit, daß sie zusammenhängend in einem besonderen Abschnitt besprochen ist, auf den hier verwiesen werde[1].

Der wiederholt betonte letzte Hauptgesichtspunkt für die wirtschaftlichste Fabrikation von Maschinenteilen ist die Zuweisung der Bearbeitungen an diejenige Maschinengattung, die für ihren Vollzug jeweils die geeignetste ist. Unter diesem Gesichtspunkt seien im folgenden besprochen:

B. Typen der Werkzeugmaschinen.

Die gemeinsame Grundlage aller Werkzeugmaschinen ist die Überblick. Abtrennung von Spänen von den zu bearbeitenden Flächen. Um diese hervorzurufen, bedarf es stets einer gegenseitigen Verschiebung von Werkstück und Werkzeug. Bei dieser können sich entweder beide bewegen, oder nur das Werkstück, oder nur das Werkzeug, und zwar geradlinig oder kreisend, in lot- oder wagerechter Richtung.

Um dem zum erstenmal in eine mit Maschinen erfüllte Werkstatt Tretenden einen ersten Überblick zu geben und ihn davor zu bewahren, Allereinfachstem nachzufragen, ist im folgenden eine kleine Zusammenstellung gegeben, die keinen anderen Sinn und Zweck hat,

---

[1] Im Zusammenhang mit den letzten Ausführungen sei auf die für jeden Ingenieur lesenswerte Selbstbiographie Charles T. Porters, des Erfinders der schnellaufenden Dampfmaschine, hingewiesen, die unter dem Titel „Lebenserinnerungen eines Ingenieurs" in deutscher Übersetzung vom Verlag Julius Springer in Berlin herausgegeben ist und gerade für den angehenden Ingenieur eine reiche Fülle von Unterrichtung und Anregung in klassischem Geiste und in der Form eines spannenden Romans enthält. Gerade über Werkzeugmaschinen bringt Porter viel lesenswertes, was in Büchern sonst kaum zu finden ist.

als dem Praktikanten das erste Zurechtfinden in der Vielheit der unbekannten Werkzeugmaschinen zu erleichtern. Sie soll keine wissenschaftliche oder erschöpfende Klassifikation darstellen. Denn in Wirklichkeit bewegt sich ja z. B. bei der Drehbank nicht nur Werkstück, sondern auch Werkzeug, nur senkrecht zur Schneidrichtung und verhältnismäßig sehr langsam: auf eine Schnittlänge vom Durchmesser des gedachten Stücks mal π kommt eine seitliche Verschiebung von selten mehr als 4 mm. Der Ausdruck: „das Werkzeug steht still" ist also nicht streng richtig. Immerhin ist der Grundgedanke der Arbeitsweise der, daß das Werkzeug steht. Es muß nur nach je einer Umdrehung des Werkstücks um den „Vorschub" weitergerückt sein, um bei der folgenden Umdrehung wiederum „Fleisch" vorzufinden. Nur in diesem Sinne: als vorläufiges Mittel, nach den ersten Eindrücken des Auges auf die Art der Werkzeugmaschine zu schließen, ist der Gebrauch der folgenden Zusammenstellung gedacht.

Zusammenstellung der in mechanischen Werkstätten von Maschinenfabriken gebräuchlichsten Werkzeugmaschinenarten.

		Das Werkstück bewegt sich	Das Werkzeug bewegt sich	Beide bewegen sich
Kreisend	Um wagerechte Achse	Drehbank (Abstechbank)	Universalfräsmaschine, Horizontalfräsmaschine, Liegende Bohrmaschine (Zylinderbohrmaschine) Kreissäge, Schleifmaschine	Rundfräsmaschine, Schleifmaschine
	Um lotrechte Achse	Karusselldrehbank, „Chucking"-Maschine oder „Vertikaldreh- und Bohrwerk"	Vertikalfräsmaschine (Nutenfräsmaschine), Bohrmaschine (Gewindeschneidmaschine)	Rundfräsmaschine
Geradlinig	In wagerechter Richtung	Tischhobelmaschine	Shaping-Maschine oder Stoßhobelmaschine	—
	In lotrechter Richtung	—	Stoß- und Stanzmaschine	—
		In vielseitiger Zusammenstellung bei Sonder-Werkzeugmaschinen, insbesondere bei Zahnrad- und Schnecken-Bearbeitungsmaschinen.		

Ein Blick auf diese Zusammenstellung zeigt die auffallend größere Mannigfaltigkeit unter den Werkzeugmaschinen mit kreisender Bewegung. Man ist eben bestrebt, möglichst viele Arbeiten mit kreisender Bewegung auszuführen.

Bei der Besprechung des Wettstreits zwischen Hobel- und Fräsmaschinen werden wir weiter unten auf die Gestalt näher eingehen, die die Frage: „Kreisende oder hin- und hergehende Bewegung?" besonders für die Maschinenarbeit annimmt.

Dem Abschnitt sind ferner hinten angefügt zwei Tafeln über die Leistungsfähigkeit und den Leistungsverbrauch der Werkzeugmaschinen. Im allgemeinen werden diese beiden Tafeln mehr dem Gebrauch solcher Praktikanten anempfohlen, die bereits die Hochschule besucht haben. Des Anfängers Blick könnte leicht durch Berücksichtigung der darin enthaltenen Beobachtungsanregung von dem vor allem anzustrebenden Ziel der werkstattsmäßigen Vertrautheit mit den Werkzeugmaschinen abgelenkt werden. Immerhin ist es nicht schädlich, wenn er einmal eine Mußestunde benutzt, sich klarzumachen. was jene Zahlen besagen. Sie sind ohne weitere Erläuterung beigefügt, da bei Praktikanten in vorgeschrittenen Semestern ihr Verständnis vorauszusetzen ist. Wenn der noch nicht „studierte" Praktikant sie nicht verstehen sollte, so tut das dem Erfolg seiner praktischen Tätigkeit keinen Eintrag.

1. Die Drehbank.

Schon durch die Bezeichnung „Bank" im Gegensatz zu den anderen „Maschinen" ist angedeutet, daß die Drehbank geschichtlich die älteste Werkzeugmaschine ist und auch ohne Antrieb durch Maschinenkraft verwendet werden kann, wennschon der Praktikant schwerlich noch in einer Fabrikwerkstätte Metalldrehbänke mit Fußantrieb finden dürfte. Die Drehbank ist schlechthin die Allerweltswerkzeugmaschine. Nahezu sämtliche Maschinenteile, mögen sie ebene oder gekrümmte Oberflächen haben, lassen sich auf ihr herstellen. Ihre Bedienung erfordert wegen ihrer Vielseitigkeit fast ausschließlich gelernte Leute, die die Auslese des gesamten Arbeiterstamms der Werke in bezug auf geistige Bildung zu sein pflegen. Ein Dreher wird, an eine beliebige Werkzeugmaschine gestellt, stets in kürzester Zeit sich einarbeiten, während das Umgekehrte nicht der Fall ist. Aus dieser Allseitigkeit der Ausbildung für Maschinenarbeiten, die durch das Erlernen des Metalldrehens sich ergibt, erklärt sich die berechtigte Gepflogenheit, die praktische Ausbildung des jungen Ingenieurs vorwiegend (leider manchmal ausschließlich) in die Dreherei zu verlegen. Ein weiterer Grund hierfür ist, daß wegen der vielseitigen Anforderungen der Drehbank an ihre Bedienung vorwiegend ein Dreher nur je eine Maschine bedient. Hieraus ergibt sich eine weniger störende Abkömmlichkeit der Dreher für etwaige Unterweisung des Neulings.

Die drei Hauptverrichtungen auf der Drehbank sind das Abdrehen, das Ausdrehen und das Plandrehen.

Abdrehen. Unter Abdrehen versteht man die Bearbeitung der Außenseite eines Körpers. Sie vollzieht sich selbstverständlich am bequemsten und schnellsten, wenn der Körper rein geradlinig zylindrisch ist. Man beachte stets den Arbeitszuwachs durch Hinzutritt von konischen, kugligen oder gar beliebig profilierten Drehflächen. Kommen für profilierte Drehflächen Sonderprofilstähle zur Verwendung, so achte man darauf, wie die Umdrehungszahl des Stücks entsprechend langsamer gewählt werden muß.

Schraubendrehen. Eine Verrichtung, deren vielfache Ausübung für den Praktikanten nicht dringend genug empfohlen werden kann, ist das Schraubendrehen. Gerade auf diesem Gebiete kann der Konstrukteur so wesentlich billiger entwerfen, wenn er diejenigen Steigungs- und Profilverhältnisse wählt, deren Erzeugung auf der Drehbank die geringste Räderversetzung und die wenigst häufige Umspannung des Stahles erforderlich macht —, aber natürlich nur, wenn er selbst genaue praktische Kenntnisse und eingeprägte Erfahrung im Schraubendrehen besitzt. Bezüglich der dem Anfänger oft sehr schwierig erscheinenden Zusammenhänge zwischen Leitspindel, Zahnradübersetzung und Schraubensteigung sei hier sehr empfohlen, sich eine der vielen gedruckten „Anleitungen im Gewindeschneiden auf der Drehbank". anzuschaffen —, wofern eine solche nicht in der Werkstatt aushängt. Sie vermitteln in ihrer einfachen, auf das Verständnis der Dreher berechneten Ausdrucksweise am leichtesten die erforderlichen Aufklärungen[1]).

Ausdrehen. Besondere Aufmerksamkeit wende ferner der Praktikant dem Ausdrehen zu, d. h. dem Bedrehen der Innenseite von Hohlkörpern. Für die spätere Konstruktionspraxis ist es wichtig, vor Augen zu haben, wie beschwerlich und verteuernd sauberes Ausdrehen ist. Der Konstrukteur muß auch aus der Werkstatt ein Gefühl dafür mitbringen, inwiefern das Ausdrehen eines erweiterten Innenraums durch eine enge Vorderöffnung hindurch überhaupt möglich ist. Mit dem Ausmessen auf dem Zeichentisch ist da meist wenig geholfen. Der

---

[1]) Einige derartige Druckschriften sind: G. Baumann, Gewindeschneiden. 9. Aufl., Aarau 1905. — R. Dahl, Leitfaden zum Berechnen der Wechselräder beim Gewindeschneiden an der Leitspindeldrehbank. 8. Aufl., Berlin 1901. — B. Lukasiewicz, Das Berechnen und Schneiden der Gewinde. Praktisches Handbuch für Eisen- und Metalldreher. 3. Aufl., Leipzig 1904.

Entwerfende muß seinem Entwurf ansehen: „Komme ich noch mit dem Stahl hinein oder nicht?"

Die dritte Gruppe von Verrichtungen ist das Plandrehen, d. h. die Erzeugung von Ebenen auf der Drehbank. Sie bedingt stets, daß der Drehstahl, sich senkrecht zur Drehachse verschiebend, nacheinander immer weiter werdende Kreise auf dem Stück beschreibt. Bleibt nun die Zahl der Umdrehungen in der Minute, d. h. die „Tourenzahl", während der Abflächung sich gleich, so muß notwendigerweise mit dem zunehmenden Radius des Schnittkreises auch die Schnittgeschwindigkeit dauernd zunehmen. Zu geringe Schnittgeschwindigkeit ist unwirtschaftlich, zu große ergibt die besprochenen Gefahren für Stahl und Stück. Man schaltet daher nacheinander verschiedene Tourenzahlen durch das Vorgelege ein, um die Schnittgeschwindigkeit möglichst gleich groß zu erhalten. Selbst wenn — wie bei den neueren Abstechmaschinen — durch selbsttätige gesetzmäßige Umdrehungsregelung der große Nachteil der stufen- und sprungweisen Tourenänderung vermieden und gleichförmige Schnittgeschwindigkeit annähernd aufrecht erhalten bleibt, so ist man doch, insbesondere bei großen Bänken, bald an der Höchstgrenze der Tourenzahl angelangt, und arbeitet also in der Nähe des Mittelpunkts stets unwirtschaftlich.

Die Erzeugung von Ebenen ist also auf Drehbänken nur wirtschaftlich, solange es sich um Ringflächen von geringer Breite handelt. Dies ist der Grund, weshalb die Fabrikation ebener Flächen notwendig anderen Werkzeugmaschinen zufiel.

Im übrigen fand auch innerhalb der Bauform der Drehbank eine Herausbildung von Sondergestaltungen für Sonderzwecke statt. So erblickt man in jeder größeren Werkstatt die durch die sperrige Form des Werkstücks bedingte „Wellendrehbank" mit besonderen Stützen des Werkstücks, die den Zweck haben, eine störende Durchbiegung der Welle zwischen den Spitzen zu vermeiden. Im Gegensatz zu den langen dünnen Wellen stehen die kurzen scheibenförmigen Werkstücke. Für sie sind eigene Kopf- und Plandrehbänke konstruiert worden, die insbesondere in der Gestalt von gewöhnlichen Drehbänken völlig abweichen, wenn sie für ganz große Stücke: Schwungräder usw. bestimmt sind.

Unerreicht in Bequemlichkeit und Wirtschaftlichkeit wird die Drehbank dann, wenn es sich darum handelt, Maschinenteile ohne Umspannen „in einem Sitz" fertigzustellen. Das Werkstück kann auf der Spannvorrichtung eingespannt bleiben, und nur ein Wechsel der Werkzeuge wird nötig. Das Einspannen des Werkstücks vollzieht sich allerdings an der Drehbank nicht gerade bequem, wie der Leser aus eigener Erfahrung bestätigen wird. Immerhin sind die

Spannvorrichtungen sehr gut ausgebildet. Wenn beim Entwurf der Stücke auf leichte Anwendung dieser Vorrichtungen von vornherein geachtet wird, so vollzieht sich das Aufspannen im ganzen recht glatt. Auch das Studium dieser Einspannvorrichtungen ist daher wichtig.

Um nun auch den Wechsel der Stähle zu vermeiden, brachte man alle Stähle, die für eine Reihenfolge von Bearbeitungen nötig waren, in einem gemeinsamen „Revolverkopf" unter, der nun einfach um je einen bestimmten Winkel gedreht wird, wenn das nächste Werkzeug gebraucht wird. Diese Werkzeuge können von einem gelernten Dreher eingestellt und das weitere einem ungelernten Arbeiter überlassen werden: eine wesentliche Verbilligung. Es liegt in der Natur der Sache, daß ein Werkzeug um so vielseitiger brauchbar ist, je einfacher es ist, und daß sein Anwendungsgebiet sich einengt, wenn es unter Sondergesichtspunkten hergestellt ist. So stellt denn auch der Entwurf von Maschinenteilen, die mittels Revolverbänken bearbeitet werden sollen, besondere Aufgaben für den Konstrukteur; beispielsweise wird die Herstellung eines Maschinenteils mit einem sechsteiligen Revolverkopf gleich wirtschaftlich möglich sein, solange 3, 4, 5 oder 6 Stähle zu seiner Bearbeitung ausreichen. Wird ein siebenter erforderlich, so tritt sofort die Notwendigkeit auf, einen Stahl auszuwechseln und die Wirtschaftlichkeit der Herstellung ist unverhältnismäßig schwer beeinträchtigt. Der Konstrukteur muß deshalb die Bearbeitungen auf der Revolverbank beim Entwurf vor Augen haben. Hieraus ergibt sich für den Praktikanten der richtige Gesichtspunkt ihrer Betrachtung.

Automaten.   Der letzte Schritt in der Weiterbildung der Werkzeuge und Einspannvorrichtungen und in der Ersparung von menschlicher Bedienung wurde mit der Erfindung der „Automaten" gemacht. Ein einziger gelernter Arbeiter vermag deren bis 20 Stück zu bedienen. Die Schnelligkeit der Bearbeitung ist aufs höchste gesteigert, gleichzeitig aber ist die Marschroute des konstruierenden Ingenieurs derartig eingeengt, daß nur noch unter schrittweiser Anlehnung an die jeweils vorliegenden Automatenmechanismen der Maschine ihre Arbeit richtig zugeschnitten werden kann. Hier betreten wir daher Sondergebiete. Es verschlägt wenig, wenn der Volontär in dem Werk, wo er arbeitet, derartige Maschinen überhaupt nicht kennen lernt. Auch dann, wenn sie ihm vor Augen arbeiten, sollte er nicht unnütz seine Zeit damit vergeuden, in die Feinheiten ihres Mechanismus einzudringen. Das ist Aufgabe von Sonderstudien auf der Hochschule.

Siehe auch die Beobachtungswinke auf S. 204 und 205.

2. Chucking-Maschinen.

Die Chucking-Maschinen oder Vertikaldreh- und Bohrwerke sind nichts weiter als eine konstruktive Umbildung der Plandrehbänke, deren Hauptachse senkrecht gestellt ist. Hierdurch wird der Vorteil bequemsten Aufspannens erreicht, da das Stück während dieser Verrichtung aufliegt. Die Maschine besitzt der Bohrmaschine gegenüber den großen Vorzug vielseitigster Verwendung und (weil das Werkzeug beim Schneiden ruht) der Anwendbarkeit des Revolverkopfes. Der Nachteil gegenüber den Bohrmaschinen beruht darin, daß der Mittelpunkt der vom Stahl bearbeiteten Kreise gegen das Maschinengestell unverschiebbar ist. Die Chucking-Maschine eignet sich aus diesem Grunde hauptsächlich für Stücke mit einer (zentralen) Bohrung. Sind mehrere Löcher nebeneinander zu bohren, so muß für jede Bohrung eine Neuaufspannung erfolgen, während bei der Bohrmaschine einfach der Werkzeughalter nach Belieben wandert. Die häufigere Umspannung macht somit in diesem Falle die Verwendung der Chucking-Maschine gegenüber der Bohrmaschine unwirtschaftlich.

Vergleich mit der Bohrmaschine.

Eine in der Gestalt völlig abweichende, im Grunde aber sehr ähnliche Werkzeugmaschine ist die Karusselldrehbank. Auch hier haben wir eine aufrecht gestellte Plandrehbank vor uns, nur ist hier der Stahl in weiten Grenzen (vor allem in wagerechter Richtung) beweglich. Die Karusselldrehbank ist daher für Abdrehen von Ebenen besonders brauchbar.

Karusselldrehbank.

3. Hobel- und Stoßmaschinen.

Die Hobel- und Stoßmaschinen haben geradlinige Bewegung von Stahl gegen Arbeitsstück oder umgekehrt. Hierdurch scheinen sie besonders geeignet zu sein, in jene bei Besprechung der Drehbänke erwähnte Lücke einzuspringen: nämlich ebene Flächen wirtschaftlich zu bearbeiten. Denn während des ganzen Vorwärtsschreitens besitzen Werkzeug und Werkstück eine vollkommen gleichmäßige Geschwindigkeit gegeneinander. Wir werden sehen, daß dieser Anschein trügt, zumindest daß es Werkzeugmaschinen gibt, die dieselbe Arbeit noch wirtschaftlicher leisten als die Hobel- und Stoßmaschinen. Denn den Maschinen mit geradliniger, hin- und hergehender Bewegung haften schwere grundsätzliche Mängel an.

Als Hauptübel ist zu betrachten, daß diese Maschinen die Hälfte des Arbeitsweges leerlaufen müssen; es folgt aus dem Grundgedanken, der ihnen zugrunde liegt, daß sie nach Vollendung eines Schnittes das Werkzeug um die gleiche Strecke arbeitslos zurückziehen, zu dem nächsten Schnitt gleichsam wieder ausholen, geradeso wie der Tischler

Hobeln oder
sen?

13*

beim Hobeln. Man hat versucht, diesen Mangel zu beseitigen, indem man besondere Stichelhäuser und Stahlhalter schuf, die für Vorwärts- und Rückwärtsgang je einen Stahl enthalten, mit dem Rücken einander zugewandt. Aber trotz aller sinnreichen Umsteuervorrichtungen mittels Elektromagneten, Federn usw. gelang es nie, dem grundsätzlichen Mangel einer solchen Vorrichtung abzuhelfen. Beim Vorwärts- und Rückwärtshobeln kehren sich alle Kräfte im Maschinengestell um. Vor allem die seitlichen „Führungen" leiden auf die Dauer unvermeidlich unter diesem ständigen Wechsel, der einem langsamen, aber beharrlichen und ungeheuer kraftvollen Rütteln gleichkommt. Der Hauptvorteil der Hobelmaschine: ihr sehr genaues Arbeiten, geht durch das unvermeidlich entstehende Spiel in den Führungen verloren.

Die Zeit, in der die Arbeit vollzogen wird, ist und bleibt der Angelpunkt der Wirtschaftlichkeit. Deshalb beschritten die Hobel- und Stoßmaschinenfabrikanten mit besserem Erfolg einen zweiten Weg: die Maschinen vollziehen ihren leeren Rücklauf mit größerer Geschwindigkeit als den Arbeitslauf. Bei neueren Maschinen hat man die Rücklaufgeschwindigkeit stellenweise bis auf das Vierfache erhöht. Viel nützt auch dieser Notbehelf nicht, denn der ständige Wechsel der Geschwindigkeiten im Verein mit ihrer Richtungsumkehr erhöhen den Verschleiß aller Teile, besonders der Riemen und Räder ganz ungemein, so daß eine viel kürzere Tilgungsfrist des Anlagekapitals für solche Maschinen angesetzt werden muß. Deshalb fällt ein Arbeitsfeld nach dem anderen, das bisher ausschließliches Herrschaftsgebiet der Hobelei und Stoßerei war, der Fräserei, dieser übermächtigen Konkurrentin, zu.

Aus dem verwickelten Vor- und Rückwärtsbetrieb folgt ein weiterer Nachteil der Hobelmaschine: sie behält für alle Metalle notgedrungen dieselbe Schnittgeschwindigkeit bei. Für die Bearbeitung leicht schneidbarer Stoffe bedeutet das natürlich einen schweren wirtschaftlichen Verlust.

Auch die beiden in Werkstätten häufig zu hörenden Einwände: die Hobelmaschinen arbeiten genauer und seien billiger als die Fräsmaschinen, besonders in bezug auf die Kosten des Stahls, sind in dieser allgemeinen Fassung hinfällig. In der Tat ist bei der Fräsmaschine mit ihrer breiten, langsam vorwärtsschreitenden Schneidfläche die Gefahr des „Verziehens" durch Erwärmung größer als bei der Hobelmaschine, die schnell über die Arbeitsfläche hinfährt und nach jedem Schnitt während des Rücklaufs Zeit zum Abkühlen gibt. Aber die vorzügliche Kühlung der heutigen Fräser durch reichliche Seifenwasserberieselung vermeidet das Verziehen gänzlich. — Die Preise zweier für gleich große Arbeitsstücke geeigneter

Hobel- und Fräsmaschinen sind durchschnittlich ziemlich gleich. Auch der Preisunterschied der einfachen Hobelstähle gegenüber den verwickelten, schwierig herstellbaren Fräsern ist nicht ausschlaggebend zwar kostet ein Fräser das Doppelte von dem, was etwa ein gleichschwerer Stoßstahl kostet (wobei noch zu berücksichtigen ist, daß immerhin die Stoß- und Hobelstähle vielfach etwas leichter sein werden als Fräser, die dieselbe Areit ausführen); zwar sind die Kosten für Ausglühen, Härten, Nachschleifen beim Fräser doppelt so groß wie beim Hobel und Stoßstahl: dennoch ist es falsch, den Fräser als teurer zu bezeichnen. Denn ein Stoßstahl muß etwa sechsmal so oft aufgearbeitet werden wie ein Fräser: seine eine Schneide nutzt sich viel schneller ab als die zahlreichen des Fräsers ganz abgesehen davon, daß der Hobelstahl vielfach von Hand, also durchschnittlich nicht mit den vorteilhaftesten Schneidewinkeln geschliffen wird, während der Fräser nur von Maschinen geschliffen werden kann, also stets höchste Schneidfähigkeit besitzt.

Immerhin gibt es eine nicht unbeträchtliche Anzahl von Gebieten, die stets das eigenste Arbeitsfeld der Hobelmaschine bleiben werden. Die Erzeugung langer und schmaler Ebenen, die unter dem „würgenden" Fräser allzuleicht erzittern, also ungenau werden, und die Bearbeitung sehr großer Flächen (die allerdings nach Möglichkeit vom Konstrukteur vermieden werden sollte). Denn der Hobelstahl steht zur Größe der bearbeiteten Fläche in keiner unmittelbaren Beziehung. Der Fräser[1]) aber muß mindestens die Länge der geringsten Flächenerstreckung und wegen der von ihm zu fordernden Starrheit eine entsprechende Dicke besitzen. Daher kommt man durch die Herstellungs- (Härtungs-) Schwierigkeiten bald an eine obere Grenze, die wirtschaftlich nicht überschritten werden kann Von dort ab wird die Hobelmaschine Alleinherrscherin.

Neben alle Erwägungen dieser Art tritt natürlich vielfach die reine praktische Notwendigkeit: die vorhandenen Hobelmaschinen müssen bis zum Ablauf der für sie angesetzten Tilgungsfrist schlecht und recht ausgenutzt werden; so wird vieles gehobelt, was vielleicht billiger zu fräsen wäre.

Trotz dieser verbleibenden Wichtigkeit der geradlinig bewegten Werkzeugmaschinen hat dennoch die Fräsmaschine den größeren Anspruch auf sorgsamste Beobachtung durch den Praktikanten.

Siehe die Beobachtungswinke auf S. 205, f.

―――――――――

[1]) Gilt nur vom Walzenfräser, siehe S. 198.

4. Fräsmaschinen.

Messerkopf und Fräser.

Man könnte den Fräser als kreisende Feile mit sehr tiefen Kerben (oder sehr hohen Zähnen) bezeichnen. Hierdurch dürfte am besten der Wirkungsbereich bezeichnet sein, in dem diese Art der Maschinenarbeit die Handarbeit ersetzt. Entstanden ist der Fräser aber wohl schwerlich aus der Feile, vielmehr zeigt der „Messerkopf" der Bohrer wahrscheinlich das Urbild: hier ist eine Anzahl von Stählen, „Messern", strahlenartig an dem walzenförmigen Ende eines Schaftes befestigt. Bei Drehung des Schaftes beschreibt jeder Punkt der Messerschneiden einen Kreis. Werden sie alle sorgfältig eingestellt, so liegen in dieser Anordnung folgende grundsätzliche Vorteile: während bei einem Messer auf die Schaftdrehung auch nur ein Span abgetrennt wird, vervielfacht sich diese Schneidleistung mit der wachsenden Zahl der Schneiden. Von anderem Standpunkt kann man sagen: in die gleiche Schneidarbeit teilen sich so und so viel Schneiden. Die einzelne Schneide leistet so und so vielmal weniger Arbeit, wird also so und so vielmal so wenig abgenutzt. In Wirklichkeit kommt die erstere Multiplikation und letztere Division nicht voll zum Ausdruck: beide Vorteile vereinigen sich auf mittlerer Linie: ein Messerkopf von sechs Schneiden leistet nicht das Sechsfache eines einschneidigen, und nutzt sich nicht sechsmal so wenig ab wie jener. Aber er leistet immerhin beträchtlich größere Arbeit und braucht weniger oft nachgeschliffen zu werden. Wo diese mittlere Linie liegt, hängt von sehr vielen Faktoren ab, vor allem von der gleichmäßigen Einstellung der Messer.

Es vervielfacht sich also beim Messerkopf die Qual und die Zeit des Stahleinstellens. Dadurch geht der größte Teil der Vorteile wieder verloren. Man griff deshalb zu dem naheliegenden Mittel, Stähle und Kopf in einem Stück herzustellen, und schuf damit den Fräser. Daß man damit ein Werkzeug erfand, das nur mit Maschinen geschliffen werden kann (wie aus dem Gesagten hervorgeht), ist ja eher ein weiterer Vorteil.

(Die Knappheit an Werkzeugstahl infolge des Krieges hat dazu geführt, bei großen Fräsern wieder mehr zum zusammengesetzten Fräskopf überzugehen, bei dem nur die Schneiden aus Edelstahl, der Körper aus Maschinenstahl oder Gußstahl bestehen. Diese Anordnung kann aber nur als Notbehelf gelten.)

Stirnfräser.

Der Fräser hat in seiner nunmehrigen Ausbildung natürlich ein ungleich weiter ausgedehntes Anwendungsgebiet als der Messerkopf. Er dient vor allem zur Herstellung gerader Flächen. Diese können in zweifacher Weise von ihm erzeugt werden: die Drehachse liegt entweder parallel zur erzeugten Fläche (Walzenfräser) oder sie steht senkrecht zu ihr (Stirnfräser). Beide Verfahren werden auch gleichzeitig oder abwechselnd von ein und demselben Fräser ausgeübt; Beispiel: Nutenfräsmaschine. Es ist Sache der eigenen Belehrung, welche Art des Arbeitens jeweils angebracht erscheint. Hier sei nur auf den grundsätzlichen Übelstand des Stirnfräsers hingewiesen, daß die Punkte des Stirnumfangs natürlich eine andere Schnittgeschwindigkeit haben müssen als die in der Mitte. Der Mittelpunkt des Stirnkreises steht sogar still. Die Abnutzung ist daher ungleichmäßig, stärker am Rand als in der Mitte. Dagegen gewährt der Stirnfräser den Vorteil, daß er von der Größe der zu bearbeitenden Fläche unahängig ist und deshalb nie unförmige Größe erreicht. Er bleibt stets verhältnismäßig billig.

Ein großer (vielleicht der größte) Vorteil des Walzenfräsers fehlt ihm aber völlig. Für „Fassonfräsen" kann man nur Walzenfräser verwenden. Der Stirnfräser kann natürlich nur Ebenen erzeugen. Gibt man jedoch dem Walzenfräser statt grader Flanke eine profilierte, so erzeugt der Fräser, auf einer zur Achse senkrechten Linie geführt, eine Schnittfläche, die, längs der Schnittrichtung durchschnitten, eine Gerade ergibt; quer zur Schnittrichtung durchschnitten zeigt sie ein Profil, das sich zu dem des Fräsers verhält, wie Positiv zu Negativ. Die Profilkanten sind kongruent. Die ungeheure Zeitersparnis liegt auf der Hand. Sie tut dabei der Genauigkeit auch nicht den geringsten Abbruch.

Aber jede Mehrwirkung verlangt Mehraufwand; das ist unabänderlich. Hier liegt er in der größeren Kostspieligkeit der Fassonfräser. Selbstverständlich lohnt die Herstellung eines solchen Fräsers nur, wenn das betreffende Profilstück Massenware ist: z. B. Leisten, ganze Drehbankbetten; vor allem aber eignet sich dieses Verfahren für die Herstellung von Zahnrädern und Schnecken, da hier ja die Formen der Zahnflanken für verschiedene Räder doch gleich bleiben und das Schneiden aller Zähne mit einem und demselben Profilfräser größte Gleichmäßigkeit verbürgt. Zu der Gleichmäßigkeit des Schnittes kommt die Genauigkeit des Zahnabstands hinzu, die sich auf jeder Universal-Fräsmaschine mühelos durch den sogenannten „Teilkopf" erreichen läßt. Er sei besonderer Beachtung empfohlen.

Man macht sich die Möglichkeit, wiederkehrende Teilprofile mit Fassonfräsern zu bearbeiten, noch in einer anderen, höchst interessanten Weise zunutze. Teils absichtlich, teils der Not gehorchend, setzt man verwickelte und besonders ausgedehnte, breite Profile aus mehreren Einzelprofilfräsern zusammen. Jeder von ihnen ist einfach in der Form und kurz, daher billig und zuverlässig härtbar. Alle zusammen, in der rechten Reihenfolge hintereinander auf die Frässpindel gefädelt, zeigen das erwünschte Profil. Aus wenigen dieser Profilteile kann man nun, wie aus Bausteinen, eine unendliche Anzahl verschiedener Gesamtprofile zusammenstellen. Der Konstrukteur steht daher hier vor der Möglichkeit, durch Beachtung dieser „Normalien" im Vorrat an Fassonfräsern ganz außerordentliche Ersparnisse zu erzielen.

Hinterdrehen. Mit dieser Seite der Verteuerung hat sich somit die Werkstatttechnik sehr vorteilhaft abgefunden. Noch an einer anderen Stelle macht sich jedoch ein verteuernder Einfluß der Fräserprofilierung geltend. Schleift man einen solchen Fräser, so ändert er sein Profil, wenn auch nur wenig, so doch genug, um genaues Arbeiten, vor allem bei Zahnrädern, auszuschließen. Man hat daher den Kunstgriff des „Hinterdrehens" erfinden müssen, ehe der Profilfräser überhaupt anwendbar wurde. Die Einzelheiten über Aussehen, Wirkungsweise und Kennzeichnung hinterdrehter Fräser erfragt und prüft der Leser am besten in der Werkstatt selbst. Zur Ausführung der Hinterdrehung bedient man sich einer Sondermaschine, der Hinterdrehbank, die durch ihr eigenartiges Schnappen stets die Aufmerksamkeit auf sich zieht.

Die Anschaffung einer solchen Hinterdrehbank zahlt sich auch in mittelgroßen Fräsereien sehr wohl aus, denn das Verfahren des Hinterdrehens hat sich so vorteilhaft erwiesen, daß man es auch für gewöhnliche Fräser jetzt häufig anwendet: die Zähne werden widerstandsfähiger und die Unveränderlichkeit der Schneidwinkel beim Schleifen ist in höherem Grade gewährleistet als beim gewöhnlichen Fräser. So hat auch hier die Werkstatt aus der Not eine Tugend gemacht.

Rundfräserei. Umfassendste Verwendung findet neuerdings die „Rundfräserei", die ganz auf den Errungenschaften der Profilfräser-Herstellung beruht. An profilierten Drehkörpern (Handrädern, Griffen usw.) zeigt sie vor allem dem Drehen gegenüber so große Zeitersparnis, daß ihre Anwendung lohnend wird.

Kopierfräsen. Schließlich sei noch auf eine besonders viel angewandte Fräsmethode hingewiesen: das Kopierfräsen. Es erfordert im allgemeinen besondere Kopierfräsmaschinen, wird jedoch hie und da auch nur mittels nachträglich „angebastelter" Vorrichtungen an gewöhnlichen Fräsmaschinen ausgeführt. Die Aufmerksamkeit sei auf den Grad der Genauigkeit gelenkt, auf den der Konstrukteur ihrerseits rechnen darf.

Über allgemeine Vor- und Nachteile des Fräsens an sich ist im vorigen Absatz gesprochen worden. Daher sei hier darauf verwiesen.

Siehe auch die Beobachtungswinke auf S. 206.

5. Bohrmaschinen.

Die Arbeitsweise der Bohrmaschine hat viel Verwandtschaft mit dem Stirnfräsen. Sie dient auch keineswegs nur dazu, Löcher zu bohren. Eine sehr oft anzuwendende Nebenverrichtung ist beispielsweise das Abflächen der zur Bohrungsachse senkrechten Endflächen, auf denen meist die Schraubenköpfe und -muttern aufruhen, mittels Bohrstange und Schneidemesser. Bohren, Ab-
flächen.

Von allgemeiner Bedeutung ist die Frage der mit Bohrmaschinen erreichbaren Genauigkeit. Sie wird erzielt durch Nachreiben der Löcher mit den verschiedenen Sorten von Reibahlen, in denen man eine besondere Form von Walzenfräsern erblicken könnte. Das Arbeiten mit ihnen ist deshalb eine besondere Kunst, weil sie wegen ihrer eigenartigen, messerartigen Schneidwinkel und der ganz schwachen Konizität, die sie häufig besitzen, große Neigung zum Festfressen im Loch haben. Ausreiben.

Beim Konstruieren verbleibt erfahrungsgemäß für Anordnung der Schraubenlöcher der möglichst ungünstige Platz. Häufig ist es knapp möglich, das Loch überhaupt bohrbar zu machen. Es ist daher sehr von Vorteil, wenn sich der Praktikant durch Unterhaltungen mit geübten Bohrern und dem Meister genau über die Möglichkeiten unterrichtet, die für das Bohren schlecht zugänglicher Löcher vorhanden sind. Dasselbe gilt für das Einziehen von Lochgewinden mit der Gewindebohrmaschine. Sonst konstruiert man späterhin leicht Löcher und Gewinde, die nur von Hand oder auch gar nicht gebohrt und gezogen werden können. Gewinde-
bohren.

Wiederholt sei an dieser Stelle der Hinweis auf die Bohrvorrichtungen, von der Bohrschablone angefangen bis hinauf zu den ausgeklügelten Einspannvorrichtungen mit gehärteten Bohrbüchsen. Bohr-
vorrichtungen.

Für eine große Anzahl von Bohrungen sind die gewöhnlichen Bohrmaschinen, insbesondere der Normaltyp der Radialbohrmaschinen, nicht geeignet oder noch nicht auf der Höhe der Wirtschaftlichkeit. Man verwendet beispielsweise für das Bohren von langen Lochreihen, wie sie insbesondere bei Nietverbindungen nötig werden, Mehrfach- oder mehrspindelige Bohrmaschinen. Die Beobachtung ihrer Arbeitsweise lehrt unter anderm, welche entscheidenden Maße der Bohrer für das Bohren einer ganzen Reihe braucht. Diese Kenntnis ist wichtig für die Eintragung der Maße in den Zeichnungen. Vielfach-Bohr-
maschinen.

Niet- und Schraubenlöcher können häufig erst bei der Zusammenstellung (wenn die zu verbindenden Stücke in ihrer endgültigen gegenseitigen Lage festliegen) gebohrt werden. Hier kommen dann die verfahrbaren und tragbaren Bohrmaschinen in Anwendung. Transportable
Bohr-
maschinen.

Bei ihnen ist ein grundsätzlicher Mangel der gewöhnlichen Bohrmaschinen aufs größte Maß getrieben: die unsichere „Führung" des Werkzeugs. Denn von allen anderen Fehlerquellen abgesehen ist die hauptsächlichste die, daß naturgemäß immer der Bohrer nur an seinem einen Ende gefaßt werden kann, und auch an diesem wegen der Forderung schnellen Werkzeugwechsels nur mittels des sinnreichen konischen Bohrfutters. Sicher geführt ist daher der Bohrer erst, sobald seine Spitze im Bohrloch steckt. Aus diesem Grunde ist die Schwierigkeit beim Beginn des Vorgangs am größten. Tiefes „Ankörnen" des Bohrungsmittelpunkts ist unerläßlich; der Konstrukteur hat streng auf diese Schwierigkeit Rücksicht zu nehmen, indem er stets eine zur Lochachse senkrecht stehende Angriffsfläche für den Bohrer schafft. Das erfordert häufig den Aufwand besonderer Angüsse („Augen").

Horizontal-Bohr-maschinen. Für eine große Reihe gerade der wichtigsten Bohrungen scheidet die Verwendung des durchschnittlich lotrechten Bohrers dann überhaupt aus. Wegen der sicherern Lagerung des Werkstücks und leichteren Führung des Werkzeugs zeigt beispielsweise die „Kanonenbohrmaschine" für Durchbohrung langer Wellen liegende Anordnung. Sie ist auch in anderen Beziehungen (Messen, Kontrollmessung, Bohrspanentfernung) höchst lehrreich. Von der einseitigen Lagerung des Bohrwerkzeugs ganz abgegangen ist man schließlich bei der Zylinderbohrmaschine, die von allen Bohrmaschinen die höchste Genauigkeit erreicht und ja auch erreichen muß. Siehe die Beobachtungswinke auf S. 206 f.

6. Schleifmaschinen.

Entstehung. Die jüngsten unter den Werkzeugmaschinen der Maschinenfabrikation sind die Schleifmaschinen. Sie wurden geboren aus der Notwendigkeit, glasharte Oberflächen zu bearbeiten. Die gehärtete Oberfläche muß höchsten Anforderungen gegenüber Druck- und Reibungsbeanspruchung genügen. Man ist deshalb bestrebt, das Aufliegen zwischen ihr und dem auf sie einwirkenden Teil möglichst vollkommen zu gestalten, um die mühsam gehärtete Oberfläche auch wirklich auszunutzen. Alle Härtungsvorgänge haben, wie bekannt, Änderungen in dem Gefüge der Oberfläche und gleichzeitig Zusammenziehung des Körpers, d. h. Änderungen seiner Abmessungen im Gefolge. Es ist also ganz unmöglich, einen Körper schon vor dem Härten so zu bearbeiten, daß er hernach völlig genaues Maß und spiegelglatte Oberfläche hat. Man ist gezwungen, vor dem Härten auf Bruchteile von Millimetern genau vorzuarbeiten und die letzte feine Arbeit erst nach der Härtung zu vollenden.

Die Maschine, welche diese Bearbeitung vollziehen soll, muß zwei Eigenschaften in sich vereinen: ihr Werkzeug muß härter sein als der härteste Stahl, und ihre Genauigkeit muß mindestens so groß sein, wie die vollkommenste Drehbank sie liefert.

Beide Anforderungen erfüllt die Schleifmaschine in ihrer heutigen Gestalt in so hervorragendem Maße, daß sie längst aufgehört hat, Notbehelf zu sein und nur für das Herunterschleifen von wenigen Hundertsteln von Millimetern zu dienen. Sie wird außer für gehärtete Gegenstände auch für aller Art Eisen und Stahl in seinem naturharten Zustande verwandt und leistet Schneidleistungen, die denen guter Schneidstähle quantitativ nicht nachstehen, sie qualitativ übertreffen.

Dies liegt in folgendem begründet: der Stahl leistet seine Arbeit *Wirkungsweise.* unter großem Kraftaufwand und bei verhältnismäßig geringer Schnittgeschwindigkeit. Jede einzelne seiner Furchen weist einen erhöhten Rand und vertiefte Mitte auf. Wenn die Höhen und Tiefen der Wellenlinie des Furchenquerschnitts auch nur in Tausendsteln von Millimetern meßbar sind, so genügt doch diese Rauhigkeit der Oberfläche schon, der Genauigkeit eine sehr merkliche Höchstgrenze zu setzen. Der Schleifstein dagegen arbeitet mit geringem Kraftaufwand, aber mit der Umfangsgeschwindigkeit eines Expreßzuges (20 bis 30 m pro Sekunde). Die breite Schleiffläche läuft schnell über die Längenerstreckung der Werkstücke hin und leckt gleichsam nur ein dünnes Häutchen bei jedem Lauf herunter. Die Dicke dieses Häutchens ist im Gegensatz zur Spantiefe des Stahls von der Einstellung des Supports viel unabhängiger. Während der Dreher leicht mit dem Stahl zu tief in das „Fleisch" geraten kann, nähert sich der Schleifmechanismus der Maßgrenze ganz allmählich und der Schleifer kann mit aller Bequemlichkeit die Abnahme des Maßes Hundertstel für Hundertstel, Schleifgang für Schleifgang verfolgen. Bei normaler Schleifsteinbreite trifft zudem jeder Punkt des Schleifstückumfangs drei- bis viermal hintereinander auf die allmählich weiterrückende Scheibe. Hierdurch wird der bei der ersten Berührung erfolgende Schnitt sofort geglättet und poliert, so daß die verbleibende Rauhigkeit nur noch mikroskopisch ist und jedenfalls innerhalb der im Maschinenbau vorkommenden Anforderungen der Genauigkeit überhaupt keine obere Grenze mehr setzt.

Dieser Triumph des schnell kreisenden Werkzeugs ist natürlich *Schmirgel-* mit Nachteilen verknüpft, deren mehr oder weniger vollkommene *scheiben.* Überwindung das Verfahren erst wirtschaftlich lebensfähig macht. Vor allem handelt es sich um die Herstellung des Werkzeugs: der Schleifscheibe. Sie besteht entweder aus natürlichem Stoff: Schmirgel, oder aus dem Kunsterzeugnis Karborundum, d. h. auf elektrothermischem Wege hergestelltem Siliziumkarbid (kohlensaurem Kiesel). In mehr oder weniger feines Mehl (je nach geforderter Feinheit der

Schleifarbeit) zermahlen, werden beide Stoffe mit Klebstoff gemischt und unter hohem Druck in die gewünschte Form gepreßt. Man gelangt so zu Fabrikaten, die jeder Anforderung genügen. Der Preis der Schleifscheiben schwankt zur Zeit der Herausgabe dieser Auflage so stark, daß dem Praktikanten angeraten werden muß, sich selbst beim Betriebsingenieur oder Meister darüber zu unterrichten.

Naßschleifen. In das Feld des Werkzeugmaschinen-Konstrukteurs fällt die Beseitigung der beiden anderen Übelstände: der Wärme- und der Staubentwicklung. Gegen beide gleichzeitig wird wirksam vorgegangen, wenn man von der Trockenschleiferei übergeht zur Naßschleiferei, d. h. wenn man das Schleifen unter starker Berieselung des Werkstücks mit Wasser vornimmt; die Anwendung von Seifenwasser ist bei Abwesenheit der Enthärtungsgefahr des Werkzeugs natürlich nicht nötig. Vielfach allerdings wird ein Zusatz von Soda dem Kühlwasser beigefügt, hauptsächlich, um die lästige Neigung zum Rosten einzuschränken. In manchen Betrieben wird daher nach Möglichkeit trocken geschliffen und der Staub durch besondere Absauger unschädlich für die Gesundheit und die Maschine gemacht.

Es versteht sich von selbst, daß eine Werkzeugmaschine, die derartig genaue Arbeit liefern soll, selbst ein Muster von Präzionstechnik sein muß. Erschwert wird die dauernde Aufrechterhaltung der Maschinengenauigkeit durch den feinen Staub, der sich in alle Fugen setzt und vor allem die Lager rasch verschleißen läßt. Man findet daher ganz eigenartige Sonderkonstruktionen an diesen Maschinen.

Formgebung. Die Bedingungen, die der Konstrukteur beim Festlegen der Form für zu schleifende Körper befolgen muß, beziehen sich vor allem auf noch weiter getriebene Einfachheit, d. h. Vermeidung aller kurvenbegrenzten Profile.

Für die Planschleifmaschinen gelten ähnliche Rücksichten wie für die Fräserei-Formgebung.

Siehe die Beobachtungswinke auf S. 207.

Beobachtungswinke.

a) Dreherei.

Was versteht man unter „Zentrieren"?

Wie hoch muß der zentrierte Körper mindestens von dem zentrierenden eng passend umschlossen werden, um den Zweck der Zentrierung sicherzustellen?

Kann man einen aus verschieden dicken konaxialen Zylindern zusammengesetzten Körper sowohl auf der kleinen Stirnfläche, wie auch gleichzeitig auf der ihr zugewendeten kreisringförmigen Stufenfläche kraftübertragend aufruhen lassen?

Kann man einen derartigen Körper sowohl mit dem dünnen, wie mit dem dicken Zylinder in ein aus einem Stück bestehendes jeweils gleichweites Rohr gleichmäßig sauber passen?

Kann man dasselbe erreichen bei einer Zusammenfügung des Rohres aus zwei getrennten Stücken — einem weiten und einem engen?

Vielfach entfernen die Dreher von dem sich drehenden Werkstück beim Einpassen das letzte Hundertstel mit der Feile. Kann dies ohne Beeinträchtigung der völligen Rundheit geschehen?

Welche Mittel hat der Dreher, um störende Durchbiegung sehr langer Stücke (Wellen) zu vermeiden?

Kann ein beispielsweise auf der Chucking-Maschine sauber gebohrtes Stück hernach auf der Drehbank so eingespannt und außen bedreht werden, daß der Außenzylinder und die Bohrung absolut konaxial sind? Und umgekehrt?

Wie kann bei Drehen eines Profils nach Schablone der Dreher sich versichern, daß die Schablone nicht schief steht?

Welche Folgen hat eine Verschiebung der Reitstockspitze aus der Mittelachse der Drehbank?

Welchem Zweck dienen die folgenden

Drehwerkzeuge und ähnliches:

Universal-Planscheiben	Stahlhalter und Einsatzstähle
Zentrierende Spannfutter	Klemmfutter
Drehdorn	Spitzenschleifapparat
Expandierender Drehdorn	Gewindelehren
Mitnehmer	Richtvorrichtungen für Spindeln usw.
Gewindesträhler und Halter dafür	Dornpresse
Kordierapparat	Bohrstange
Kordierrädchen	Zentrierbohrer

Speziell Revolverdreherei:

Schneideisenhalter	Schwenkbarer Stahlhalter
Schneideisenköpfe (mit Kapseln)	Bohrfutter mit Spannbüchsen
Gewindebohrerköpfe	Abstechstahl
Gewindeschneidköpfe	Anschläge

b) Hobelei und Stoßerei.

Welche Einrichtungen gibt es, um selbsttätig zylindrisch-konkave und zylindrisch-konvexe Flächen durch Hobeln zu erzeugen?

Hobeln und Stoßen von Zahnrädern und Kegelrädern.

Wieviel „Auslauf" muß der Konstrukteur neben dem Rand einer Arbeitsfläche für Hobel- und Stoßstahl zur Verfügung stellen?

Werkzeuge und Vorrichtungen:

Stahlhalter	Anschlagleisten und -kreuze
Winkel- und Klappstahlhalter	Spannwinkel
Einsatzstähle	Verstellbare Ausrichte-Untersätze
Stähle mit aufgelöteten Schnelldreh-	Vorstecker als Anschlag für bearbeitete
stahl-Schnittflächen	Flächen
Spannkloben	Indikator, Parallelstück.

c) Fräserei.

Herstellung eines Keils?

Herstellung von Langlöchern, Nuten und Federn

Erzeugung von Sechskantköpfen?

Fräsen von Zahn-, Kegel- und Schraubenrädern, sowie von Schnecken?

Wie klein darf man beim Fräsen von konkaven Profilen den kleinsten Krümmungsradius höchstens wählen?

Welchem Zweck dienen die folgenden

Fräser, Werkzeuge und Vorrichtungen:

Fräsfutter mit Spannbüchsen	Schlitzfräser
Winkelstirnfräser	Zahnradfräser
Schaftfräser	Schneckenfräser
Zusammengesetzte Fassonfräser	Außenfräser
Zweischneider für Langlöcher	Lehren zum Messen der Zahnstärke
Fräser für Kupplungszähne	im Teilkreis
Parallelreißer	Apparate zum Messen der Mittenent-
Prismenstücke	fernungen der Zahnräder
Scheibenfräser	Apparate zum Kontrollieren der Achsen
Nutenfräser	von Kegelrädern.
Hinterdrehte Fräser	

d) Bohren und Chucking.

Was geschieht, wenn man auf der Grenze zweier ungleicher Materialien ein Loch bohrt (Bohrachse parallel zur oder geradezu in der Grenzfläche)?

Wie kann man sich helfen, wenn durchaus ein Loch schräg zur Oberfläche gebohrt werden muß?

Wie lang darf eine Bohrung im Verhältnis zu ihrem Durchmesser gemacht werden, damit noch normale Bohrer verwendet werden können?

Welche Mittel wendet man zum Bohren noch längerer Löcher an?

Welche Übelstände bringt das Bohren langer schmaler Löcher überhaupt mit sich?

Wie kann man verhüten, daß eine lange Bohrung in schmalem Fleisch (Rippe) nicht seitlich heraustritt?

Wie kann der Konstrukteur in der Zeichnung schon zeigen, mit welcher Art Bohrer ein Loch gebohrt wird?

Welchen Einfluß haben die verschiedenen Sorten Bohrer auf Genauigkeit usw. des Loches?

Wie stellt der Bohrer oder Anreißer die Stelle fest, wo er anbohren soll, wenn sich zwei Bohrungen in der Mitte des Körpers treffen sollen? Mit welcher Genauigkeit wird das Treffen durchschnittlich eintreten?

Welche Mißstände ergeben sich beim Anbohren gegenüber dem Durchbohren?

Kann mittels Gewindebohrers ein Gewinde bis völlig auf den Grund des vorgebohrten Loches gezogen werden?

Welchem Zweck dienen die folgenden

Werkzeuge und Vorrichtungen:

Maschinen-Reibahlen
Verstellbare Reibahlen
Nachstellbare Grundreibahlen
Konushülsen mit Reibahlen
Kopf- und Halssenker
Spiralsenker
Zapfensenker (mit Anschlag)
Spitzensenker
Aufstecksenker mit Anschlägen
Aufstecksenker mit Rückwärtssenken
Führungsbüchsen für Bohrstangen
Bohrstangen und Messer zum Anschneiden der Naben

Bohrstangen zum Bohren in Vorrichtungen
Gewindebohrer
Mitnehmer für Gewindebohrerköpfe
Reversierende Gewindebohrerköpfe
Nachstellbare Reibahlen mit Ölzuführung für lange Löcher
Spindelbohrer und -Reibahlen
Pendeldorne
Pendelnde Reibahlen
Kanonenbohrer mit Ölzuführung
Krauskopf
Spiralbohrer und Zentrumsbohrer

e) Schleifen.

Wie werden Spiralbohrer geschliffen?

Wie werden Fräser geschliffen?

Schleifen nach Schablone.

Schleifen kugeliger Flächen.

Welchem Zweck dienen die folgenden

Werkzeuge und Vorrichtungen:

Klemmbüchsen und Dorne für Polieren
Magnetische Aufspannfutter und Vorrichtungen

Diamanten und Diamanthalter
Kupferschleifdorne
Polierscheiben

Mittlere Leistungsfähigkeit verschiedener Werkzeugmaschinen.

(Nach „Uhlands Handbuch für den praktischen Maschinenkonstrukteur", Bd. III, II. 3.)

		Schnitt- bzw. Umfangsgeschwindigkeit des Werkzeuges in mm pro sek bei					Vorschub des Werkzeuges pro Spiel oder Umdrehung bei		Spantiefe in mm bei			
		Hartguß	Werkzeugstahl	Gußeisen	Schmiedeeisen oder Weichstahl	Bronze oder Kupfer	Schruppen	Schlichten	Stahl	Gußeisen	Schmiedeeisen	Bronze
Hobelmaschinen	kleine mittlere große			110 100 90			0,4 bis 2 mm	3 bis 12 mm	bis 8	20	12	4
Drehbänke		30÷50	60	80÷120	90÷150	200÷300	etwa 1,5 mm	5 mm	4	10	7	3
Bohrmaschinen	Lochbohrmaschinen	7÷14	Tiegelst. 30÷40	60÷70	80÷160	Bronze 100÷180	0,1 bis 5 mm					
	Ausbohrmaschinen	6÷12	25÷35	50÷60	60÷80	90÷150	0,2 bis 1 mm	bis 6 mm				
Fräsmaschinen			180÷250	200÷350	250÷400	500÷600	0,2 bis 3,0 mm					

Leistungsverbrauch (N) und Gewicht (G) verschiedener Werkzeugmaschinen.

	Hobelmaschinen mit mittlerer Tischlänge			Drehbänke			Radialbohrmaschinen		Fräsmaschinen	
	Hobelbreite in mm	N in PS	G in kg	Spitzenhöhe in mm	N	G	N	G	N	G
Kleinere Maschinen	500 ÷ 700	1 ÷ 1,5	1000 ÷ 6000	bis 200	0,4 ÷ 0,6	400 ÷ 1200	0,1 ÷ 0,3	250 ÷ 1400	0,1 ÷ 0,5	700 bis 4000 und mehr
Mittelgroße Maschinen	800 ÷ 1200	2 ÷ 3	6000 ÷ 12000	bis 300	0,6 ÷ 1,5	1200 ÷ 3000	0,3 ÷ 1	1400 ÷ 3500	0,5 ÷ 1	
Große Maschinen	1200 ÷ 1600	3 ÷ 5	12000 ÷ 22000 und mehr	bis 600	1,5 ÷ 3	3000 ÷ 17000	1 ÷ 2	3500 ÷ 8000	1 ÷ 5	

NB. Die Gewichtsangabe muß, solange die Kaufpreise so stark schwanken, wie bei Herausgabe dieser Auflage, die Angabe des Kaufpreises so gut wie möglich ersetzen. Natürlich kosten 100 kg der fertigen Werkzeugmaschinen bei kleinen Maschinen erheblich (bis 2 mal) soviel, wie bei großen, da in den kleinen Maschinen im Verhältnis zum Gewicht mehr Bearbeitung steckt.

Messen und Anreißen.

Höchste Entwicklung der Meßmethoden geht mit der höchsten Entwicklung der Werkzeugmaschinen Hand in Hand. Weil der Masch'nenbau Maßarbeit von erster Güte braucht, entstand die sicher und genau arbeitende Werkzeugmaschine, die nun ihrerseits derart genaue Maßarbeit lieferte, daß man an die Lösung von Aufgaben ging, an die man bisher nicht gedacht hatte. Sie steigerten dann im Gang der Entwicklung abermals die Anforderungen an die Genauigkeit. Diese endlose Kette findet die Grenze teils durch die natürliche Genauigkeit der Werkzeugfurchen (wie wir im vorigen Abschnitt sahen), zum größten Teil aber in den Kosten genauer Bearbeitung. Die Kosten der Genauigkeit immer niedriger zu gestalten, Genauigkeit mit Schnellarbeit zu verbinden, ist das Ziel der Entwicklung geworden. Gerade die beiden letzten Jahrzehnte zeigen in dieser Richtung bedeutende Fortschritte.

Die Genauigkeit des Messens richtet sich in erster Linie nach der benutzten Maßeinheit. Der Architekt gibt seine Maße in m, höchstens in cm an. Abweichungen um cm oder mm beeinträchtigen den Wert der Arbeit des Maurers noch nicht. Der Möbelschreiner hat im allgemeinen nicht zu fürchten, daß millimetrische Ungenauigkeiten ihm Schaden bringen, denn er arbeitet nach cm. Nur wenn er etwa einen Kasten in eine Lade oder eine Schranktür in den Rahmen paßt, sind Abweichungen von mehreren mm unzulässig.

Ganz ähnlich, wie dieser Handwerker, arbeitete bis vor gar nicht so langer Zeit der gesamte Maschinenbau, und bestimmte Gebiete erfordern auch heute kein anderes Verfahren; nur, daß an Stelle der Genauigkeit auf mm solche auf Zehntel-mm tritt und dementsprechend die Maße in mm angegeben und mit mm-Maßstäben gemessen werden. Sind Passungen zweier Stücke ineinander nötig, wie Zapfen und Lager, so werden sie bei der Herstellung Paar für Paar durch Probieren aufeinander zugeschnitten oder bei der Montage sauber passend gemacht. Es schadet nichts, wenn ein Loch ein Zehntel mm zu weit geraten ist: man dreht dann von dem zugehörigen Zapfen ein Zehntel weniger herunter. Beide werden mit gleicher Marke „gekörnt" und so als zusammengehörig gekennzeichnet.

Dies Verfahren ist für den Maschinenbau durchaus hinreichend. Wir sahen bereits, daß die Forderungen für die Fabrikation von Maschinenteilen erheblich weitergehen: Austauschbarkeit muß hier gewährleistet sein. Eine beliebige Reihe von Zapfen nominell g'eichen Durchmessers muß in eine bel.ebige Reihe von Bohrungen des gleichen nominellen Durchmessers in beliebiger Vertauschung passen, ganz gleich-

gültig, welchen Zapfen ich aus der Reihe herausgreife und in welche
Bohrung ich ihn einführe. Welches ist der billigste Weg, auf dem
man diese schwer erfüllbare Forderung erreicht?

Betrachten wir noch einmal den Vorgang des einzelnen Ein- *Passungen.*
passens, Paar für Paar. Hier stellt der Dreher, der beispielsweise
eine Welle für ein Lager passend drehen soll, das ein anderer Dreher
ausgedreht hat, zunächst dessen Durchmesser mittels Lochtaster
auf etwa Zehntel-mm genau fest. Noch genaueres Messen erlaubt
ihm das Messen mit der Schublehre oder mit der Mikrometerschraube, die noch Teile von Zehnteln zu schätzen gestatten. Er
dreht nunmehr das Werkstück vorsichtig ab, bis in die Nähe des
ermittelten Durchmessers und unter Benutzung seines Tasters, der
Schublehre oder der Mikrometerschraube. Ist er auf weniger als
0,1 mm an das gemessene Maß heran, so probiert er, ob die Welle
an der Lagerbohrung „anschnäbelt" oder ob sie etwa schon hinein-
geht. Je nachdem dreht er nach Gefühl so viel herunter, daß sie
so leicht geht, wie vorgeschrieben. Zusammengefaßt bedeutet das:
Der Dreher mißt in Zehnteln, allenfalls in roh geschätzten Teilen
von Zehnteln; er fühlt Hundertstel-, ja Tausendstel-mm-Maß-
unterschiede, denn Feinmessungen lehren, daß selbst Laienhände
genau merken, ob zwei in derselben Bohrung von ihnen hin- und
herbewegte Zapfen im Maß um wenige Tansendstel-mm voneinander
abweichen, und zwar am „leichteren" oder „strammeren" Gang.

Dieses „Gefühl" nutzt nun die Maschinenfabrikation in folgender *Normallehren.*
Weise aus: Das Werk schafft sich einen Vorrat von Musterzapfen *Kaliber.*
und Musterbohrungen, aus gehärtetem Stahl und aufs genaueste
geschliffen. Mit Hilfe der Mikrometerschraube und besonderer Meß-
maschinen werden diese Zapfen, die sog. „Kaliberdorne", und die
zugehörigen Bohrungen: „Kaliber", vor dem Hinausgehen in die Werkstatt nachgeprüft, sodaß ihre Fehler jedenfalls kleiner als Tausendstel-
mm sind. Ihre Genauigkeit ist so groß, daß sie nur in wohl
eingefettetem und geputztem Zustand ineinander eingeführt werden
dürfen, da nur dann die zwischen Stahl und Stahl befindliche Fett-
schicht verhindert, daß sich die Adhäsionskräfte (deren „Saugen"
man deutlich spürt) in Kohäsionskräfte verwandeln, d. h. daß sich
die geschliffenen Oberflächen „ineinander fressen". Neu hergestellte
Kaliberpaare können nur dann ineinander gefügt werden, wenn man
den Ring zuvor durch die Wärme der Hand ausdehnt, den Dorn
dagegen möglichst kühl hält. Erst nach längerem Gebrauch tritt
trotz bester Härtung allmählich doch eine Abnutzung ein, die dann
schließlich zur Ausscheidung des Kalibers und Neuschliff führt.

Mit diesem Hilfsmittel ist es nun möglich, Zapfen und Bohrung
getrennt herzustellen und doch die Sicherheit zu haben, daß sie genau

so gedreht, gefeilt und geschmirgelt, daß es eben möglich ist, das
50er Kaliber über sie zu schieben. Die dazu gehörigen Bohrungen
werden in der Bohrerei so genau mit der Reibahle ausgerieben, daß
der 50er Kaliberdorn eben in sie hineingesteckt werden kann: dann
wird später in der Montagehalle jede Welle in jede aus der Menge
gegriffene beliebige Bohrung passen. Trotzdem also nur auf Zehntel-
mm gemessen und der letzte Rest an Hundertsteln und Tausendsteln
nur gefühlt wurde, ist die Wirkung die gleiche, als hätte man auf
Tausendstel genau gemessen.

Das System ergibt für große Durchmesser unhandliche Dorne.
Man ersetzt diese daher dann durch die sogenannten „sphärischen
Endmaße“, d. h. Stahlstäbe, deren Endflächen die Teile einer und
derselben Kugeloberfläche sind, deren Mittelpunkt die Mitte der Stab-
achse ist. Zwei um genaues Maß entfernte Spitzen messen ja falsch,
wenn man den Meßstab schief einführt. Diese Möglichkeit ist bei den
sphärischen Endmaßen ausgeschlossen, da, in welcher Schräge sie immer
die gegenüberliegenden Wandungen berühren, stets die Verbindungs-
linie der Berührungspunkte Durchmesser einer und derselben Kugel ist.

Für große und kleine Außenmaße bedient man sich vielfach der
Rachenlehren, die infolge der Bügelwirkung sofort klemmen, wenn
man sie etwa gewaltsam über die zu messende Rundung zwängt.
Infolgedessen ersetzen sie das bei den Kalibern so klare Handgefühl
durch ihre Gewichtswirkung: ein Drehkörper hat genau den auf der
Rachenlehre angegebenen Durchmesser, wenn diese durch ihr eigenes
Gewicht langsam über ihn herübersinkt.

Welches sind nun die Vorteile und Nachteile dieses noch vielfach geübten Meßverfahrens? Der größte Vorteil gegenüber den Maß-
stäben, Tastern, Schublehren und Mikrometerschrauben ist vor allem
der, daß die Einstellung des gewünschten Maßes dem Arbeiter abgenommen ist. Es verhält sich ja mit dem Messen wie mit den
meisten Künsten: ausführbar ist auch die höchste Leistung mit den
allereinfachsten Mitteln — von wenigen besonders Geschickten und
mit dem nötigen Zeitaufwand. In den Händen geschickter Arbeiter
sind Schublehre und Mikrometerschraube nahezu unübertreffliche
Präzisionsinstrumente. Damit ist aber der Maschinenfabrikation wenig
geholfen. Jeder gewesene Konditor, Maurer oder Schneider (deren
sich so und so viele unter den „ungelernten“ Maschinenarbeitern
befinden) soll in kürzester Zeit genau arbeiten lernen, und das ist
nur möglich, nachdem er gut messen gelernt hat. In den Händen
dieser Leute ist selbst der einfache Millimeterstab eine Skala, mit
der drei ungelernte Arbeiter dieselbe Strecke dreimal verschieden lang
ermitteln.

Demgegenüber bedeutet das ein für allemal unveränderliche Normalkaliber eine unendliche Vereinfachung der Maßnachprüfung.

Man hat daher hier und da auch für „Planarbeiten" (Hobeln, Stoßen, Fräsen u. ä.) in Anlehnung an den Gedanken der Kaliber feste Maßklötzchen aus gehärtetem Stahl eingeführt; diese erübrigen sich im allgemeinen deshalb, weil im Durchschnitt von den ebenen Flächen nicht derartig weit getriebene Genauigkeit verlangt zu werden braucht. Nur ganz selten werden Prismen ineinander „gepaßt" (Stein und Kulisse).

Der Messung mittels Normalkaliber haften trotz alledem zwei große Mängel an: Jeder Mensch hat genaues Gefühl für den Grad der „Leichtigkeit", mit der ein Zapfen in einem Loch „geht". Aber die Benennung dieses Grades ist bei den einzelnen verschieden. Leider tritt diese individuelle Verschiedenheit am häufigsten und stärksten zutage zwischen Meister und Arbeiter. Der Arbeiter, für sein eigen Werk parteiisch, behauptet, ein Zapfen ginge „saugend", während der Meister ihn als viel zu leicht gehend verwirft. Die Folge sind ständige Mißhelligkeiten. Der Grund liegt also in dem Ersatz der Maßzahl durch den Gefühlsgrad.

Der zweite Mangel ist mittelbar mit dem ersten verknüpft: Die Grenze für die schließliche Genauigkeit ist fließend; der Arbeiter, um sich vor „Ausschuß" zu bewahren, arbeitet lieber etwas zu genau, genauer, als für den vielleicht ganz einfachen vorliegenden Zweck erforderlich. Zu genaues Arbeiten bedeutet aber Verschwendung: an Zeit, Maschinenkraft und an Lohn. Der Meister vermag nicht zu hindern, daß zu genau, also zu langsam gearbeitet wird, solange er nicht seinen Leuten eine bindende Zusage geben kann: mit dieser Mindestgenauigkeit bin ich zufrieden.

Der Mangel des bis vor etwa zehn Jahren in Deutschland noch durchschnittlich üblichen Normallehren-Systems war also das Fehlen einer zweiten, unteren Genauigkeitsgrenze, die mit dem Normalkaliber im Verein einen genauen Spielraum der „zulässigen Ungenauigkeit" gibt. Mit großer Schnelligkeit hat sich daher das erst aus dem zwanzigsten Jahrhundert stammende „Grenzlehren"-System in den Maschinenfabriken eingebürgert, soweit in ihnen das Bedürfnis nach äußerst genauer Arbeit vorliegt (Werkzeugmaschinen, Kraftmaschinen). Unter einer Grenz- oder Toleranzlehre versteht man eine Doppellehre, deren eines Lehrmaß um etliche Tausendstel bis Hundertstel größer ist als das nominelle Maß der Lehre, während das andere um ebensoviel kleiner ist. Mit Hilfe dieses Kunstgriffs kann nunmehr einfach zur Regel gemacht werden: die „Gutseite" muß über den Zapfen (bzw. in die Bohrung) ohne Zwang gehen, die „Ausschußseite" darf nicht hinüber- bzw. hineingehen. Diese Bedingung

erlaubt kein Drehen und Deuteln und hat als Ergebnis eine Genauigkeit, die sicher keinesfalls geringer ist als die Übereinstimmung beider
Lehrenseiten. Durch die Bemessung der Differenz der beiden Seiten
hat man den gewünschten Genauigkeitsgrad in der Hand. Dieser
ist je nach dem Verwendungszweck des betreffenden Maschinenteils
sehr verschieden. Jede Maschinenfabrik muß die für ihre Erzeugnisse
geeignetsten Spielräume aussuchen, was um so leichter ist, als durch
die praktische Erfahrung mit den Grenzlehren die früheren Gefühls-
begriffe von „leichtem", „saugendem" und „pressendem" Sitz sich
verwandelt haben in zahlenmäßig festgelegte Spielräume. Der Spielraum muß, wie die Erfahrung ergeben hat, nicht ein absolutes Maß,
sondern eine bestimmte Beziehung zum Durchmesser besitzen. Beispielsweise nehmen die bei normalen Maschinen für einen festen Sitz
zuzulassenden Genauigkeitsgrenzen von 0,01 auf 0,05 mm zu, wenn der
Bohrungsdurchmesser von 10 auf 200 mm wächst. Der für Lager-
zapfen im allgemeinen zuzulassende laufende Sitz läßt Toleranzen
von 0,02 bis 0,10 mm für dieselben Durchmessergrenzen zu.

Seit der Einführung der Grenzlehren ist, das darf man wohl
sagen, das Hundertstel-mm an Stelle des mm als Maßeinheit in den
Maschinenfabriken getreten. Dementsprechend haben die letzten zehn
Jahre eine ganz neue Entwicklung der prakt'schen Meßtechnik gesehen. Vor allem war dies deshalb der Fall, weil infolge der immer
weitergehenden Einführung nationaler Normalien nicht mehr die Austauschbarkeit zwischen den Erzeugnissen der gleichen Fabrik, sondern
ganzer Industriezweige, ja der gesamten deutschen Maschinenindustrie
erforderlich ist.

Da die Lehren sich abnützen, müssen sie von Zeit zu Zeit mit
Normallehren, die überhaupt nicht in die Werkstatt kommen, ver-
glichen werden. Dies erfordert aber praktisch die Anschaffung zweier
Sätze der äußerst kostspieligen Lehren. Selbst dann ist man noch
nicht sicher, daß sich nicht selbst die (zur Vermeidung von Verwechs-
lungen mit den Werkstattlehren andersfarbig lackierten) Kontrollehren
allmählich abwetzen, besonders die für die gängigsten Maße (z. B. 50 mm).
Diese Gefahr wird verstärkt durch das Bestreben, s'ch wegen der
Kostspieligkeit der Lehren auf möglichst wenige Genaumaße in der
Anwendung und bei der Normalisierung zu beschränken, so daß
gewisse besonders wichtige Lehren besonders häufig der Kontrolle
bedürfen und schließlich die Kontrollehren gerade der wichtigsten
und häufigsten Maße selber verschleißen.

Das beste Kontrollmittel bleibt die Meßmaschine. Jede größere
Maschinenfabrik, die austauschbare Arbeit liefern muß, besitzt
daher wohl heute eine Meßmaschine zur letzten Kontrolle der
Lehren. Dem Praktikanten kann nur empfohlen werden, sich von

den Kontrolleuren oder dem Betriebsleiter über diese Maschine einmal einen kurzen Anschauungsunterricht zu erbitten.

In diesem Zusammenhang ist es wichtig, daß der Praktikant sich noch über die folgenden beiden Grundbedingungen der absoluten Austauschbarkeit klar ist: Um sich über Passungen verständigen zu können, und auch zwischen verschiedenen Fabriken Austauschbarkeit von Teilen gewährleisten zu können, ist zunächst eine Einigung über zwei Punkte erforderlich:

1. die Bezugstemperatur,

2. die Frage, ob Einheitswelle oder Einheitsbohrung? Bisher ist in beiden Punkten eine allgemeine Normung in der deutschen Industrie noch nicht erfolgt. Die erforderlichen wissenschaftlichen Vorarbeiten sind jedoch im wesentlichen abgeschlossen[1]).

Zurzeit beziehen sich die im Handel erhältlichen Lehren noch auf verschiedene Temperaturen. Das auf die Lehre aufgeprägte Maß von beispielsweise 20 mm bedeutet in einem Falle, daß die Lehre bei 0^0 C die Rachenweite, den Flankenabstand oder den Durchmesser von genau 20 mm hat, — in einem anderen Falle, daß dies bei 20^0 C der Fall ist. Bei der Genauigkeit von Bruchteilen von Tausendstel-mm, auf die es hier ankommt, machen diese Unterschiede, besonders bei großen Maßen, viel aus.

Bezugs-
temperatur.

Ferner ist die Frage, auf welchen Nullwert sich die in den Zeichnungen hinter den Maßzahlen angegebenen „Toleranzen" ($+$ 0,02, $-$ 0,5 usw.) beziehen, bei den verschiedenen Fabriken verschieden geregelt. Das „Einbohrungssystem" geht davon aus, daß die Bohrung für alle Passungen stets gleich ausgeführt wird, während der Zapfen oder die Welle, die in sie hineingepaßt werden sollen, je nachdem, wie fest sie sitzen oder wie leicht sie laufen sollen, einen entsprechend kleineren oder größeren Durchmesser erhalten; ein in eine Bohrung von 50 mm Durchmesser hineinzupressender Zapfen würde demnach auf der Zeichnung das Maß „$50_{+\,0,05}$" erhalten, eine Welle, die leicht in einer solchen Bohrung laufen soll, würde auf „$50_{-\,0,95}$" bemaßt sein.

Einheits-
Bohrung oder
-Welle?

Anderseits wird beim „Einwellensystem" für die Welle stets der gleiche Durchmesser behalten. Im obigen Beispiel würde demnach Zapfen und Welle jedesmal genau 50 mm dick sein, während die Bohrung im Falle des Preßsitzes „$50_{-\,0,05}$", im Falle des leichten Laufsitzes oder -spieles „$50_{+\,0,95}$" weit zu machen wäre.

---

[1]) Praktikanten, die sich für diese Fragen im einzelnen interessieren, seien auf das vom Verein deutscher Ingenieure herausgegebene, durch den Verlag von J. Springer erhältliche Buch von W. Kühn: „Toleranzen", Berlin 1920, hingewiesen, das das Ergebnis dieser Vorarbeiten enthält.

Beide Systeme haben ihre Vor- und Nachteile. Häufig verdanken sie ihre Wahl dem Zufall. Bei Vereinheitlichung für die ganze Industrie dürfte das „Einbohrungssystem" gewählt werden.

Gewindelehren. Neben die Lehren für Rundkörper und Bohrungen treten noch die für wichtige andere Genauigkeitskurven, so vor allem die für Gewinde, bei denen man gleichfalls Gewindelehrdorne und Gewindelehrmuttern in Ringform unterscheidet. Mit ihnen müssen naturgemäß absolut übereinstimmen die Profile der zugehörigen Gewindestähle oder Gewindesträhler.

Werkzeug-macherei. Der eigenhändige Gebrauch aller dieser feinmechanischen Meßwerkzeuge macht ja den Praktikanten bald völlig vertraut mit allen den kleineren Nebenerfahrungen, die hier nicht erwähnt werden können und sollen. Trotzdem sei noch besonders anempfohlen, sich mindestens durch Zuschauen und häufige Anwesenheit in der Werkzeugmacherei auch über diejenigen Arbeiten zu belehren, mit denen nun wiederum die Arbeitslehren erzeugt, geprüft und erneuert werden. Insbesondere sollte ein jeder Ingenieur, der mit der Werkstatt in häufige Berührung kommt, gelernt haben, die Prüfung einer Arbeitslehre mittels des Kontrollkalibers oder -dornes zuverlässig vornehmen zu können. Denn ohne diese ist eine sichere Entscheidung über die Güte der Arbeit, oder wichtiger, über die Verantwortung für eine „Pfuscherei" nicht mit der erforderlichen „autoritativen" Sicherheit möglich.

Anreißen. Noch größere Bedeutung, auch schon für die Zeit des Studiums, hat die aufmerksame Beobachtung und, wenn angängig, eigenhändige Ausübung des „Anreißens". Auf die Wichtigkeit dieser Verrichtung wurde schon an anderem Orte hingewiesen. Man schuf die besondere Stellung des Anreißers aus mehr als einem Grunde. Hier liegt geradezu ein Musterbeispiel für die Vorteile der Arbeitsteilung vor. Vor allem schaltet seine Tätigkeit die Fehlerquellen aus ungenauem Messen seitens ungelernter Arbeiter aus. Die Mehrzahl der Maschinenarbeiter richten sich lediglich nach den Körnermarken des Anreißers und bekommen die Werkzeichnung, deren Entziffern den Ungelernten größte Schwierigkeiten machen würde, gar nicht in die Hand. Das ist ein weiterer Vorteil und verkleinert auch die Anzahl der anzufertigenden Blaupausen erheblich. Schließlich kommt noch als wesentlich hinzu, daß Auge und Hand eines geübten Anreißers es vortrefflich verstehen, etwaige Ungleichmäßigkeiten bei Guß, Schmiedung oder Pressung durch das Anreißen zu berücksichtigen und die Maße so zu schieben, daß das Material allseitig ausreicht. Voraussetzung hierfür ist auch der gleichzeitige Überblick über die relative Lage von Maßmarken, die für verschiedene Werkzeugmaschinen in Anwendung kommen.

Schon die Beobachtung des Hin- und Herverschiebens der Maße um der jeweiligen Rohstückungenauigkeiten willen gibt dem künftigen Ingenieur den beherzigenswerten Wink, daß er keineswegs sich darauf verlassen darf, daß die von ihm schön in die Mitte gezeichneten Mittelachsen auch in Wirklichkeit immer dort verbleiben (selbstverständlich weichen sie nur mehr oder weniger ab, je nach ihrer Wichtigkeit). Mit welchen Abweichungen durchschnittlich zu rechnen ist, muß der Augenschein lehren.

Vor allem aber ist das Meßverfahren des Anreißers von unersetzlichem Wert für das richtige Eintragen der Maße in die Werkzeichnungen. Es ist ja ganz unglaublich, eine wie hohe Zeitersparnis und vor allem Ersparnis an Verdruß und Kosten aus Irrtümern die zweckentsprechende und klare Eintragung der Maße mit sich bringt. Die Fähigkeit hierzu ist das Zeichen eines konstruktiv wohlerzogenen und solide vorgebildeten Ingenieurs, abgesehen von ihrer Unentbehrlichkeit. Die Zeit, welche für den Konstrukteur notwendig ist, die richtige Anordnung und Auswahl der Maße zu treffen, ist um so kleiner, die Mühe um so geringer, je deutlicher ihm die Tätigkeit des Anreißers vor dem geistigen Auge steht, d. h. je sorgsamer er sich während seiner praktischen Ausbildung um sie gekümmert hat.

Die Hilfsmittel des Anreißers sind ja verhältnismäßig einfach: Zirkel, Streichmaß, Lineal, Winkel und Winkelschmiege und ein genauer Maßstab reichen im allgemeinen aus, falls er ohne Anreißplatte arbeitet. Bedient er sich — wie in der Regel — dieses kostbaren Hilfsmittels, so treten noch die sogenannten Parallelreißer und Spitzmaße hinzu. Aus ihrer Anwendung ergibt sich z. B. die Zweckdienlichkeit, gewisse Maßangaben stets auf die Endflächen des Körpers zu beziehen. Auch geht von vornherein die Anschauung in Fleisch und Blut über, daß man niemals Maße von Punkt zu Punkt, sondern nur Abstände von Linie zu Linie geben darf.

Tätigkeit am Anreißtisch und Aufenthalt in der Werkzeugmacherei sind also zwei unentbehrliche Voraussetzungen für den künftigen Ingenieur und müssen, wenn nicht von selbst geboten, jedenfalls von dem Praktikanten erbeten werden.

Beobachtungswinke.

Werkzeuge und Vorrichtungen.

Kontrolldorne	Anschlagleisten	Indikator
Fühlhebel	Spannwinkel	Wasserwage
Tiefenlehren	Lehre zum Messen der	Parallel-Endmaße
Prismenstücke	Nabenentfernungen	Spitzenapparate
Parallelstücke	Lehre zum Revidieren	Klötzchen-Rapporteure
Anreißplatten	von Winkellöchern	
Tuschierplatten	unter 90°	

Schlosserei (mit Klempnerei) und Montage.

Der Aufenthalt in Schlosserei und Montage hat andere Zwecke und ein anderes Gesicht als der Aufenthalt in den bisher besprochenen Werkstätten. Stand in diesen die Erlernung des rein Handwerksmäßigen und der Handgriffe bei aller Erwünschtheit doch an zweiter Stelle, so überwiegt hier die Notwendigkeit, die Handfertigkeiten zu erlernen. Es dürfte wenige Ingenieure geben, die die eigenhändige Ausübung des Schlosserhandwerks nie gebraucht, und denen besondere Fertigkeit darin nicht sehr willkommen gewesen wäre. — Diesen Unterschied will auch die Art der Besprechung in diesem Buche berücksichtigen, indem sie weit weniger eingehend sein soll.

Denn auch eine zweite Schwierigkeit liegt vor: Die Montage insbesondere und die damit eng zusammenhängende Schlosserei sind viel inniger abhängig von dem Fabrikat, das erzeugt wird, als die mechanischen Werkstätten. Die allgemein gehaltene Besprechung kann auf viel weniger Einzelheiten eingehen; die verschiedenen Einzelheiten haben in Montagewerkstätten verschiedenartiger Fabrikate sehr wechselnde Wichtigkeit.

Auch insofern wird eine buchmäßige Erläuterung des Geschauten überflüssig, als in der Schlosserei und Montage der Zusammenhang jeder Tätigkeit mit dem Endzweck ohne weiteres gegeben ist. Auch wenn der Konstrukteur sehr „vom grünen Tisch" konstruiert, vermag er am ehesten die Vorgänge bei der schließlichen Zusammensetzung zu berücksichtigen, — womit leider nicht gesagt ist, daß sie stets genügende Berücksichtigung finden.

Wenn sich der Praktikant aber einmal ein paar Tage abgemüht hat, Handbohrungen oder Gewindeschneiden mit der „Knarre" oder „Ratsche" auszuführen, so wird er genau zu schätzen wissen, welchen Zeitaufwand und welche Mühe, ergo: welche Kosten es verursacht, wenn Bohrungen so angeordnet werden, daß sie nur mit der Hand ausgeführt werden können, und wird sich doppelt bemühen, sie, wenn irgend möglich, zu vermeiden. Und wenn der Praktikant mit durchgemacht hat, wieviel Ärger, Lauferei und Zeitverlust eine Unachtsamkeit der Konstrukteure in ganzen „Kleinigkeiten" verursachen kann, so wird er bei späterer eigener konstruktiver Tätigkeit den Wert der „Kleinigkeiten" von vornherein richtig einschätzen. Erst die umständliche Probiererei und Nacharbeit mit den unverhältnismäßig großen Kosten, die sie verursacht, wird ihm in vollem Umfang beweisen, welcher Wert in Genauigkeit der Arbeit in den mechanischen Werkstätten liegt, und daß es sich auszahlt, lieber für eine halbe Stunde mehr Lohn in der Dreherei zu bezahlen, wenn dann das Stück genau paßt, als es erst in der Montage zu passen und darauf einige Stunden hochbezahlter Monteurarbeit verwenden zu lassen.

Noch ein anderes lehrt aber die handwerksmäßige Vertiefung hier: Nirgends wird so viel „gepfuscht" und „gemogelt" wie in der Montage, — sehr zum Schaden des Rufs des Fabrikats, wenn das Pfuschen überhandnimmt. Neben Überwachungspflicht der Werkstattsleitung muß auch die Überwachungsfähigkeit des Ingenieurs stehen. Der Ingenieur muß bei genauer Prüfung die Pfuscherei aufzudecken und nachzuweisen imstande sein, er darf sich nichts „vormachen" lassen. Das schädigt sein Ansehen und gibt ihn im entscheidenden Augenblick völlig in die Hand des Monteurs, der die Lage natürlich erkennt und ausnützt. Solche Fähigkeit ergibt sich aber nur durch mühevolle, beharrliche Selbstarbeit.

Auch für die konstruktive Tätigkeit gibt die Erfahrung in der Montage Lehren, die sich weiter erstrecken, als auf die bloßen Rücksichten auf bequeme Zusammenfügbarkeit. Beispielsweise wird vielfach bei den Berechnungen der Stärke von dreifach gelagerten Kurbelwellen schlechtweg vorausgesetzt, daß sie in allen drei Lagern völlig gleichmäßig aufliegen. Jeder erfahrene Monteur weiß, daß sie das nie tun. Dadurch aber ändert sich sofort das ganze Bild des Kraftflusses im Material und die Rechnung wird nur so bedingt richtig, daß der erfahrene Konstrukteur dementsprechend vorsichtig dimensioniert. Der unerfahrene hält sich fest an die theoretische Voraussetzung gleichmäßigen Aufliegens (die ihm als theoretisch gar nicht erst zum Bewußtsein kommt) und wundert sich nachher, wenn seine Welle zu schwach ist[1]).

Fürs erste ist die Hauptaufgabe die geradezu handwerksmäßige Erlernung der Maschinenschlosserei unter ständigem Nachdenken über den Zweck der Hantierungen und die Völligkeit, mit der sie ihn erreichen lassen. Lediglich aus der Erfahrung heraus, die der Verfasser an anderen und sich selbst gemacht hat, sei noch kurz und ohne Planmäßigkeit auf ein paar Punkte aufmerksam gemacht, deren Übersehen während des Praktizierens späterhin besonders unangenehm empfunden wird.

Zunächst bieten Schlosserei und Montage den vollen Überblick über die Hilfsmittel, die der Maschinenbau anwendet, um Teile fest

Unlösbare
Verbindungen.
Kaltnieten.

---

[1]) Auch an dieser Stelle sei auf die „Lebenserinnerungen" von Porter (siehe auch S. 189) hingewiesen, deren Lektüre gerade für das in der Schlosserei und Montage Vorgehende den Blick sehr schärft.

miteinander zu verbinden. Von den „unlösbaren" Verbindungen, den Nieten, ist an anderem Orte bereits die Rede gewesen. In der Schlosserei lernt der Praktikant zu der warmen Nietung auch noch die Nietung in kaltem Zustand kennen. Sie dient eigentlich nur zur Verhinderung des Lockerwerdens und Herausfallens von Sicherungsschräubchen, kleinen Stiften, Stangen u. ä. Wesentliche Kraftübertragung ist ihr nicht zuzumuten. Vielfach jedoch dient sie als zusätzliches, sicherndes Mittel bei eingeschraubten oder eingepreßten Bolzen u. dgl. In diesen Fällen bedürfen die nachträglich zu vernietenden Bolzenenden eines gewissen Materialüberschusses am Rande, die zugehörigen Bohrungen dagegen der Aussparung am Rande. Die genaue Beachtung dieser Feinheiten ist für ihre richtige zeichnerische Darstellung und konstruktive Berücksichtigung notwendig.

Aufschrumpfen.

Ganz im Gegensatz ist die dritte unlösliche Verbindung: das Aufschrumpfen, besonders fest. Der Grund, daß diese Verbindung nicht häufiger benutzt wird, liegt wohl hauptsächlich in einer gewissen Unsicherheit: denn die Kraft, mit der die Schrumpfung wirkt, hängt völlig ab von der Temperatur, bei der das Schrumpfstück aufgezogen wird. Die Arbeit kann also nur einem sehr zuverlässigen Monteur überlassen werden.

Löten.

Schließlich gibt es noch eine unlösbare Verbindung von Metallteilen, die der Maschinenbau wohl kennt und hie und da anwendet, aber nicht sonderlich schätzt: das Löten. Gerade weil es als untergeordnet betrachtet und in der von Schlosserei und Montage wohl stets räumlich getrennten Klempnerei vorgenommen wird, entzieht es sich leicht ganz der Aufmerksamkeit des Praktikanten. Das Interesse, das er als künftiger Konstrukteur an der Handhabung des Lötgeschäfts hat, ist aber kein so geringes, daß nicht Fehlen seiner Kenntnis als rechte Lücke von ihm selbst später empfunden würde. Beispielsweise sind an den Schutz- und Mantelblechen der Kraftmaschinen, an den Kühlwasserleitungen innerhalb von Gasmaschinen, an kupfernen Flanschenrohren u. a. m. Lötungen vorzusehen. Einem Konstrukteur, der nicht mit der Technik des Lötens vertraut ist, machen die Kleinigkeiten, die dafür zu berücksichtigen sind, unnötiges Kopfzerbrechen.

Der Praktikant tut deshalb gut, sich dann und wann einen Nachmittag für Besuche in der Klempnerei und der Kupferschmiede Urlaub geben zu lassen, und sich hier über das Ausgießen von Lagern mit Weißmetall, das Biegen von Kupferrohren und eben vor allem das Löten gründlich durch Zusehen und Fragen zu unterrichten. Neuerdings hat auch das Auflöten von Edelstahlschneiden auf die Werkzeuge eine besondere Wichtigkeit erlangt.

Kurz sei hier nur auf die verschiedenen Arten von Loten ein- Lote.
gegangen. Man trifft je nach Schmelzpunkt, Festigkeit und Farbe
die Auswahl unter den verschiedenen Loten für den jeweils vorliegenden Zweck. Der Maschinenbau bedarf im allgemeinen eines
verhältnismäßig festen, harten Lotes, das auch leichte Stöße und
Schläge noch aushält. Das Messing-, Hart- oder Schlaglot findet
daher vorzugsweise Verwendung. Wegen seiner bei verhältnismäßig
hohem Schmelzpunkt (etwa 300° C) eintretenden Strengflüssigkeit
heißt es auch Strenglot. Es besteht aus zerkörntem Messing und
Zink, bisweilen auch noch Zinn in den verschiedensten Zusammensetzungen, je nach Erfordernis. Je höher der Prozentsatz an Messing
(bis 85 Gewichtsprozent), desto strengflüssiger ist es, desto sorgfältiger
ist also zu bewirken, daß es in die Lötfuge auch wirklich eindringt.
Für untergeordnete Lötungen (Blechfugen u. ä.), die niemals größeren
Krafteinwirkungen ausgesetzt sind, wird Weichlot verwandt, das aus
Zinn-Bleilegierungen in verschiedensten Zusammensetzungen besteht.
Sein niedriger Schmelzpunkt (180 bis 250° C) macht es auch besser
geeignet für Lötung leichtschmelzender Legierungen.

Das Lot muß nämlich stets einen niedrigeren Schmelzpunkt
haben als die zu lötenden Metalle, denn seine Wirkung beruht in
einer nur oberflächlichen leichten Verschmelzung mit den gelöteten
Metallen und ist durchschnittlich dem Leimen mit Kleister zu vergleichen, wenngleich bei einigen besonderen Lötverfahren auch wohl
chemische Vorgänge mitspielen, die eine dem Schweißen ähnliche
Wirkung hervorbringen. Voraussetzung guter Lötung ist wie beim
Schweißen eine metallisch reine Oberfläche, die durch Feilen unmittelbar vor dem Löten oder durch Abätzen erzielt wird. Die
gebräuchlichen Ätzmittel sind Salzsäure, Lötwasser (Zink in Salzsäure gelöst), Lötsalz (eingedampftes Lötwasser mit Salmiak) oder
feingepulvertes Kolophonium, mit konzentriertem Ammoniak ange-
rührt. Damit auch im Lötfeuer eine verunreinigende Oxydation
ausgeschlossen bleibt, wird die Lötstelle mit Stoffen belegt, die bei
der betreffenden Löttemperatur gerade den richtigen Flüssigkeitsgrad besitzen, um die Stelle einzuhüllen, ohne abzutröpfeln: bei
Weichloten erfüllen Kolophonium, Stearin oder Salmiak, bei Hart-
loten Borax oder — bei sehr strengflüssigem Lot — Glaspulver
diese Anforderung. Die beim Löten sich entwickelnden Dämpfe
sind, wie hieraus ersichtlich, häufig gesundheitsschädlich. —

Auch der Lötverbindung kann, wie dem Kaltnieten, eine Kraftübertragung im Sinne des Maschinenbaus nie zugemutet werden.
Immerhin wird ihre Haltbarkeit häufig unterschätzt. Die Verwechse-
lung mit dem einfachen „Vergießen" mit Blei oder Zink, das man
bei Lagern häufig anwendet, liegt nahe. Die Lötung ist aber doch

eine wesentlich zuverlässigere Verbindung. Ihr Hauptübelstand liegt
darin, daß ihre Zuverlässigket völlig von der Sorgfalt des Klempners,
einem unbestimmten Rechnungsglied, abhängt. —

Einpressen.

In der Mitte zwischen den unlösbaren und lösbaren Verbindungen
steht die Verbindung durch Einpressen, die mit zunehmender
Genauigkeit in der Bearbeitung der ineinander zu pressenden Stücke
sich wachsender Beliebtheit erfreut und deshalb der besonderen Beachtung empfohlen wird. Der immerhin in ihr steckende Unsicher-
heitsgrad wird durch Zufügung einer besonderen Sicherung (Ver-
splinten, Kaltnieten usw.) berücksichtigt.

Schrauben.

Die lösbaren Verbindungen sind vor allem die Schrauben. Sie
müssen mit besonderer Aufmerksamkeit „studiert" werden. Über
die verschiedenen Arten des Gewindes (rechteckiges, dreieckiges,
flaches, scharfes, Gas- und Feingewinde), über ihre Formen (Kopf-,
Mutter-, Vierkantkopf-, Rundkopf-, Hammerkopf- und versenkte
Schrauben) sowie über die Form ihrer Muttern (Sechskant-,
Kronen-, Flügel-, Bund-, Stell-, Überwurf- und Gegen- oder Konter-
mutter) muß von dem Studierenden bereits bei dem Eintritt in die
Hochschule völlige Klarheit verlangt werden. Insbesondere ist
wertvoll, wenn man aus eigner Erfahrung den großen Unterschied
zwischen Paß-, Durchsteck- und Stiftschrauben kennt und den Grad
der Zuverlässigket, mit der sie ihre Aufgabe erfüllen können. Und
schließich muß noch anempfohlen werden, daß man sich mit den
Monteuren über die verschiedenen Sorten von Schraubensiche-
rungen und ihre praktischen Erfahrungen damit unterhält. Selbst
ein so unscheinbares und alltägliches Ding, wie ein Schraubenschlüssel,
ist von großer Wichtigkeit für den Konstrukteur: denn besonders
der Anfänger im Konstruieren pflegt den Platz, dessen das Anziehen
der Muttern mit dem Schlüssel mindestens bedarf, gern zu knapp
zu bemessen.

Keile.

Die zweite Hauptart der lösbaren Verbindungen ist die Ver-
keilung. Sie kommt vor allem zur Anwendung für die Befestigung
von Rädern auf Wellen und Achsen. Die Herstellung von Nut und
Keil, ihr Zusammenpassen, die Montage und vor allem die Demontage sind Dinge, deren genaueste Kenntnis von dem Praktikanten unbedingt erworben werden muß.

Dichtungen.

Neben den Verbindungen ist schließlich noch ein Gebiet von
allgemeinster Bedeutung, das unmittelbar damit zusammenhängt: nämlich die Erzielung der Undurchlässigkeit der Verbindungsfugen gegenüber gepreßten Flüssigkeiten oder Gasen. Man unterscheidet bewegliche Dichtungen (Stopfbüchsen) und unbewegliche. Das
Packen einer Stopfbüchse ist eine Sache, die jeder Ingenieur verstehen muß, wenn anders er die Bedeutung ihrer Zugänglichkeit,

Wärme und Wirksamkeit richtig einschätzen soll. Als feste Dich- Stopfbüchsen.
tungen dienen Asbest in Platten- und Schnurform, Gummi, Leder,
Hanf, vor allem aber Metalle, wie Kupfer, Messing, Blei. Je nach
dem Fabrikationsgegenstand seiner Lehrwerkstätte wird der Praktikant die eine oder andre kennen lernen und das genügt durchaus.

Eine Art der Dichtung ist aber von allgemeinster Bedeutung Aufschleifen.
und ihre praktische Kenntnis für gute Konstruktion wesentliche
Voraussetzung, das ist die Dichtung ohne Dichtungspackung: das
Einschleifen oder Aufschleifen. Der Leser versäume nicht, sich über
diesen Vorgang durch Anschauung zu belehren.

Ein verwandtes Gebiet ist das Aufpassen von Fläche auf Fläche, Schaben.
welches überwiegend durch Schaben geschieht. Es ist für die Beobachtung der Formänderung des scheinbar so starren Baustoffs sehr
lehrreich, und seine Langwierigkeit und vor allem seine von vornherein nicht vorauszusehende Dauer dürften eine eindringlichere
Sprache zu dem Praktikanten reden, als der beste Vortrag des Pro-
fessors auf der Hochschule, wie ungeheuer wichtig es ist, so zu konstruieren, daß das Schaben womöglich ganz wegfällt. —

Es gibt noch unendlich vieles, auf das bei der Schlosserei und
Montage hingewiesen werden könnte. Aber zweifellos ist die Buchform hierzu nicht fähig, da ein bloßes Aneinanderreihen weiterer
Einzelheiten ermüden würde und mit Recht Gefahr liefe, überblättert
zu werden. In den Beobachtungshinweisen dieses Abschnittes werden
noch einige Fragen von Wichtigkeit hervorgehoben werden.

Noch einmal sei zum Schluß betont, daß gerade in bezug auf
Schlosserei und Montage für den Neuling die gründliche Erlernung des rein Handwerksmäßigen bei gleichzeitiger reger Beobachtung vorerst, d. h. vor dem Studium, völlig ausreicht — selbst
wenn ihm manches noch unklar bleibt. Um so nötiger ist eine
spätere Wiederholung des Aufenthalts in der Montage.

Beobachtungswinke.

Wie entscheidet der Schlosser, ob das Schleifen eines „Sitzes"
lange genug angedauert hat?

Was sind Paßstifte oder Prisonstifte? Wann werden sie eingebracht und wie kann man sie bei der Demontage herausbekommen?

Welchem Zweck dienen Paßringe?

Wie werden Stiftschrauben ein- und ausgeschraubt?

Welchen Zweck haben Abpreßschrauben (in Deckeln, Flanschen u. ä.)?

Wie werden beim Beginn einer Maschinenmontage die Haupt-
achsen festgelegt?

Aufspannen von Kolbenringen.

Einbringen eines Kolbens in die Zylinderbohrung.

Aufkeilen von Exzenterscheiben.

Einjustieren einer Werkzeugmaschine.

Wie weit kann die Bearbeitung sehr schwerer Stücke mit transportablen Werkzeugmaschinen bei unverrückt bleibendem Stück getrieben werden?

Einstellen einer Kraftmaschinensteuerung.

Herstellung der Ölnuten in Eisen, Bronze und Weißmetall.

Werkzeuge und Vorrichtungen.

Körner
Durchschläge
Schraubenzieher
Verstellbarer Mutterschlüssel (Franzose)
Vierkantschlüssel
Aufsteckschlüssel
Schneidkluppen
Gasrohrschraubstock
Bankzwingen
Reifkloben
Spitzkloben
Stiftkloben
Flachzangen
Lochscheren
Kreuzmeißel („auskreuzen")
Bankmeißel

Durchschläge
Locheisen
Lochzangen
Bastardfeilen
Barettfeilen
Vogelzungen
Scharnierfeile
Nadelfeile
Hohlfeile
Sägefeile
Lochfeile
Reibahle
Flachschaber
Hohlschaber
Prismenschaber
Herzschaber
Winkelreibahle

Spiral genutete Reibahle
Versenker
Zentrumbohrer
Spitzbohrer
Spiralbohrer
Metallsäge
Windebock
Hammerlötkolben
Spitzlötkolben
Gaslötkolben
Lötlampe
Lötzange
Lötrohr
Zylinderstichmaß
Senklot
Dosenlibelle

Fünfter Teil.

Abschnitt 15.

Elektromaschinenbau.

Die Elektrotechnik, insbesondere der Elektromaschinenbau, hat Betätigungen des Elektro-Ingenieurs.
als jüngster Zweig des Maschinenbaues als Spezialfach eine Bedeutung
erlangt, welche auch im vorliegenden Werk eine Sonderbehandlung
rechtfertigt. Kaum eine andere Technik greift so tief und umfassend
in unser heutiges Wirtschaftsleben, da wir fast überall in den
Städten wie auf dem Lande der Nutzbarmachung der Naturkraft
„Elektrizität" begegnen. Der Praktikant, der sich dem Berufe der
Elektrotechnik widmen will, weiß zunächst meist nicht, in welchem
Spezialfach er einmal sein Unterkommen finden wird, als Verwaltungs-,
Konstruktions-, Berechnungs-, Betriebs- oder Projekteningenieur.
Das Studium soll ihm die Grundlage zu allem geben, und wenn
auch das Buch sich mehr an den Konstruktions- und Berechnungs-
ingenieur wendet, so ist sein Inhalt als Allgemeinwissen nicht weniger
wertvoll für die andern Berufsgattungen. Vor allem bedarf aber
jeder mit Fabrikation unmittelbar in Berührung kommende Ingenieur
der praktischen elektrotechnischen Kenntnisse, weil es kaum noch
Werkstätten gibt, in denen keine elektrischen Maschinen liefen, also
auch der sachgemäßen Pflege und Reparatur bedürfen.

Der Bau elektrischer Maschinen unterscheidet sich werkstatt- Sonderaufgaben des Elektro-Maschinenbaus.
technisch in den wesentlichen Punkten wenig vom Bau irgendeiner
anderen Kraftmaschine. Das auch im Maschinenbau vorzugsweise
verwendete Eisen und Stahl spielt auch hier neben dem Kupfer die
wichtigste Rolle. Eiserne Teile werden gegossen, geschmiedet, gewalzt,
wandern über Drehbank, Hobelmaschine, Fräsmaschine, Bohrmaschine,
so daß nur auf die früheren Kapitel verwiesen zu werden braucht. Es
ist daher nur nötig, auf die Sonderaufgaben einzugehen, welche
die Elektrotechnik vom übrigen Maschinenbau unterscheidet. Diese
Aufgaben lassen sich in zwei große Gruppen teilen:

a) magnetische,
b) elektrische;

die letztere wieder in die beiden Gruppen, welche die Leiter der Elektrizität und die Nichtleiter der Elektrizität (Isolationsmaterialien) betreffen.

Die heute für den Bau von Maschinen praktisch allein maßgebende Erscheinung des Elektromagnetismus verwendet als Träger des magnetischen Feldes ausschließlich das Eisen, und es ist ein eigenartig günstiges Geschick, daß gerade das auf der Erde am häufigsten vorkommende und daher billigste Metall, das Eisen, nicht nur mechanisch ein so vorzügliches Konstruktionsmaterial ist, sondern daß es auch in seinen magnetischen Eigenschaften die erste Stelle einnimmt.

Es nimmt unter dem Einfluß einer magnetomotorischen Kraft, gemessen in Amperewindungen, die den magnetischen Kreis umschließen, ein kräftiges magnetisches Feld[1]) an.

Diese Eigenschaft heißt magnetische Permeabilität. Verschiedene Eisensorten zeigen ähnlich ihrem verschiedenen technologischen Verhalten verschiedene Permeabilität. Weicher Stahl hat höhere Permeabilität als Gußeisen, wäre daher der Qualität nach vorzuziehen, wenn nicht ein anderes Moment, das dem Maschinenkonstrukteur allenthalben entgegentritt, nämlich die Rücksicht auf Preis, gleichmäßige Beschaffenheit und leichtere Beschaffbarkeit, die Verwendung des weniger guten Gußeisens für Elektromagnete empfehlen würde. Die Forderung geringen Gewichts oder geringer Abmessungen weist dagegen bei Raummangel auf die Verwendung von Stahl hin, da letzterer infolge seiner höheren Permeabilität mit höherer Induktion, etwa 12000 gegen 5000 magnetische Kraftlinien pro cm² bei Gußeisen, belastet werden und daher für ein durch die Ankeroberfläche gegebenes Gesamtfeld geringere Querschnitte haben darf. Abb. 5 zeigt in üblicher Darstellung das magnetische Verhalten der drei hauptsächlichsten in elektrischen Maschinen verwendeten Eisensorten. Es ist fast selbstverständlich, daß die magnetischen Eigenschaften in verschiedenen Eisensorten vom metallurgischen Herstellungsverfahren abhängig sind. In der Erkenntnis dieser Tatsache haben auch alle größeren Eisen- und Stahlwerke sich große, meist mustergültige Eisenprüflaboratorien eingerichtet, in denen Dynamostahl und Dynamobleche sowohl auf magnetische Qualität, wie auch auf den Einfluß des Herstellungsverfahrens und der chemischen Zusammensetzung untersucht werden.

Die für das magnetische Feld einer Maschine erforderlichen Querschnitte ergeben im allgemeinen so reichliche Abmessungen, daß mechanische Festigkeitsrücksichten in der Regel ganz unberücksich-

---

[1]) Feldstärke $\mathfrak{H}$ = Anzahl der Windungen auf 1 cm Länge · Ampere Stromstärke · 1,25; magnetische Induktion $\mathfrak{B} = \mu \cdot \mathfrak{H}$, worin μ die Permeabilität.

tigt bleiben können. Der Konstrukteur muß sich aber der letzteren doch stets bewußt bleiben, denn es gibt Grenzen, wo Eigengewicht, einseitiger magnetischer Zug, oder Zentrifugalkräfte mechanische Beanspruchungen erzeugen können, die ohne besondere konstruktive Berücksichtigung gefährliche Formänderungen oder Bruch bewirken können. Die ersten beiden Ursachen finden sich meist bei den Gehäusen langsam laufender vielpoliger Maschinen von großem Durchmesser, die letzte Ursache bei den Rotoren schnell laufender großer sogenannter Turbomaschinen. Welch ungeheuere Kräfte hier im Spiele sind, zeigt folgende überschlägige Rechnung: Ein Rotor vom

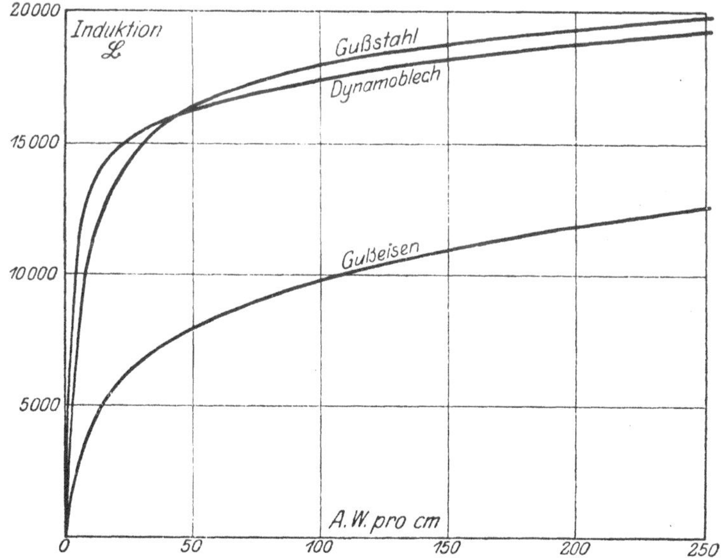

Abb. 5. Abhängigkeit der magnetischen Induktion von der Feldstärke bzw. den Ampere-Windungen (A. W.) pro cm.

Durchmesser 1,5 m kreist mit einer minutlichen Drehzahl von 1500. Dann unterliegt jedes Massenteilchen am Umfange einer Zentrifugalkraft vom 1880fachen des Eigengewichtes. Berücksichtigt man, daß zu solchen Kräften sich noch tangentiale Umfangskräfte der Belastung entsprechend gesellen, die in besonderen Fällen, beispielsweise bei Kurzschluß, sich zu ganz enormen Werten steigern können — im ersten Augenblick des Kurzschlusses bis zum 20- bis 50fachen des normalen Lastmomentes —, daß ferner die Festigkeit selbst infolge der Querschnittsschwächung durch die Verbindungsmittel leidet und daß stets örtliche höhere Beanspruchungen an Querschnittsübergängen, sogenannte Kerbwirkung usw., auftreten, so sieht man, daß auch der Elektromaschinenbauer außer Wellenberechnungen und rein konstruktiven Problemen der Formgebung noch genug Festigkeitsprobleme zu lösen hat. Der Praktikant in Elektromaschinenfabriken wird guttun, sich an Maschinen die in magnetischer oder mechanischer Beziehung leichten Stellen besonders herauszusuchen, ihre Lage sich anzusehen, und sich über die Gründe klar zu werden suchen, warum die vorliegende konstruktive Form die beste praktische Lösung darstellt.

Verwendung unmagnetischer Konstruktionsglieder. Aber nicht nur magnetisch gutes Eisen bzw. Stahl kommt in elektrischen Maschinen zur Anwendung, sondern auch möglichst schlechtes, unmagnetisches, nämlich da, wo es sich darum handelt, einen Maschinenteil anzubringen, der im Bereiche der magnetischen Feldstärke keinen magnetischen Nebenschluß bilden soll. Besonders geeignet hierzu zeigen sich außer Bronzekonstruktionen Nickel- und Chromnickelstahl, welche bei geeignetem Herstellungsverfahren und Legierungsverhältnis, bei hoher Festigkeit, fast unmagnetisch sind und dabei gegenüber Bronze noch den Vorteil des höheren elektrischen Widerstandes haben, wodurch die sogenannten Wirbelstromverluste auf das kleinste Maß vermindert werden. Als Beispiel dienen die Kappen, die über die Wickelköpfe an den axialen Stirnseiten raschlaufender Anker von Turbomaschinen übergreifen, um sie gegen die Wirkung der Zentrifugalkräfte zu schützen.

Elektrische Wirkung von Gußfehlern. Der Praktikant versäume auch nicht, sich mit den magnetisch äußerst unangenehm wirkenden Gußfehlern und ihren Ursachen vertraut zu machen. Zu rasch abgekühlter Stahl ist zu hart und verliert einen Teil seiner magnetischen Permeabilität. Dieser Fehler, der als fehlerhafte Behandlung bei der Fabrikation angesehen werden muß, kommt seltener vor. Viel häufiger treten Gußblasen als Fehler auf, die um so heimtückischer sind, als sie im Inneren der Metallmasse so verborgen sein können, daß sie selbst bei der Bearbeitung nicht bloßgelegt und daher nicht sogleich entdeckt werden. Dann stimmt die Maschine bei der Probe nicht mit der Berechnung, als Generator gibt sie nicht die genügende Spannung, als Gleichstrommotor läuft die Maschine zu rasch. Verläßt sich nun der Berechner auf die Prüfresultate, da äußerlich kein Fehler erkennbar war, und wird die Maschine nochmals gebaut, diesmal aber mit fehlerlosem Material, so stimmt die nunmehr geänderte Maschine abermals nicht und bringt den Berechner zur Verzweiflung oder in Mißkredit. Besonders gefährlich wirken in dieser Beziehung starke plötzliche Querschnittsänderungen, Anordnung größerer Gußmassen an schwächeren Gußteilen mit großer Oberfläche. Erstere wirken, wie bereits im Abschnitt „Gießerei", S. 148 ff., hervorgehoben, infolge ihrer langsameren Abkühlung nach dem Gießen saugend auf ihre Nachbarschaft, deren Wände bereits fest geworden sind, so daß sich dort große Hohlräume bilden können, ohne von außen bemerkt zu werden.

Sowohl der Konstrukteur wie auch der Gießer muß diese Gefahr beachten, ersterer beim Entwurf von Gußteilen, letzterer beim Einlegen des Modelles in den Formsand derart, daß massige Teile möglichst nicht unterhalb angrenzender dünnerer Teile zu liegen kommen, um das Abfließen des noch flüssigen Inneren der Teile, deren äußere Haut rascher starr geworden ist, nach dem langsamer erkaltenden massigeren Teile zu verhindern. Auch durch „Pumpen" nach dem Guß kann die Gefahr, wie an anderer Stelle (S. 150) geschildert, gemildert werden.

Wenn auch solche Fehler, wenigstens bei stillstehenden Außenpolsystemen, aus Festigkeitsgründen meist unbedenklich sind, so kann die Vergrößerung des magnetischen Widerstandes hierdurch so groß sein, daß die ganze Maschine unbrauchbar wird. Und das Schlimme ist, daß solche Fehler im ungünstigen Falle erst entdeckt werden, wenn die Maschine bereits auf dem Prüfstand steht. Das Gußstück kommt dann zum Ausschuß, die Arbeit und die Montagearbeit der übrigen Teile ist verloren, der Liefertermin, der meist bereits überschritten ist, wird auf unbestimmte Zeit hinausgeschoben und der ungeduldige Kunde schimpft. Leider gibt es noch keine einfache zuverlässige Prüfmethode, um Gußstücke im Ganzen vor der Bearbeitung auf ihre magnetischen Eigenschaften und evtl. versteckte Gußfehler zu prüfen. Derjenige würde sich ein außerordentliches Verdienst erwerben, der eine solche Methode finden würde.

Eine weitere besondere Eigenschaft des Eisens, die den Aufbau einer elektrischen Maschine grundlegend beeinflußt, ist die Erscheinung der magnetischen Hysteresis. Hysteresis.

Die Erscheinung der Hysteresis besteht darin, daß das Eisen bei einer Magnetisierung infolge innerer molekularer Reibungswiderstände nicht den Betrag an Magnetismus annimmt, der ihm eigentlich zukommt. Der magnetische Zustand hinkt der Ursache nach. Daher bleibt das Eisen auch bei abfallender Magnetisierung stärker magnetisch als es sein sollte. Sehr anschaulich zeigt dieses Verhalten die sog. Hysteresisschleife (siehe Abb. 6). Die Wirkung ist die, daß zu jeder Ummagnetisierung eine Arbeit aufgewendet werden muß, die sich proportional der Fläche der Hysteresisschleife zeigt. Zur Erzielung möglichst geringer Verluste in Teilen, die wechselnder Magnetisierung unterliegen, wie der rotierende Anker von Gleichstrommaschinen und der ganze induzierte magnetische Teil in Wechselstrommaschinen, muß man also Eisen mit möglichst kleiner Hysteresisschleife verwenden.

Um dieses Ziel zu erreichen, hat man außer einer sorgfältigen Dynamobleche. Behandlung beim Auswalzen und Abkühlen durch einen Zusatz von

Silizium (etwa $1\,^0/_0$) ein Mittel gefunden, durch das unter geringer Verschlechterung der Permeabilität (etwa bis um $10\,^0/_0$) die Verluste auf etwa die Hälfte verringert werden können. Solche silizierten Bleche werden deshalb vorzüglich bei geringer Blechstärke für Transformatoren angewendet, bei denen der sog. Leerlaufverlust bei dem täglichen Eigenkonsum an elektrischer Energie infolge der langen Betriebsdauer einen bedeutenden Einfluß auf den wirtschaftlichen Wirkungsgrad der Anlage ausübt, während für Maschinen, die nur einige Stunden am Tage bei voller Belastung laufen, das billigere, wenn auch schlechtere Blech schließlich genügt.

Blech-
markierung.
Die Verarbeitung verschiedener Blechsorten, die sich äußerlich wenig unterscheiden, macht es nun erforderlich, an den Blechtafeln Merkmale anzubringen, die nicht nur die noch unbearbeitete Tafel

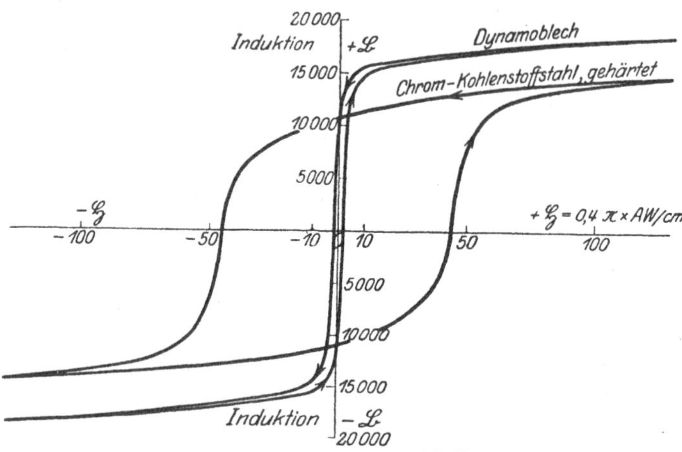

Abb. 6. Hysteresisschleifen.

kenntlich machen, sondern die auch noch brauchbare Abfälle der Tafeln der Qualität nach auseinander zu halten gestatten. Die Verfahren hierzu in den einzelnen Fabriken sind verschieden. Ein sehr brauchbares zuverlässiges Mittel ist das Bekleben der Blechtafeln mit verschiedenfarbigem Papier, deren Farbe einer bestimmten Qualität entspricht.

Remanenz.
So unerwünscht die Hysteresiserscheinung beim Ummagnetisierungsprozeß ist, so wertvoll ist sie in einem Sonderfall, nämlich zur Herstellung sog. permanenter Stahlmagnete. Die Remanenz, das ist die magnetische Induktion, die nach Aufhören der Magnetisierung für $\mathfrak{H} = 0$, Abb. 6, zurückbleibt, ist absolut für die harten Eisensorten meist niedriger. Aber es gehört eine größere magnetomotorische Kraft dazu, den Rest von Magnetismus zum Verschwinden zu bringen. Dieser Wert, Koerzitivkraft genannt, ist also für harten

Stahl besonders hoch, und bewirkt demnach, daß der nach einer vorhergehenden Magnetisierung zurückbleibende remanente Magnetismus mit einer gewissen Unempfindlichkeit gegen äußere Einflüsse aufrecht erhalten bleibt, wobei die Legierung und die Art der Härtung eine wichtige Rolle spielt. Zur Verwendung gelangen besonders Wolfram-, Chrom- und Nickelstähle. Sie finden Verwendung in den sog. Magnetmaschinen, Zündmaschinen für die Funkenzündung bei Explosionsmotoren, in sog. polarisierten Meßinstrumenten usw. In Abb. 6 ist eine Ummagnetisierungskurve (Hysteresisschleife) für bei 900^0 gehärteten Chrom-Kohlenstoffstahl (nach Gumlich, Phys.-Techn. Reichsanstalt) wiedergegeben. Dieselbe läßt erkennen, daß der harte Stahl wesentlich geringere magnetische Permeabilität $\frac{\mathfrak{B}}{\mathfrak{H}}$ besitzt und somit für Elektromagnete nicht in Frage kommt, daß die Fläche der Hysteresisschleife gegenüber Dynamoblech außerordentlich groß ist und somit für Ummagnetisierungen ungeeignet ist, daß aber die Remanenz $\mathfrak{B}_0 = 10050$ für $\mathfrak{H} = 0$ sehr hoch und die Zunahme der Induktion im Verhältnis zur Zunahme der Feldstärke (also mathematisch ausgedrückt $\frac{d\mathfrak{H}}{d\mathfrak{B}}$) in der Nachbarschaft von $\mathfrak{H} = 0$, — eine Zahl, die als „Festigkeit der Remanenz" angesprochen werden kann, mit etwa $13 : 1000$ sehr groß ist, der Stahl sich somit für sog. Stahlmagnete eignet.

Wie in den Kupferleitern bei der Bewegung im Felde elektrische Spannungen und, im Falle die Leiter geschlossen sind, Ströme entstehen, so entstehen auch in einem massiven Eisenkörper infolge der elektrischen Leitfähigkeit desselben sog. Wirbelströme. Um diese Ströme, die das Eisen erwärmen und Verluste bedeuten, zu verhüten oder wenigstens zu vermindern, unterteilt man den Eisenkörper in der Richtung der Kupferleiter, und zwar indem man den betreffenden Teil aus dünnen Eisenblechscheiben zusammensetzt. Hierdurch ist der Stromweg für die Bildung von Wirbelströmen zum größten Teile unterbrochen. Herstellungspreis einerseits und Ummagnetisierungsverluste andererseits haben auf dem Kontinent zur allgemeinen Verwendung von 0,5 mm-Blech für Maschinen bzw. 0,35 mm-Blech für Transformatoren geführt. Die Bleche müssen gegeneinander isoliert sein, wenn der Zweck der Unterteilung durch Verwendung von Blechscheiben erfüllt sein soll. Zu diesem Zweck werden die Blechtafeln mit Papier beklebt von weniger als $^1/_{10}$ der Blechstärke, also etwa $^3/_{100}$ bis $^4/_{100}$ mm. Hierzu dienen in Großbetrieben besondere Blechbeklebemaschinen. Oder man lackiert die Bleche einseitig oder taucht sie in Lack. In Berücksichtigung der geringen elektromotorischen Kraft, von der Größenordnung von etwa $^1/_{100}$ Volt, würde auch bereits die Oxydschicht der Oberfläche der Bleche genügen, wenn nicht infolge der starken Pressung und Gratbildung an den gestanzten Rändern metallisch gut leitende Verbindungen von Blech zu Blech entstehen würden, die die Verluste in unerwünschter Weise steigern würden.

Stanzerei. Eine wichtige Abteilung ist die Blechstanzerei. Die elektrischen Leiter der modernen Maschinen werden in Nuten eingebettet, die axial im Blechpaket angebracht werden. Diese Nuten werden bereits in den einzelnen Blechscheiben durch Ausstanzen angebracht, so daß nach dem Zusammensetzen ein Kanal entsteht, in den die Wicklung eingelegt wird.

Das Stanzen geschieht auf einer Maschine mit „Matrize" und „Stempel".

Man unterscheidet zwei grundsätzlich verschiedene Methoden, und zwar Stanzung durch Einzel- oder Hackschnitt und durch Komplettschnitt.

Bei geringeren Umsätzen verwendet man den Einzelschnitt, der darin besteht, daß das zu stanzende Blech durch eine automatische Vorschubvorrichtung bei jedem Stempelhub um eine Nutteilung weitertransportiert wird.

Die große Anzahl gleichartiger Nuten und Bleche namentlich bei Massenfabrikation legt es aber nahe, einen sog. Komplettschnitt herzustellen, der die Rundschnitte und alle Nuten mit einem einzigen Hub abstanzt, z. B. 54 Nuten bei einem 6 poligen Drehstrommotor mittlerer Größe, trotz des enormen Preises eines derartigen Werkzeuges.

Festzustellen, wie weit sich die Herstellung eines solchen Werkzeuges lohnt, ist daher eine wichtige Aufgabe des Betriebsingenieurs. Auch hier wieder zeigt sich, daß mit der Anpassung des Werkzeuges an ein Sondererfordernis sein Verwendungsbereich sich einengt. Der Konstrukteur muß mit der Werkstatt Hand in Hand arbeiten, um die vorhandenen Komplettstanzköpfe so gut wie möglich bei Neuausführungen wiederzubenutzen. Diesem Zweck dienen Fabriknormalien, die dem Konstrukteur angeben, welche Komplettstanzköpfe die Werkstatt besitzt.

Allgemein wichtig in der Stanzerei ist die Verwendung scharf schneidender Werkzeuge, da nach Möglichkeit jeder Stanzgrat vermieden werden soll, der Veranlassung zu elektrisch leitender Verbindung von Blech zu Blech geben würde.

Der Stanzgrat wird sich in der Bewegungsrichtung des Stempels, also auf der Matrizenseite des Bleches bilden. Um nötigenfalls diesen Grat ohne Verletzung der Papierschicht beseitigen zu können, wird man den Stempel immer von der Papierseite aus angreifen lassen.

Nachdem nun die Bleche gestanzt sind, für kleine Maschinen in runder geschlossener Form, für größere Maschinen in Segmenten, werden die Bleche in das Maschinengehäuse eingelegt, bis die nötige Blechpaketstärke vorhanden ist. Dabei möge sich der Praktikant informieren, durch welche Mittel erreicht wird, daß die einzelnen Bleche des Blechpakets nicht über die Stanzfläche hervorragen infolge der unvermeidlichen, wenn auch geringen Teilfehler des Stanzwerkzeuges oder der Teilscheibe. Denn eine einwandfreie Fabrikation soll anstreben, nicht nur eine Ersparnis an Arbeitskosten zu erzielen, sondern auch im Interesse der Güte des Fabrikates jede Nacharbeit an den lamellierten Flächen der Nuten oder der Rundschnitte zu vermeiden, da solche Nacharbeiten durch Feilen oder Dornen der Nuten oder durch Drehen der Durchmesser metallischen Kontakt der Bleche untereinander und damit Wirbelstromoberflächenverluste im Betriebe der Maschine erzeugen.

Die fertig paketierten Gehäuse und Anker sind nun mit den Wicklungen zu versehen, in denen der elektrische Strom erzeugt wird, oder denen der Strom als Motor zugeführt wird.

Wie dem Praktikanten aus dem Verlegen der elektrischen Leitungen für Installationen bekannt sein wird, müssen die Leitungen isoliert verlegt werden, — so auch in den Maschinen. Die Eigenart des Baues elektrischer Maschinen hat natürlich eine ganz besondere Isolationstechnik geschaffen. Die bestimmenden Gesichtspunkte sind wieder Preis und Güte. Der Preis verlangt eine möglichst hohe Ausnutzung des Raumes, um kleine Abmessungen der ganzen Maschine für eine gegebene Leistung zu erhalten, also schwache Isolation. Die Güte verlangt eine der gegebenen Spannung und den Prüfvorschriften gerecht werdende Isolierung. Das führt auf die Verwendung besonders hochwertiger Isolationsmaterialien bei möglichst geringer Dicke.

Die aus Faserstoff hergestellten Isolationsmaterialien erfordern dabei eine besonders sorgfältige Behandlung während der Fabrikation und eine derartige Anwendung, daß die im Betriebe auftretenden mechanischen Kräfte durch Zentrifugalkraft oder elektrodynamische Wirkung keinen nachteiligen Einfluß auf Festigkeit und Bestand derselben ausüben können.

Die Isolationsmaterialien, über die die Elektrotechnik verfügt, sind Porzellan, Glas, Schiefer, Marmor, Glimmer, Gummipräparate, Faserstoffe, Lacke und Öle.

Feste Isolatoren dienen außer zur Isolation als Träger elektrischer Leiter. Sie müssen hohe mechanische Festigkeit mit hoher elektrischer Isolierfähigkeit verbinden.

Porzellan hat sich in dieser Beziehung ganz hervorragend bewährt und wird in Röhrenform für Durchführung elektrischer Leitungen durch Gehäuseteile oder als Tragsockel für unter Spannung stehende Apparateteile und Leitungen verwendet.

Glas. Glas, das früher zu gleichem Zweck verwendet wurde, ist seiner Sprödigkeit und häufig mangelhaften Isolierfähigkeit wegen auf dem Gebiete des Elektromaschinenbaues nicht mehr anzutreffen. Dagegen findet es noch Verwendung im Apparatebau der sogen. Schwachstromtechnik.

Hartpreß-körper. Porzellan und sogen. Steatit sind deshalb sehr wertvolle Materialien, weil sie nach bekannten keramischen Herstellungsverfahren zu Körpern bestimmter, zum Teil verwickelter Formen gepreßt werden können. Dies Verfahren kommt besonders zur Herstellung von Isolationsteilen in Massenfabrikation in Anwendung, z. B. für Klemmensockel, Schaltersockel und -deckel, Glühlampenfassungssockel usw. Nach dem Brennen bilden diese Teile dann sehr feste, gut isolierende Körper. In ähnlicher Weise werden mittels plastischer Materialien in Matrizen unter hohem Druck Isolierformkörper hergestellt, die meist Gummipräparate als Bindemittel enthalten und unter den verschiedensten Benennungen in den Handel kommen, wie Gummon, Eshalit, Asbestonit, letzteres besonders für Feuerschutzwände, d. h. isolierende Trennwände zwischen Kontakten an Schaltapparaten, an denen größere Funken auftreten. Die Isolations- und auch mechanische Festigkeit dieser Kunstprodukte ist geringer, so daß sie für Hochspannung nicht in Frage kommen. Hartgummi, Ojonit, Stabilit, Vulkanfiber, Xylolith sind Gummipräparate mit verschiedenen Grundsubstanzen und sind leicht zu bearbeiten, letztere beiden Materialien als Isolationskörper aber besser nicht oder nur für kleine Spannungen zu verwenden.

Marmor, Schiefer, Glimmer. Bei den Naturprodukten Marmor, Schiefer und Glimmer muß man achtgeben auf im Material eingesprengte Metalladern, die die Isolierfestigkeit in der Aderrichtung beträchtlich heruntersetzen, ja ganz aufheben können. Man scheidet daher durch Hochspannungsproben vor und nach der Bearbeitung fehlerhafte Stücke aus. Da bei Glimmer die metallischen Ablagerungen nur auf der Oberfläche der Schichtungen haften, die Isolation aber in der Regel nur in der zur Schichtung senkrechten Richtung gebraucht wird, so ist auch der durch Ablagerungen fleckige Glimmer meist noch gut brauchbar. Der außerordentlich hohe Isolationswert des reinen Glimmers macht ihn besonders geeignet als Isoliermaterial für Hochspannung.

Mikanit. In großen Tafeln ist er schwer zu beschaffen. Man stellt deshalb als sogen. Mikanit, Mikapapier, Mikaleinen, Mikarta durch Zusammenkleben von sich überlappenden Glimmerstückchen mit Lack auf Papier oder Leinen Tafeln her, die sich leicht schneiden, zu Isolierröhren oder als Umkleidung von Leiterteilen wickeln lassen.

Die weiteste Anwendung in der Elektrotechnik zu Isolations- Faserstoffe.
zwecken haben aber die Faserstoffe, besonders die mit Lack imprägnierten, erfahren. Ihr wesentlicher Vorteil liegt in der großen Gleichmäßigkeit, mechanischen Festigkeit, ziemlichen Unempfindlichkeit
gegen Stoß und leichten Bearbeitbarkeit. Die Isolierfestigkeit der
Faserstoffe als solche ist nicht besonders groß und ist im wesentlichen nur gegeben durch den Luftabstand, den sie zwischen zu
isolierenden Teilen herstellen. Wesentlich erhöht wird die Isolierfestigkeit der Faserstoffe durch Imprägnierung, und zwar um so
mehr, einen je dichteren Überzug das Imprägniermittel bildet.

In Tafeln als sogen. Preßspahn, Leatheroid oder in dünnen
Blättern, als Lackpapier, Pertinax, Repelit usw. dienen die Faserstoffe zur Herstellung von Isolierhülsen, zum Auskleiden der Nuten
im Blechpaket der Maschinen, als Umkleidung von leitenden Metallteilen an den Befestigungsstellen, als Handgriffe und andere isolierende Konstruktionsteile von Maschinen und Apparaten. Seiden-
und Leinenstoffe, sogen. Exzelsiorleinen, werden mit Imprägniermitteln, verharzten Leinölen, überzogen und bilden so eine dichte,
hoch isolierende Fläche, die sich besonders zum Umkleiden von
Maschinenwicklungen eignet.

Der Isolationstechniker hat nun vor allem dafür zu sorgen, daß Das Isolieren.
die elektrischen Leiter nicht in metallische Berührung mit dem Gestell oder dem magnetisch aktiven Eisenkörper kommen. Die Nuten
des Maschinenteiles, in dem die Leiter eingebettet liegen, müssen
deshalb entweder vor dem Wickeln mit Isolation ausgekleidet werden,
oder die Wicklungselemente werden vor dem Einlegen mit Isolation
umgeben und das Ganze in die Nuten der Maschine eingelegt.
Letzteres Verfahren, das die Herstellung der Spulen mit Maschinen
auf sogen. Schablonen gestattet, also billige Herstellung ermöglicht,
erfordert aber offene Nuten, denen wieder magnetische Nachteile
anhaften. Die eingelegte Spule muß durch besondere Mittel (Keile,
Bandagen) vor dem Wiederherausfallen gesichert werden. Auswahl
der Materialien hierzu und Art der Anbringung haben große Wichtigkeit, und man versäume nicht, diesen scheinbar nebensächlichen
Teilen die gebührende Beachtung zuzuwenden, wie überhaupt ganz
allgemein der Praktikant dringend darauf hingewiesen werden muß,
vor den Hauptteilen der Maschine nicht die oft nebensächlich erscheinenden Zubehörteile zu übersehen. Denn die Güte und Konkurrenzfähigkeit moderner Maschinen wird bei der weit entwickelten
theoretischen Grundlage für den Bau der wesentlichen Maschinenteile
in der Hauptsache nach der richtigen Anordnung und sorgfältigen
Herstellung aller, auch der kleinsten Nebenteile beurteilt.

Die Nachteile offener Nuten: Vergrößerung des magnetischen Einbettungs
nuten.

Widerstandes, Entstehung von Wirbelströmen in den gegenüberstehenden Eisenflächen, größere Gefahr schwerer Zerstörung beim eventuellen Streifen des Rotors am Stator, werden vermieden durch geschlossene Nuten, denen jedoch der elektrische Mangel größerer magnetischer Streuung anhaftet. Dazu tritt der mechanische Nachteil, daß die Wicklungen einzeln durchgezogen werden müssen. Dies hat dazu geführt, daß man in der Mehrzahl der Fälle sogen. halb geschlossene Nuten verwendet, das sind solche, die an der Bohrung nur eine Öffnung von einigen Millimetern Breite aufweisen. Die magnetische Nutenstreuung ist wesentlich vermindert, und die elektrischen Leiter können einzeln durch den Nutenschlitz hindurch eingelegt werden. Ja, man kann vorher auf Maschinen gewickelte Spulen anbringen, bei denen Draht für Draht der Spule durch den Schlitz hindurch eingefädelt wird. Hochspannungsmaschinen, bei denen eine nahtlose Umhüllung des Leiterbündels durch Isoliermaterial, z. B. durch geschlossene Mikaniströhren, nötig ist, müssen natürlich durchgezogene Drähte erhalten.

Hochspannungs-isolation gegen Erdschluß. Die immer weiter sich ausdehnende Verwendung der Elektrizität und das gleichzeitige Bestreben einer möglichsten Zentralisation der Stromerzeugung nötigt zur Überwindung immer größerer Entfernung und damit zu immer höheren elektrischen Spannungen. Man gelangt dann leicht zu Spannungen, die elektrostatische Entladung nach dem den Leiter umgebenden Raume bewirken. Solche Entladungen sind bekanntlich geeignet, Luft zu zersetzen und Ozon zu bilden, das bei Vorhandensein von Luftfeuchtigkeit Salpetersäure erzeugt, die das Kupfer angreift und die Isolation der Drähte zerstört. Diese Erscheinung, die besonders in abgeschlossenen Hohlräumen innerhalb eines Wicklungsbündels sich nachteilig bemerkbar machen kann, sucht man durch Beseitigung solcher Hohlräume zu bekämpfen, indem diese durch Tränken in Isolationsmasse vollkommen ausgefüllt werden. Die Spulen werden durch eine asphaltartige Füllmasse „asphaltiert". Da dieses Asphaltieren aber nur außerhalb der Maschine vorgenommen werden kann, so sind wieder besondere Verfahren üblich, solche Spulen in die Maschine hineinzubringen. Sind nun alle Vorkehrungen getroffen, alle Leiterteile gegen unmittelbare Berührung mit dem Gestell durch Anordnung von Isolation zwischen beiden gesichert, so sind die Vorsichtsmaßregeln gegen den sogen. Erdschluß noch nicht erschöpft. Wenn auch das Isolationsmaterial gegen Durchschlag vollkommen sicher wäre, so ist die Luft allein und ganz besonders die Oberfläche der Isolationsmaterialien infolge Luftfeuchtigkeit und Staubablagerung elektrisch viel weniger widerstandsfähig. Solche schwachen Stellen finden sich an Maschinen an den Austrittsstellen der Spulen aus dem Blechpaket. Die Isolationsröhren müssen ein genügendes Teil länger sein als die Breite des Blechpaketes, um einen genügend großen Weg, „Kriechweg" genannt, vom Draht auf der Oberfläche der Isolationshülse entlang zum Gestell zu schaffen. Andere derartige Stellen finden sich an Klemmenbrettern, Bürstenhaltern, Bürstenbolzen, Kollektoren, bei denen die Gefahr der Oberflächenüberbrückung durch Kohlen- und Kupferstaub noch vergrößert wird. Sache des Konstrukteurs ist es, durch geeignete Abmessungen und Formgebung der Isolationsstücke diese Gefahr zu umgehen.

Wir haben bisher nur die Isolation der Leiter gegen das Gehäuse, oder wie man auch sagt: gegen Erde behandelt. Es gilt aber nicht nur den Stromübergang nach der Erde, den sogen. „Erdschluß" oder „Körperschluß", zu verhindern, sondern es muß auch dafür gesorgt werden, daß der elektrische Strom im ganzen Verlauf seiner vorgeschriebenen Bahn keine Extrawege geht, d. h. daß der Strom nicht von einem Leiter unbeabsichtigt in einen anderen Leiter übertritt. Diese Gefahr liegt besonders vor beim Nebeneinanderliegen von Windungen in Spulen, wo von Windung zu Windung, bzw. von Lage zu Lage betriebsmäßig eine bestimmte Spannung herrscht. Ein solcher Windungsschluß oder Kurzschluß kann bei induzierten Windungen zu sehr großen Strömen in den kurzgeschlossenen Teilen oder in der Wicklung und Verbrennen derselben oder deren Isolation führen.

Um also eine Berührung der Drähte zu verhüten, muß auch jeder Draht oder Leiter für sich isoliert sein. Da es sich in der Regel um verhältnismäßig kleine Spannungen handelt, genügt eine vergleichsweise schwache Isolation, die auch nur meistens die Rolle eines Abstandhalters eines Drahtes vom anderen erfüllt. Das Material hierzu besteht meist aus Baumwolle oder Seidenfaser, auf besonderen Maschinen einfach oder doppelt herumgesponnen oder geklöppelt, oder aus Papierbändern einfach oder überlappt spiralig auf den Draht gewickelt.

Es ist natürlich, daß durch diese Drahtumspinnungen kostbarer Wickelraum verloren geht. Deshalb geht auch das Bestreben der Konstrukteure dahin, möglichst dünne, aber dabei mechanisch haltbare Isolationen herzustellen. Neuerdings wendet man deshalb häufig, besonders für dünne Leiter, sogen. Emaille- oder Lackdraht an, das ist ein Draht, der mit einer Art Lack überzogen ist, der bei ziemlich hoher Temperatur aufgebracht wird. Wenn ein Draht von beispielsweise 0,3 mm Durchmesser, mit doppelter Baumwolle umsponnen, 0,45 mm mißt, mit Emaillelack isoliert aber nur 0,33 mm, so ist sein leitender Querschnitt 0,071 mm², sein Raumbedarf aber im

$$\text{ersten Falle} \quad 0{,}45^2 = 0{,}205 \text{ mm}^2 \text{ und im}$$
$$\text{zweiten } \text{''} \quad 0{,}33^2 = 0{,}11 \text{ mm}^2.$$

Die Raumausnutzung hat sich also von 34,5 $^0/_0$ auf 64,3 $^0/_0$ verbessert.

Da die Lackisolierschicht natürlich leichter Beschädigungen ausgesetzt ist als eine Faserumspinnung, muß bei der Verarbeitung solcher Drähte mit besonderer Vorsicht verfahren werden.

Schutzlackierung. Die zur Isolation der Drähte verwendeten Faserstoffe sind nun hygroskopisch. Die Luftfeuchtigkeit würde eindringen und die elektrischen Leiter, auch solche, die ohne Isolation der Luft direkt zugänglich sind, würden oxydieren. Besonders gefährdet sind Maschinen in solchen Betrieben, in denen Verunreinigung der Luft durch chemische, das Metall angreifende Bestandteile in Staub- oder Gasform vorhanden sind, z. B. in Gießereien, Wäschereien, Kohlen- und Kaligruben und ähnlichen. Man schützt deshalb die elektrischen Leiter als Ganzes durch einen Überzug von Lack. Hauptsächlich sind es spirituslösliche Schellacke oder benzinlösliche Asphaltlacke, die zur Verwendung kommen. Teilweise wird der Lacküberzug durch Pinselanstrich, teils durch Eintauchen des Maschinenteiles in Lacklösung und nachfolgende Trocknung im Trockenofen aufgebracht. Die Ofentrocknung, besonders im Vakuumtrockenofen, ist vor allem geeignet, die mit der Lacklösung in die Wicklung eindringende Feuchtigkeit durch den an der Oberfläche sich bildenden dichten Lacküberzug rasch zu entfernen.

Ölisolierung. Ein sehr wichtiger Isolationsstoff, das Öl, das zwar nicht in Maschinen, sondern nur bei Transformatoren und Hochspannungsleitungen in Anwendung kommt, soll der Vollständigkeit wegen nicht übergangen werden. Öl, natürlich nur wasser- und säurefreies Öl, zeigt eine außerordentlich hohe elektrische Durchschlagsfestigkeit. Da es als Flüssigkeit imstande ist, alle Hohlräume auszufüllen und die Luft aus der übrigen Isolation zu verdrängen, so ist es für Hochspannungstransformatoren ein unentbehrliches Konstruktionsmaterial. Erst durch das Einsetzen in Öl ist es möglich geworden, höhere Spannungen als etwa 20 000 Volt mit Sicherheit zu beherrschen. Aber die Gefahr der Wasseraufnahme aus der Luft und der chemischen Zersetzung stellen den Konstrukteur von Transformatoren wieder vor besondere Aufgaben. Besondere Behandlung des Öles sichert Wasserfreiheit und besondere Konstruktion verhindert oder erschwert die Wasseraufnahme.

Kollektor. Ein sehr interessanter Körper im Elektromaschinenbau ist der Kommutator oder auch Kollektor. Es ist nicht der Zweck dieses Buches, auf seine Konstruktion näher einzugehen; der Praktikant mache sich aber möglichst eingehend mit der praktischen Seite der Frage vertraut. Die zur Befestigung meist schwalbenschwanzförmig geschnittenen, in radialer Richtung konisch profilierten Kupfersegmente

(Kommutatorlamellen), sowie die zwischen den Lamellen befindlichen, aus Mikanit hergestellten Isolationsscheiben von gleichem Profil, werden unter Zwischenlage isolierender Glimmermanschetten auf der Kommutatorbüchse festgezogen. Die Lamellen werden meist durch Lötung mit der Ankerwicklung verbunden.

Zusammengesetzt aus vielen Einzelteilen, die nur durch Pressung gehalten sind, unterliegt der Kommutator besonders starken Beanspruchungen durch Zentrifugalkraft, großen Temperaturschwankungen infolge Reibungs- und (mit der Belastung wechselnder!) Stromwärme und damit, außer seiner elektrischen Beanspruchung, erheblichen Zusatzbeanspruchungen. Die Lamellen müssen absolut fest in ihrer Fassung sitzen. Denn auf einen Kommutator mit lockeren Lamellen, bei dem womöglich nach einiger Zeit des Betriebes einzelne Lamellen, wenn auch nur um ein Zehntel Millimeter, vorstehen, können die Stromabnahmebürsten nicht funkenlos laufen. Man sieht, daß gerade beim Bau von Kollektoren die größtmögliche Sorgfalt am Platze ist, wenn ein dauernd einwandfreier Betrieb der Maschine sichergestellt sein soll.

Auf dem Kollektor schleifen Stromabnahmebürsten, die in Bürstenhaltern eingeklemmt sind. Diese müssen eine geringe Beweglichkeit der Bürste zulassen, wegen des nicht immer genau rund laufenden Kollektors, wegen der Erschütterungen im Betriebe und wegen der Abnützung der Bürste. Betreffs der Bürsten selbst sei an dieser Stelle nur auf die vier wesentlichen Systeme hingewiesen.

1. Die Bürsten stehen unter einem Winkel zur Lauffläche des Kommutators, und die Laufrichtung des Kollektors ist

a) in der Anlagerichtung der Bürste (bei Metall- und Kohlebürsten gebräuchlich),

b) gegen die Anlagerichtung (nur bei Kohlebürsten und bei sog. Reaktionsbürstenhaltern).

2. Die Kohle steht radial zum Kollektor und

a) ist fest im Kohlehalter befestigt und bewegt sich radial mit diesem

b) gleitet in einer feststehenden Hülse des Bürstenhalters.

Der Praktikant suche Antwort auf folgende Fragen:

Welches sind die Vorteile und Nachteile dieser Systeme in bezug auf Beweglichkeit, Drehrichtung der Maschine, Massenwirkung bei unrundem Kollektor, Stromführung, elektrische Übergangswiderstände, Abnutzung?

Alle dynamoelektrischen Maschinen haben durchweg die Eigenschaft, daß das im feststehenden oder rotierenden Teile erzeugte

Magnetfeld in den anderen Teil übertreten muß. Wenn also einesteils ein größerer Abstand zwischen feststehendem und rotierendem Teile aus mechanischen Gründen erwünscht ist, verlangt das Bestreben nach möglichster Verminderung der elektrischen Erregerleistung gerade das Gegenteil. Man wird also den Luftspalt zwischen Stator und Rotor so klein halten, wie mechanische oder elektrische Rücksichten es zulassen.

Zu diesem Zwecke müssen aber vor allem als erste Bedingung beide Teile, Stator wie Rotor, kreisrund sein und zum Wellenmittel konzentrisch verlaufen.

Die Gefahren des einseitigen magnetischen Zuges durch exzentrischen Lauf des Rotors und seines Streifens am Stator sind um so größer, je kleiner der Luftspalt. Ein vergrößerter Luftspalt dagegen beeinflußt den Wirkungsgrad der Maschine und im besonderen Maße den Leistungsfaktor bei asynchronen Wechselstrommotoren. Aus diesem Grunde zeigen z. B. moderne Drehstrommotoren nur Luftspalte von etwa $^3/_{10}$ mm bei kleinen, bis etwa 1 mm bei großen Motoren.

Eine besondere Sorgfalt ist deshalb der Konstruktion und Herstellung der Lager, der Auswahl des Lagermetalles, der zweckmäßigen Anordnung der Schmierung und im Betriebe der Verwendung guten Öles und einer sorgfältigen Wartung zuzuwenden. Das üblichste Lager ist das bekannte Ringschmierlager. Für schwere Lager mit hohen Zapfendrücken und großer Zapfengeschwindigkeit verwendet man Preßöllager, für gering belastete Lager neuerdings vielfach Kugellager mit Öl oder Fettschmierung, während für ganz kleine Elektromotoren noch Lager mit Öldochtschmierung oder mit Staufferfettbuchsen anzutreffen sind.

Verbindungsleitungen. Einen wichtigen Teil elektrischer Maschinen, dem leider häufig als untergeordnetem Bestandteil nicht genügende Aufmerksamkeit gewidmet wird, bilden die Verbindungsleitungen zwischen den Wicklungen untereinander und zwischen diesen, dem Kollektor und den Klemmen. Sofern sie betriebsmäßig beweglich sind, ist auf genügende Biegsamkeit zu achten und darauf, daß sie nicht unisoliert mit anderen Leiterteilen oder mit dem Gehäuse in Berührung kommen oder an rotierende Teile anliegen können. Unbewegliche Leitungen sind durch Verschnürungen oder genügend isolierte Laschen zu befestigen. Die in einer elektrischen Maschine vorhandenen Leiterelemente gleichen oder verschiedenen Querschnittes sind miteinander in zuverlässiger Weise metallisch zu verbinden. Feste Verbindungen werden daher in der Regel durch Verlötung oder Verschweißung hergestellt, Kupferverbindung meist durch Zinnlot, sogen. Weichlot, in einigen Fällen auch durch Hartlot. Die Hauptsache bei der Herstellung solcher Verbindungen ist Verwendung guten Materials und Obacht auf Reinheit der zu verbindenden Oberflächen. Das sonst beliebte Mittel, die Lötstellen durch salzsaures Lötwasser zu reinigen, ist in der Elektrotechnik verpönt, da die häufig auf der Oberfläche zurückbleibenden Kupferchloride mit der Zeit Isolation und Metall zerstören. Man verwendet deshalb nur sogen. säurefreies Lötmittel.

Das Verschweißen von Leitern ist bei Kupfer weniger üblich, hat sich aber für Aluminiumleiter, die sich wieder nur mit großen Schwierigkeiten löten lassen, hervorragend bewährt. Bezüglich des Aluminiums als Leitermaterial, das infolge der Kupferknappheit während des Krieges als Ersatz eine wichtige Rolle gespielt hat, sei darauf hingewiesen, daß es infolge seines geringen spezifischen Gewichtes pro Volumeneinheit billiger ist als Kupfer, so daß der Nachteil des höheren spezifischen Widerstandes gegenüber Kupfer teilweise, wenn auch nicht ganz aufgehoben wird. Eine besonders interessante Eigenschaft des Aluminiums hat sogar zu dem Versuche geführt, in gewissen Fällen das Kupfer ganz zu ersetzen. Das Aluminium überzieht sich an der Luft bald mit einer Oxydschicht, deren Bildung durch Feuchtigkeit und andere chemische Mittel noch unterstützt werden kann. Diese weißliche Schicht Tonerde ist ein Isolator und genügt vollkommen zur Isolation von Windung zu Windung, so daß man solchen präparierten Aluminiumdraht unisoliert in Magnetspulen wickeln kann. Die Raumausnutzung ist infolge der geringen Dicke der Oxydschicht außerordentlich hoch, so daß der elektrische Widerstand einer solchen Spule gegenüber einer Spule aus isoliertem Kupferdraht nicht höher zu sein braucht, trotz des höheren spezifischen Widerstandes. Die Gefahr der mechanischen Verletzung der Oxydschicht infolge Druck und Reibung ist indessen groß und hat nicht zur allgemeinen Einführung von unisolierten Aluminiumspulen führen können, um so weniger als der Vorteil des geringen Isolationsauftrages bei den jetzt eingeführten emaillierten Drähten fast der gleiche ist.

Sind die Bestandteile einer Maschine in den einzelnen Abteilungen hergestellt, so werden diese in der Montageabteilung zur betriebsfertigen Maschine zusammengesetzt. Diese Abteilung ist für den Praktikanten besonders wichtig, weil er sich erst hier ein genaues Bild über den Zweck bestimmter Form der Teile und ihrer Zusammengehörigkeit und Zusammenarbeit machen kann und weil ferner ein großer Teil der Elektroingenieure in der Praxis, ohne notwendigerweise den Aufbau des einzelnen Teiles kennen zu müssen, wenigstens den Zusammenbau verstehen sollen, damit sie nötigenfalls kranke Teile zur Reparatur ausbauen, reparierte Teile wieder einbauen und die Maschine in Betrieb setzen können.

Prüffeld. Nachdem die Montageabteilung die Maschine betriebsfertig hergestellt hat, geht sie nach dem Prüffeld, welches sich durch Ingangsetzen der Maschine mit den für dieselbe vorgeschriebenen Belastungswerten zu überzeugen hat, daß sie den an sie gestellten Bedingungen genügt.

Im allgemeinen ist das Prüffeld für den Neuling in der Werkstatt mit Recht verbotenes Land. Abgesehen davon, daß Mißgriffe des Ungeschulten hier ganz besonders kostspielige Folgen haben können, sind auch die Gefahren hochgespannter Starkströme hier, wo die üblichen Sicherheitsvorkehrungen häufig undurchführbar sind, so groß, daß die Fabrikleitung die Verantwortung nicht zu tragen imstande ist. Eigene praktische Betätigung im Prüffeld bleibt daher in der Regel einem späteren Abschnitt der Ausbildung zum Elektroingenieur überlassen. Daher hier nur einige kurze Bemerkungen:

Der Prüffeldingenieur. Die an den Prüffeldingenieur zu stellenden Anforderungen sind: genügende Kenntnis der elektrischen Meßtechnik, Kenntnis der Maschinen, ihres Baues, ihrer Eigenschaften, und, als Erfahrungsschatz, Kenntnis der auftretenden Fehler, der Krankheiten elektrischer Maschinen. Der Prüffeldingenieur ist wie ein Arzt, der bei fehlerhaftem Arbeiten der Maschine die richtige Diagnose stellen soll.

Dies ist häufig gar nicht so leicht, da vielfach nur die Wirkung des Fehlers zu erkennen, die Ursache aber, die an einem Rechnungsfehler, Konstruktionsfehler, Materialfehler oder Ausführungsfehler oder mehreren dieser Fehlerarten gleichzeitig liegen kann, meist nicht ohne weiteres erkennbar ist.

Prüffeldausrüstung. Das Prüffeld muß natürlich alle Hilfsmittel zur Verfügung stellen, die die vielseitige Anwendung der Elektrizität und die mannigfaltigen Ausführungsformen elektrischer Maschinen verlangen. Alle möglichen Stromarten, Gleichstrom, Einphasen- und Mehrphasenwechselstrom, von allen normalen und anormalen Spannungen und Frequenzen müssen erzeugt werden können.

Meßinstrumente für Gleich- und Wechselstrom, für Spannung, Strom, Leistung, Widerstand müssen in genügender Anzahl vorhanden sein, ebenso Belastungs- und Bremseinrichtungen, Einrichtungen zur Messung des Isolationswiderstandes mit Hochspannung usw.

Messungen. Die in einem Prüffeld auszuführenden Messungen werden nun entweder besonders von der Konstruktions- oder Berechnungsabteilung vorgeschrieben, oder sie richten sich nach allgemeinen Regeln, zu denen die „Vorschriften zur Prüfung elektrischer Maschinen und Transformatoren", zusammengestellt und herausgegeben vom V.d.E. (Verband deutscher Elektrotechniker), die wesentliche Grundlage bilden.

Obgleich die Prüfvorschriften keine Gesetzeskraft haben, sondern nur auf freier Vereinbarung der dem Verbande angeschlossenen Firmen beruhen, dienen sie doch allen Fabriken und Abnehmern als Norm für die Güte einer Maschine, und es ist ein schönes Beispiel von Selbstzucht, daß die elektrotechnische Industrie durch diese selbstgeschaffene Beschränkung eine behördlich-gesetzliche Regelung vermieden hat, welche vom grünen Tisch aus diktiert, voraussichtlich nicht überall das Zweckmäßige getroffen hätte, der raschen Entwicklung dieser jungen Technik nicht hätte folgen können und ihr eher hinderlich im Wege gestanden wäre. Da diese Verbandsnormalien übrigens auch eine große Anzahl von Einzelheiten betreffen, die sich auf die Werkstattausführung beziehen, so ist ihr Studium nur eindringlichst zu empfehlen. Sie sind in jedem Betriebsbüro vorhanden.

Die geprüften Maschinen gehen, sofern sie fehlerfrei sind, in der Regel nach der Lackiererei, um einen Anstrich zu erhalten, der neben dem Zwecke der Konservierung der Metallteile in erster Linie ästhetischen Zwecken dient. Wenn auch ein sorgfältiger Anstrich noch nicht auf die mechanischen Qualitäten der Maschine schließen läßt, so soll das psychologische Moment eines geschmackvollen Äußern vom Konstrukteur und Maschinenbauer nicht vernachlässigt werden. Dieses gilt übrigens nicht nur bezüglich des Anstrichs, sondern auch bezüglich des ganzen Aufbaues der Maschine und der Formgebung aller Einzelteile, sowie deren harmonischem Zusammenschluß. Zwar läßt sich über Geschmack und Formenschönheit streiten, oft sind gewisse Formen durch Überlieferung oder Vorurteil und Geschmack des Kunden vorgeschrieben. Es besteht jedoch bei den elektrischen Maschinen bis zu einem hohen Grade jener Zusammenhang zwischen dem „guten Aussehen" und der guten sachlichen Durchbildung der konstruktiven Einzelheiten, die typische Harmonie der Zweckmäßigkeit, für die, abgesehen von dem unbewußten ästhetischen Eindruck auf den Laien, der Fachmann ein besonders geschultes Auge besitzt. Der Maschinenbaupraktikant versäume daher nicht, an der vor ihm entstehenden Maschine auch von diesem Gesichtspunkt aus sein Verständnis und seinen Blick zu schulen.

Lackiererei.

Anhang.

Einige empfehlenswerte Bücher und Aufsätze.

Der Praktikant soll während seines „praktischen Jahres" möglichst viel selbst beobachten und durch unmittelbare praktische Unterweisung in sich aufnehmen, — möglichst wenig die Nase in die Bücher stecken. Das besagt nicht, daß er ganz ohne gedruckte Unterrichtung auskommen muß. Wer das Glück hat, in solchen Großbetrieben praktisch zu arbeiten, die besondere Schulen oder Lehrer für die Praktikanten und Lehrlinge unterhalten, wird des Buches vielleicht ganz entraten können. Je mehr aber der Praktikant in dem Betriebe auf sich selbst angewiesen ist, und zusehen muß, wie und wo er sich die Erläuterung verschafft, die er zum Verständnis braucht, desto mehr müssen Bücher oder Aufsätze den fehlenden Lehrer ersetzen.

Besonders für letztere Klasse von Praktikanten sei im folgenden einiges Material zusammengestellt, das dienlich sein mag. Allen Lesern des vorliegenden Buches sei zum Schluß empfohlen, auch schon während des praktischen Jahrs regelmäßig die „Zeitschrift des Vereins deutscher Ingenieure" zu lesen. Natürlich kommen zunächst die wissenschaftlichen Aufsätze darin noch nicht für den Praktikanten in Betracht; er findet aber neben diesen dort eine Fülle von wirtschaftlichen und betriebstechnischen Anregungen und Hinweisen, die für seine Beobachtungen wertvoll sind, und wächst vor allem auf diese Weise am leichtesten in die Gedankenwelt des Berufes hinein, zu dessen Ausübung er während des praktischen Jahrs in vieler Beziehung Grundlagen von entscheidender Wichtigkeit legt.

Neben der Zeitschrift des Vereins deutscher Ingenieure ist auch die Lektüre von Zeitschriften wie „Werkstatts-Technik", „Der Betrieb", „Die Werkzeugmaschine", „Gießerei-Zeitung" zu empfehlen, und zwar besonders deshalb, weil sie von vornherein die Aufmerksamkeit auf die betriebstechnischen Fragen lenkt, die gerade in den kommenden Jahren voraussichtlich Industrie und Technik ganz besonders beschäftigen und für ihr Gedeihen nicht minder wichtig sein werden, als die rein konstruktive Ingenieurtätigkeit.

Hinzuweisen ist ferner auf den großen Wert, den die Beschäftigung mit der Geschichte der Technik gerade auch für den angehenden Ingenieur hat. Neben den bereits im Text dieses Buchs genannten Werken sind Bücher, wie die „Lebenserinnerungen" von Werner von Siemens, die berühmten technischen Romane und Novellen von Eyth und Max Maria von Weber, dann vor allem die „Geschichte der Dampfmaschine" und „Ein Jahrhundert deutscher Maschinenbau", beide von C. Matschoß, sowie die im Verlage des Vereins deutscher Ingenieure alljährlich erscheinenden „Beiträge zur Geschichte der Technik" nicht nur belehrend im besten Sinne, sondern auch eine schöne Erholung nach des Tages Last und Hitze. Sie wenden sich nicht nur an den Techniker, sondern an den ganzen Menschen.

Die im folgenden noch genannten Bücher sind vor allem im allgemeinen wohlfeil. Sie stellen nur einen kleinen Teil der geeigneten Literatur dar. Manches Gute, vielleicht sogar noch besser Geeignete, fehlt darin. Der Verfasser glaubte jedoch, nur solche Bücher nennen zu sollen, die seinen Mitarbeitern und ihm selbst als gut, nicht zu „hoch" und nicht zu kostspielig bekannt sind.

Ganz besonders sei in Ergänzung des Abschnitts 7 über „Fabrikorganisation mit Rücksicht auf die arbeitsparende Betriebsführung" noch auf den Aufsatz von J. Hanner: „Wirtschaftlichkeit bei Einzelfestigung" hingewiesen, der als Sonderabdruck der Zeitschrift des Vereins deutscher Ingenieure, Jahrgang 1921, zu beziehen ist (siehe unten).

Bücherschau.

Allgemeines.

von Hanffstengel, „Technisches Denken und Schaffen", Berlin. Zweite Auflage 1920. Geb. M. 23,—.

H. Lorenz, Einführung in die Technik. Sammlung „Aus Natur und Geisteswelt" Nr. 729, Verlag B. G. Teubner, Leipzig 1919.

Dieses Buch enthält seinerseits eine gute Bücherschau, auf die hier verwiesen werden kann.

A. Freund, „Technik für Alle". Verlag Degener, Leipzig.

Winkel-Laufer, „Der praktische Maschinenbauer", Band I: Werkstattausbildung. 1921. Geb. M. 24,—. Verlag Julius Springer, Berlin.

Michel, „Die Werkstattausbildung des künftigen Maschinen- und Elektro-Ingenieurs".

O. Stolzenberg, „Maschinenbau", Band I u. II. Verlag B. G. Teubner, Leipzig.

Baltruschat, „Die Fachkunde für Metallarbeiter".

Betriebstechnik und Betriebswissenschaft.

A. Ballewski, „Der Fabrikbetrieb". Dritte Auflage. 2. Neudruck 1919. Geb. M. 20,—. Verlag Julius Springer, Berlin. (Für Fortgeschrittene.)

F. Neuhaus, „Der Vereinheitlichungsgedanke in der deutschen Maschinenindustrie, Aufsatz im Heft 8 des VII. Jahrgangs (1914) der Zeitschrift „Technik und Wirtschaft“, Verlag des Vereins deutscher Ingenieure. (Auch als Sonderabdruck erschienen.)

F. Neuhaus, Wirtschaftliches Denken und konstruktive Tätigkeit. Aufsatz im Heft 6, Jahrgang 1909 der „Werkstattstechnik“ Verlag Julius Springer, Berl'n.

F. Neuhaus, Technische Erfordernisse für Massenfabrikation. Aufsatz im Heft X und XI des III. Jahrgangs von „Technik und Wirtschaft“, Verlag des Vereins deutscher Ingenieure. (Auch als Sonderabdruck erschienen.)

J. Hanner, Wirtschaftlichkeit bei Einzelfertigung. Aufsatz im Heft 2, Jahrgang 1921 der Zeitschrift des Vereins deutscher Ingenieure, Berlin NW. 7, Sommerstr. 4a. (Auch als Sonderabdruck erschienen

Eine Ergänzung des Abschnitts 7 des vorliegenden Buchs, die kein Praktikant ungelesen lassen sollte.

Technisches Zeichnen.

A. Riedler, Das Maschinenzeichnen. Zweite Aufl. Neudruck 1919. Geb. M. 40,—. Verlag Julius Springer, Berlin 1913.

Ein klassisches Buch.

C. Volk, Das Skizzieren von Maschinenteilen in Perspektive. Vierte Aufl. 2. Abdr. 1919. M. 5,60. Verlag Julius Springer, Berlin 1911.

Maschinen-Baustoffkunde.

E. Heyn und O. Bauer, Metallographie, Bd. I. Sammlung Göschen, Nr. 432.

Memmler, Materialprüfungswesen, Bd. I. Sammlung Göschen, Nr. 311.

Ledebur-Bauer, Die Legierungen. Verlag M. Krayn, Berlin 1919.

G. Lang, Das Holz als Baustoff. Verlag C. W. Kreidel, Wiesbaden 1915.

H. Wilde, Baustoffe des Maschinenbaus und der Elektrotechnik. Sammlung Göschen, Nr. 476.

Einzelne Werkstätten.

Schmerse, Anforderungen der Werkstatt an das Konstruktionsbureau, Aufsatz im Heft 18, Jahrgang 1919, der Zeitschrift des Vereins deutscher Ingenieure. (Auch als Sonderabdruck erschienen.)

Eine ganz besonders empfehlenswerte Ergänzung des vorliegenden Buches.

P. H. Schweißguth, Plaudereien aus der Gesenkschmiede. 2 Aufsätze aus der Zeitschrift des Vereins deutscher Ingenieure, Jahrgänge 1919 (S. 1107) und 1921 (S. 109). (Auch als Sonderabdrucke erschienen.)

F. W. Hesse, Der Modelltischler. Leipzig, Bernhard Friedrich Voigt.

Elektromaschinenbau.

Turner und Hobart, Deutsche Bearbeitung von A. v. Königslöw und R. Krause, Die Isolierung elektrischer Maschinen. Geb. M. 24,—. Verlag Julius Springer, Berlin 1906. (Für Fortgeschrittenere.)

J. Herrmann, Elektrotechnik, Bd. 1 bis 3. Sammlung Göschen, Nr. 196—198.

Technisches Denken und Schaffen. Eine gemeinverständliche

Einführung in die Technik. Von Prof. Dipl.-Ing. **Georg v. Hanffstengel** in Charlottenburg. Zweite, durchgesehene Auflage. Mit 153 Textabbildungen. Gebunden Preis M. 20,—.

Aus den Besprechungen:

... Es ist ein gutes Buch, für das jeder Techniker dem Verfasser dankbar sein kann; denn es ist geeignet unserem Stand zu nützen, mehr, als manches rein fachwissenschaftliche Werk das vermag. Man sollte es jungen Leuten in die Hand geben, die sich unserem Berufe widmen wollen... *„Werkstattstechnik"*.

... Das Buch ist eine kulturgeschichtliche Tat. Ein Kunstwerk ist es mit seiner schlichten, klaren Sprache, ein Kunstwerk im ganzen Aufbau. An einfachen, lebenswahren Beispielen werden wir in die Grundgedanken der Eisenbauwerke und der Maschinen eingeweiht und zum Verständnis des Arbeitswertes größerer Anlagen geführt, um von dem höheren Standpunkte aus das ganze Tätigkeitsfeld eines schaffenden Ingenieurs überblicken zu können... *„Zeitschrift für den physikalischen und chemischen Unterricht"*.

... Dem Studierenden der Technik wird es eine willkommene erste Einführung und eine Einstellung auf technische Denkweise sein... *„Zeitschrift des Vereins deutscher Ingenieure"*.

Der praktische Maschinenbauer. Ein Lehrbuch für Lehrlinge und

Gehilfen, ein Nachschlagebuch für den Meister. Herausgegeben von Dipl.-Ing. **H. Winkel.**
Erster Band: **Werkstattausbildung.** Von **August Laufer,** Meister der Württemb. Staatseisenbahn. Mit 100 Textfiguren.
Gebunden Preis M. 24,—.

Mit dem „Praktischen Maschinenbauer" wird dem Lehrling und Gehilfen des Maschinenbaues ein Buch an die Hand gegeben, das ihnen während ihrer Ausbildung ein gewissenhafter Führer, in ihrer praktischen Tätigkeit ein zuverlässiger Ratgeber sein wird.

Der erste Band ist der Werkstattausbildung des jungen Maschinenbauers gewidmet und bringt die überaus vielseitigen Arbeiten, die der Werkstatt zufallen, in klarer und verständlicher Form, unterstützt durch vorzügliche Abbildungen. Die Darstellung ist dem Erfassungsvermögen der Lehrlinge, der Denk- und Ausdrucksweise der Arbeiter angepaßt. Dem Meister und Betriebsingenieur wird das Buch eine wertvolle Stütze in der beruflichen Unterweisung, dem Leiter und Lehrer der Werk- und Fortbildungsschulen eine wertvolle Ergänzung für den Unterricht sein.

Der Fabrikbetrieb. Praktische Anleitungen zur Anlage und Verwal-

tung von Maschinenfabriken und ähnlichen Betrieben sowie zur Kalkulation und Lohnverrechnung. Von **Albert Ballewski.** Dritte, vermehrte und verbesserte Auflage, bearbeitet von **C. M. Lewin,** beratender Ingenieur für Fabrikorganisation in Berlin. Zweiter, unveränderter Neudruck.
Gebunden Preis M. 10,—.

Das Maschinenzeichnen. Begründung und Veranschaulichung der

sachlich notwendigen zeichnerischen Darstellungen und ihres Zusammenhanges mit der praktischen Ausführung. Von Prof. **A. Riedler** in Berlin. Zweite, neubearbeitete Auflage. Mit 436 Textabbildungen. Unveränderter Neudruck. Gebunden Preis M. 20,—.

Das Skizzieren von Maschinenteilen in Perspektive.

Von Ing. **C. Volk,** Berlin. Vierte, erweiterte Auflage. Zweiter Abdruck. Mit 72 in den Text gedruckten Skizzen. Preis M. 2,80.